博客思出版社

創新經營－
向老子學「平衡管理」

張威龍 教授　著

自序

我們現今所用的管理學，幾乎是瘋狂抄襲西方，有的是全盤引進，有的是斷章取義。總之，無論是全盤引進還是局部引進，依個人之見，無論學多少或學位多高，都無助於國內企業發揮管理的效能。因為企業營運主要在於人，人都有自己的背景和文化，所謂一樣米養百樣人，西方的那套可能在某些局部有用，但不可能適應華人的絕大多數人。就如老人化的時代來臨，在美國，人老了大多願住養老院，而在華人世界恰好相反。這就是管理認可不同、文化背景不同造成的。因此，為了徹底解決華人，因科技、媒體進步所帶來的世界文明所造成一系列經營問題，我們還得自己總結出適應國內自己的管理觀念和技術。目前許多組織或企業的管理問題十分嚴重，但要迅速找到解決的方法也不現實。因此，為瞭解決目前的管理問題，還有待管理專家和學者，從多方面闡發出適合華人管理的方法來。本書是在這種大背景需要下產生的，是一次新的管理探索旅程。

大家不妨想想，老子是如何解決他當時在亂世時的管理問題的？他又是如何解決當時社會存在的問題的？這兩個問題，智者老子在《道德經》中都有深入地研究和解答。老子已從人生的各個方面，論述了管理調適的方法與步驟。他自己一身也都是身體力行他的管理思維的。老子管理思維究竟是什麼？用最簡潔的話說，老子管理學應用可概括為兩個字——「平衡」。他認為，一切管理困惑，皆由過度偏向某一端也就是說太「有為」而造成。我們只要採取一些措施來「平衡」，將過度的事扭轉過來就成了，就這麼簡單。

今天，所有產業都在強調有為，都在瘋狂的工作。正因為過度，於是打破了生命的平衡，故造成了管理病。要想調適各種因妄為而造成的管理病，老子認為十分簡單——「無為」一點就行了。人人都被有為弄得精疲力竭，只有老子的無為，只有老子的唱反調來平衡事物才是拯救管理的良方。

老子並不是循世，他只是一種證明，他只是一種最有遠見最純粹的智慧。老子在他的一書中，主要從如下三個方面闡釋了管理的具體模式：

一是管理問題產生論——有生於無。

二是管理問題衝突論——陰陽失調。

三是管理問題調和論——平衡中和。

老子是一個高深的學者，他十分清楚：要解決管理問題，首先得瞭解問題從何而來，其次，要瞭解問題是怎樣運作的，再次要怎樣才能消除問題。「平衡」就是老子管理學的方法總綱。

那如何讓管理復歸平衡？老子認為，「道」在心中，以企業經營而言，經營者要「遵道而行」。「道」就是平衡的判斷準則。

企業的一半是文化也就是企業的軟實力必須與設備、資源等硬實力互相平衡。

而老子提到：「輕則失根，躁則失君」意謂：謙虛、謹慎才能有好人緣，有了好人緣，才能發展事業。經營者人緣與事業是平衡的。

老子「樸散則為器，聖人用之，則為官長，故大制不割。」經營者可以不做具體的事情，但必須訂定規章制度，一旦職責明確，就不要干涉下屬行施職權。故經營者無為與有為是平衡的。

經營者要懂得讓出一點利益，以求共存共榮的目的。過度計較，機關算盡，獨佔其利，把對手、屬下逼急了，自己也會遭殃的。故「分利則興，並利則亡」，經營者義和利是平衡的。

儒家是入世的，道家是出世的。入世者熱烈深摯，義薄雲天；出世者飄逸高舉，瀟灑恬然。入世與出世的平衡就是理想的人格。

老子的「善為道者，自然抱樸，謹慎恭敬，警覺戒惕，虛懷若谷，灑脫明智，微妙玄通，難測其深，始終不欲盈，故而能蔽而新成」。經營者修身與事業是平衡的。

因此，綜觀老子思想的基本核心就是平衡：無和有的平衡、智和愚的平衡、靜和動的平衡、柔和剛的平衡、陰和陽的平衡、上和下的平衡、進和退的平衡……老子的哲學就是平衡哲學，老子的辯證法就是平衡辯證法。故平衡辯證法在管理實踐中的運用就是「平衡管理」。這也是本書的基本思維。

本書分為有與無的平衡，智與愚的平衡，正與反的平衡，進與退的平衡，剛與柔的平衡，近與遠的平衡，大與小的平衡，靜與動的平衡、奇與正的平衡，多與少的平衡等十章，每章中分別提供案例與討論的相關文章，以增進讀者的閱讀興趣與瞭解老子智慧的應用。而且，每篇文章也都經過經濟日報主編修正審核後刊登於日報專欄中，故品質應有一定水準的。

另外，本書『平衡管理之道』的觀點，並不只適用於企業管理，也適用於現代社會的為人處事之道。在生活上慾望受到多元的刺激，節奏越來越快的今天，越來越多的人，浮躁、張揚、沒有方向，只注重自身感受。導致社交圈子窄小、人脈交際貧乏，給家庭、工作、學習都帶來很大的負面影響。而若以本書講述到的平衡管理標準來做人做事，便能少走彎路，獲得更多理解和認可。無論是管理者管理，還是為人處事，就是要遵守人類「內心」的感悟和「行為」的規範。其實老子所說的「道」，就存在於我們日常生活工作中的一言一行、一笑一顰、舉手投足、言行舉止之中。「道」本無形，應用於「有」只能勉強可以「合理」、「適當」、「良心」、「中和」或是「利他」來稱之。「執古之道，以御今之有」將古人所提「道」的智慧來用於今日，希望讀者們能從這本書中體驗到現代企業管理和為人處事的「道」理，也希望這本書能在這個「浮躁」的社會中，給讀者帶來一絲平和、清靜和安寧。

張威龍
於基隆百福社區
二〇一八年四月二十五

前言

《平衡管理》之道是一種以老子的《道德經》為本的經營管理哲學，是人類史上第一部系統揭示和闡述辯證法思想和「無為而治」哲學的世界名著。不能逐字逐句地了解道德經，因為那些都是「譬喻」，「譬喻」總是蘊含豐富的，邏輯總是狹窄的。不要用邏輯的思考去了解老子。「譬喻」是寬廣的、無限的，從裡面找尋得愈多就能發現得愈多，邏輯是可以用盡的而「譬喻」卻取之不盡。所以像老子的道德經可以一直去讀，用一生去讀，他取之不盡用之不絕。他是我們的寶藏，打開寶藏之咒語就是「道可道非常道」，我們愈成長，在裡面能找到的東西就愈多。你在裡面所找到的、發現的愈多，就越成長，越成長在裡面看到的東西就越多。因為《道德經》中蘊含有當代人類需要的人生大智慧。是智慧的淵藪，是成功的錦囊。它比任何哲學更具有生命活力，更具有現代價值，是推動未來人類社會發展的精神動力。

所以《道德經》不是普通的書，他有自己的生命，他是活的，我們不可能一遍就讀懂他，不可能。邏輯的書，可以一遍就讀懂，就可以丟棄。而「譬喻」的書是一首詩，它隨著我們的心境而變化，隨著我們的悟性而變化，他隨著我們的成長而變化，在不同的情境狀態下，他給你不同的世界。所以「譬喻」是取決於我們自己，像道德經這樣「譬喻」的書，要一遍又一遍地讀，他是一輩子的工作。

老子是中華古代最偉大的辯證法大師。他認為天地萬物每時每刻都在運動變化之中，而產生許許多多的矛盾二極現象。而在運動變化的根源上，《道德經》第四十章提出了：「反者道之動」的命題。這是老子辯證法思想的精髓所在。「反者道之動」，是老子對矛盾法則的表述。而「反者道之動」，包含有三層意思：

矛盾是相互依存。諸如《道德經》第二章提到：「天下皆知美之為美，斯惡矣；皆知善之為善，斯不善矣。故有無相生，難易相成，長短相形，高下相傾，音聲相和，前後相隨。」同時，矛盾雙方又是相互滲透的。《道德經》第一章指出：「常無，欲以觀其妙（即微有）；常有，欲以觀其徼（微空）。」因為有中含無、無中含有，所以才能在「無」中觀其微有，在「有」中觀其空無。老子依此引出了一些很精彩的戰略思想，如《道德經》三十六章提及：「將欲歙（音希，合也）之，必固（姑且）張之；將欲弱之，必固強之；將欲廢之，必固興之；將欲奪之，必固與之」等等。

矛盾是相互對立。老子認為在自然界和社會領域中的矛盾是普遍存在的，是絕對的。在書中，有諸如貴賤、禍福、美醜、善惡、生死、上下、大小、長短、主客、先後、正反、正奇、難易、進退、輕重、靜躁、張歙、興廢、與奪、曲全、剛柔、強弱、智愚、古今、盈虛、有無等近百對矛盾，都是相互對立的。

矛盾相互轉化。如《道德經》第五十八章曰：「禍兮福之所倚；福兮禍之所伏。孰知其極？其無正（無定）？正復為奇，善復為妖。」。在《道德經》第二十二章又提及：「曲則全，枉則直，窪則盈，蔽則新。」。老子不但看到了天地萬物的變化及其根源，而且也認識到事物由量變到質變的道理。而《道德經》六十四章又提到：「合抱之木，生於毫末；九層之台，起於虆（音雷，大筐）土；千里之行，始於足下。」《道德經》六十三章：「圖難於其易，為大於其細。天下難事，必作於易；天下大事，必作於細。」。

在全球強調追求經濟的成長下，價值導向容易使人們急功近利，追求表面的外在的東西。而兩極對立的思維方式又容易使人們往往簡單地理解矛盾的兩個方面。對滿足、成功、富貴、權力等，總是期望達到頂峰，人人在我腳下才好，而對空虛、失敗、貧窮、低下等，則惟恐降臨自己身上。這樣，他們處高位不覺得滿足，處低位一蹶不振。這兩個極端都不會使人安寧和快樂，並且，對位高者而言，他們難以守成，很快會轉入低下；而對位低者而言，他們欲速不達。結果是成功也好失敗也罷，一切都處在不安與失意之中。他們所缺乏的正是老子提出並加以踐行的《平衡》智慧。

既然，這世界上萬事萬物既然到處都存在著既對立又統一的矛盾現象，如果能從老子的辯證法正確地認識和處理這些商場中、生活中普遍存在的矛盾，就可能成為駕馭市場經濟、戰勝競爭對手的成功商人或在生活中人際圓融生活和樂的人。眾所周知，「道」是無言無聲、無形無相的。無論誰都沒有聽到過「道」的聲音，也無從知曉「道」的形象。然而，世上萬物都是「道」創造的，都是「道」的載體，都必須按照「道」的規律去行事，順道而行就有發展，背道而馳就必然失敗。

而解決對立又統一的矛盾現象，只有老子以「道」的辯證法思想和逆向思維方式達到

「平衡」，才是成功商人解密市場經濟和構建和諧人生的一把金鑰匙。將之應用於生活中，將有助於為人處世的圓滿，自我安詳，離苦得樂，萬事順心，闔家平安無憂，幸福美滿。

本書《平衡管理之道》撰寫彙整的目的，期能讓讀者更加明瞭，天下事是沒有絕對的，只有經由自我修煉，達到「無己」也就是佛家的「無我」的境界。深刻體認一切順乎自然、尊從「道＝平衡＝自然＝合理＝中和＝利他」而行，也就是「平衡」「有」與「無」的辯證，超脫於現實，才能產生智慧。不再為過去只強調背誦有形的文字、物質、或現象標準化而忽略了事物變化、對立又統一的事實來安身立命。

目錄 contents

第四章　爭與不爭的平衡 ……… **123**

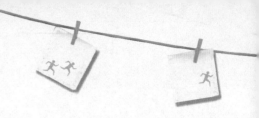

第九章　奇與正的平衡

第一章　有與無的平衡

《易經・繫辭上傳》第五章提到：「一陰一陽之謂道」，其中「有」是「陽」，「無」就是「陰」。意謂一陰一陽的相反相生，運轉不息，為宇宙萬事萬物盛衰存亡的根本，這就是「道」。陰陽它不但是相對的，不但會變動，而且是不可分割的。有陽就有陰，有虛就有實。有看得見的就有看不見的，有摸得著的就有摸不著的。

「陰」和「陽」既非對立，也不矛盾，它們是一貫的，連續的，表示管理者由理念向下落實而產生決策的一種活動過程。老子說：「天下萬物生於有，有生於無。」所有管理措施，都產生於管理者的決策（陽），而決策則來自管理者心中的理念（陰）。管理所要求的是省力和效能，科學就是讓我們把節省下來的時間和精力，用來做更有意義的事情。我們要有所不為(陰)，然後才能有所為(陽)。有些事情讓別人去做，我們才能夠做更有價值更有效能的事情。所以無形的彈性最大，無形的能量最強。我們不要輕視這種看不見的東西，這是很重要的。

《道德經》在第四十章提到：「天下萬物生於有，有生於無」。意思就是無中生有。因為「無」能生「有」，而「無」又可以孕育出無數個的「有」。而無限個「有」，就產生了多采多姿的萬事萬物，而最終又會變成了「無」。這便是「有」與「無」的辯證。而老子也提到：「反者道之動」，就是指「相反相成，物極必反」的關係。在生活中，到處都存在著「相反相成，物極必反」的現象。例如，有個故事是這樣說的。在美國的阿拉斯加州，原來狼很多，鹿也很多，狼是吃鹿的，為了保護鹿，當地人就把狼殺光了，結果鹿也不行了，為什麼呢？因為沒有了狼，鹿群裡那些老弱病殘把草吃光了，強壯的鹿沒草吃了，餓得不行。只好再引進狼，有了狼以後，狼把那些老弱病殘的鹿吃了，強壯的鹿才有草吃。於是只好把狼重新放回去，鹿才又繁殖起來。可見無與有是相反相成，有時平衡有時不平衡，而造成萬物生成。

法國經濟管理學家塔威爾說：「今天最有生氣的工業部門取決於生產十年或二十年前不存在的產品。」也就是十年或二十年前「無」。借用外力借勢操作是猶太人成功的很重要的因素，也是無中生有的證明。猶太人不論在商界、政界還是在科技界，都是善借別人之「勢」。巧借別人之「智」的高手。

《道德經》也在第四十二章提及：「道生一，一生二，二生三，三生萬物。」意謂：道是從無到有的過程，就是從無到有、從小到大的過程。縱觀成功經營者所走過的路，都是由小及大。就像爬樓梯的人。上得一個台階才能邁向下一個，只要你肯走就能從「無」變成「有」而通向成功。

又《道德經》第十一章提及「三十輻共一轂，當其無，有車之用。埏埴以為器，當其無，有器之用。鑿戶牖以為室，故有之以為利，無之以為用。」意為：三十根輻條環繞著一個輪轂，有了轂中間的洞孔，使車子得以運轉，成就了車的功用。糅合粘土製作成的器皿，有了器皿的空虛處，使其可以容納東西，才有了器皿的功用。開鑿門窗建造房屋，有了房屋中間的空處，房屋才有了住人的功用。所以，任何東西的實有部分要給人帶來便利，是靠空虛部分發揮作用的。

老子在說明「有」與「無」，「利」與「用」的依存關係和相互作用。世上有許多東西，表面看來堅強、有用，可是一旦遭遇困境，便難保其全；犛牛身體十分廣大，不過卻不能抓老鼠。有用者未必真的有用，無用者也未必真的無用，端視各人的智慧了。

【管理運用】

所以我們或許可理解，一切事物會有問題，就是人們傾向朝著相對的兩端去苦苦追求，因而無法達到「平衡」所致。而平衡也不是傳統觀念的兩端之「中」，「中」的意思其實是兩端的「適當」、「妥適」、「不過份」，就是雙方都能接受的情況，才是「中」。朱熹說：「中者，不偏不倚、無過不及之名。庸，平常也。」我用通俗的現代白話來解說，即「在平常的生活中做得恰到好處」。

無為之道　自我修煉

思科公司在「顧客是上帝」的觀念基礎上，給員工灌輸了一種「顧客是總裁（CEO）」的信念。員工對待顧客，就應當像對待企業的總裁一樣。即將顧客和自己的切身利益聯繫起來，重視顧客的意見，以向顧客提供最好的產品和服務為己任。（CEO）是一個企業的最高決策者，是每一家公司的核心靈魂，因此每個員工都能夠真真切切感受到這個（CEO）的存在，他不像那個誰也聽不到、看不見的「上帝」，他是一個活生生的有血有肉並且存在於每個員工身旁的人，這個人就在他們的周圍，每天都可能在電梯中遇到並互相親切地打招呼。

思科公司經營者錢伯斯身體力行，每年都用大量的時間會見用戶，傾聽用戶的意思。他深知只有使用者才能知道市場到底需要什麼樣的產品。在錢伯斯的帶動下，思科的業務人員真正做到了以用戶之憂而憂，仔細而耐心地瞭解用戶的需求。

《道德經》第一章曰：道可道，非常道；名可名，非常名。意思是：如果道是可以說的，就不是永恆的道，就如儒家所謂的「道」，而老子所謂的「道」，是不可以說的，是永存的「常道」。名是如果可以根據實物的內容而予以名的，就不是永遠存在的名，就如儒家所謂「仁義」之名，而老子所謂道這個名，是無法以實物內容而予以名的，是無形且永遠存在的「常名」。此觀念可提供企業最高管理者的啟示：「道」是萬事萬物的本源與本體，一切都要遵「道」而行。

《道德經》第三十七章又提到：「道常無為而無不為。侯王若能守，萬物將自化」。意謂：大道順應自然乃無為，順應自然無為而無所不為。侯王將相若能守之，順其自然無為，萬物將都能按照自己的規律去運化。

管理活動也不能例外。「無為」是「道」最根本的特性。老子強調管理者無為，員工自然就自我化育；管理者好靜，員工自然就行為端正；管理者不無端生事，員工自然就富足安康；管理者沒有私心貪念，員工就自然純潔樸實。提倡「無為」，目的就是要在企業管理活動中，消解管理者的強制性，而鼓勵員工的自發性。高明的管理者一定要堅守「無為」的原則，只有無為，鼓勵員工的積極性和創造性，治理企業才不會遭受失敗；只有不固執己見，虛心接受各方面的意見，治理企業才不會蒙受損失。

在全球經濟高速增長的基礎上，以消費者為導向的買方市場已成為普世的觀念。面對競爭激烈、變化快速的市場，許多管理者認識到，只有滿足顧客的需要才是保持和推動企業生存和發展的動力。企業只有分析顧客現在的需要，瞭解顧客將來的需求變化，以此為基礎確定生產的產品，再採取有效的行銷手段進行銷售，能滿足顧客需要，企業才能得到利潤，進而發展壯大。因此，「顧客至上」、「顧客永遠是正確的」等口號，已經成為現代管理者的信條。今天的企業都面臨著更加激烈的市場競爭，要贏得顧客，戰勝競爭者，就必須在滿足顧客的需要、使顧客滿意方面做好工作，企業才能在競爭中獲得成功。

行銷大師科特勒曾經說：除了滿足顧客以外，企業還要取悅他們。公司需要建設滿足顧客服務的隊伍，並非僅僅改進產品。顧客能夠根據自己所掌握的信息判斷哪些產品能提供最高價值。在一定的搜尋成本和有限的知識、靈活性和收人等因素的限制下。顧客是價值最大化的追求者，他們形成一種價值期望並根據它行動，並根據自己的知識、感覺、經驗來判斷產品是否符合他們的期望價值，這將影響他們的滿意度和再購買的可能性。

因此，管理者要修煉到「道」的最根本特性「無為」，放手讓員工遵循以客戶滿意為導向，這就是一種經商之道。因為顧客追求的最大化價值的前提是，企業必須了解顧客所要的價值是什麼？這就是「無」，是看不到的。知道了「無」是什麼，才可能想辦法去創造或生產「有」。而要了解顧客所要的價值是什麼，絕對不是坐在辦公室最頂端的高階管理者所能知道。必須要仰賴企業所有員工，尤其是第一線直接接觸顧客的員工，願意抱持以客為尊，滿足顧客需求的觀念，去關懷顧客，去詢問顧客甚至建立良好關係，想辦法探知顧客尚未被滿足的需求。

【管理運用】

管理者要修煉到「道」的最根本特性「無為」，放手讓員工遵循以客户滿意為導向。重點是員工「願意」或「樂意」去做，也是一種「無」。這就要如老子所提倡的「無為」使「無」變成行動的「有」，這就是「無」和「有」的平衡。在管理活動中，消除管理者的強制性，而鼓勵員工的自發性，只有主管「無為」，才能鼓勵員工的積極性和創造性之「有」的行動；只有主管不固執己見，虛心接受各方面的意見，企業才能永續成功。

無中生有　無處不在

大家應曾聽過一個案例，有兩個人到非洲考察鞋的市場。一個人回來說，非洲人沒有穿鞋，所以非洲沒有鞋的市場。另一個回來說，非洲人還沒有開始穿鞋，所以非洲的鞋市場大得很。

有一名美國商人叫費涅克，他在一次野外旅遊中，清悅的小瀑布聲激發了他創業的靈感，他帶著答錄機到處錄水聲、鳥聲，然後制出錄音帶高價出售，竟然生意紅火。這一創意，是費涅克準確地抓住了久居鬧市的居民不勝塵囂的煩惱，渴望回歸自然的願望。可見成功，需要人跳出慣性思維，覓取新思路。

這些例子告訴我們，市場是開發出來的，不是調查出來的。市場本來是「無」，物質產品的市場是這樣，心理產品的市場更是這樣，都是將「無」變成看得見的「有」。因此不論是以心理的或物質需求所產生的產品或服務，進而發展成市場，都只能靠開發，靠「無中生有」。

《道德經》第一章所提到：「道可道，非常道。名可名，非常名。無名天地之始，有名萬物之母。故常無欲以觀其妙，常有欲以觀其徼。此兩者，同出而異名。同謂之玄，玄之又玄，眾妙之門。」意思是：「道」如果可以用言語來表述，那它就是常「道」（「道」是可以用言語來表述的，它並非一般的「道」）；「名」如果可以用文辭去命名，那它就是常「名」（「名」也是可以說明的，它並非普通的「名」）。「無」可以用來表述天地渾沌未開之際的狀況；而「有」，則是宇宙萬物產生之最初的命名。因此，要常從「無」中去觀察領悟「道」的奧妙；要常從「有」中去觀察體會「道」的變化端倪。無與有這兩者，來源相同而名稱相異，都可以稱之為玄妙、深遠。它不是一般的玄妙、深奧，而是玄妙又玄妙、深遠又深遠，是宇宙天地萬物之奧妙的總門(從「有名」的奧妙到達無形的奧妙，「道」是洞悉一切奧妙變化的門徑)。

「道」是運動變化的，而非僵化靜止的；而且宇宙萬物包括自然界、人類社會和人的思維等一切運動，都是遵循「道」的規律而發展變化。總之，老子說「道」產生了天地萬物，但它不可以用語言來說明，而是非常深邃奧妙的，並不是可以輕而易舉地加以領會，這需要一個從「無」到「有」的循序漸進的過程。

以企業經營而言，最大的無就是最大的有，最大的有就是最大的無。用老子的「無中生有」宇宙觀推理，市場本來沒有，是一個一個的空白，插進去，填起來，創造一個新需求，市場便「無中生有」了。

就如，人一出生，腦子裡一片空白；汲取知識、訓練思維，在無知中生有知。一張白紙，什麼都沒有，才容易畫出美的圖畫，寫出美的文字。所以，做什麼事情都是從零開始的，從零到小，從小變大。德國一位總裁諾赫福說：「經營上的黃金規則可一言以蔽之：市場是創造出來的。」市場是創造出來——消費者並沒有產生某種需求，而由企業去引導消費。

無論是產品還是服務性行業，誰能在廣大市場中，尋找到一個空檔、一個小小的獨佔市場的著力點，那麼賺大錢的日子就為期不遠了。這樣便可避開競爭的鋒芒，做到獨攬風光。創意就是無中生有，先要獨出心裁抓住消費者的心。而以目標市場顧客的角度逆向思考，是企業經營創造新創意的主要途徑之一。曾有一位收藏家，他從同行爭相收購名家名畫的角逐中突生奇想：收藏名家的劣畫。於是，他悄無聲息地行動，利用很少資金買回了大量「劣級珍品」，輕易擁有了被人稱奇和羨慕的獨家財富。管理者應體會，只要找到了好的創意，就能無中生有，取得最大成功。

【管理運用】

企業管理者應體會，用老子的「無中生有」宇宙觀推理，市場本來沒有，是一個一個的空白，插進去，填起來，創造一個新需求，市場便「無中生有」了。也就是要用「道」心，站在有利顧客的立場，在顧客的「無」和「有」之間尋求「平衡」。顧客現在擁有的物質或心理上的產品（有），尋找產品的缺點、不方便或尚未滿足的需求（無），再想辦法平衡之。顧客手邊所需求卻未能擁有的（無）想辦法讓他擁有（有），這就是「平衡管理」。

虛擬經營與「無為」管理之智慧

世界知名的耐吉公司，以品牌行銷帶動全球銷售不斷增長，更被視為後工業化時代全球企業的最佳典範。七十年代，耐吉公司研制出一系列新型跑鞋，雖然他們絕對有能力建立自己的鞋廠，但卻決定繼續利用日本廠商的製鞋能力。隨著公司的壯大，耐吉把眼光投向了國際市場，除了在日本聯合設廠打入了日本市場，還通過在愛爾蘭設廠進入了歐洲市場並以此躲過了高關稅。耐吉公司採用新型的虛擬運作的經營模式，公司維持只生產其中最關鍵的氣墊系統部分，而其餘大部分業務都是由外部的供應商提供的。耐吉公司把主要力量集中在新產品的研發和市場營銷上，製造上採用「多層夥伴」策略，按不同使用對象的特點，採取不同的使用方式，這使得耐吉公司的產值快速增長。

在生產上廣泛採取虛擬經營方式，從而使本部機構人員相當精簡而又有活力，避免了很多生產問題的拖累，使公司能集中精力關注產品設計和市場營銷等方面的問題，及時收集市場信息，及時反映在產品設計上，然後快速由世界各地的簽約廠商生產出來滿足需求。在體育用品日新月異和市場競爭日趨激烈的時代，對於一些已具備相當實力的企業而言，制勝的關鍵在於軟體，而實體部分則可通過外部採購、遠程合作等方式交給市場上這方面做得最好的企業去完成。這樣做，企業就可能取得事半功倍的效果。

《道德經》第二章：「聖人處無爲之事。行不言之教。萬物作而不辭，生而不有為而弗恃，功成而不居。」認為聖人做符合客觀規律事情，違反規律的事情不做，故聖人作無形跡之事，傳無聲言之教誨。讓萬物自行運作而不干涉，任其生長而不培育，任其自為而不把持，任其成熟而不割據。宇宙萬物自然生長，世間人們自然興作，管理者者的任務僅僅在於組織協助，讓事物各自展現自己的豐富內涵，讓人們充分發揮自己的聰明才智，就可以實現管理的目的。

所謂「虛擬」在企業管理中，就是直接用外部力量，整合外部資源的一種策略。耐吉公司不需要購進原材料，不需要龐大的運輸車隊，沒有廠房、生產線和生產工人這些「實」的東西，其自身價值就在於它非凡的品牌、卓越的設計能力、合理的市場定位以及廣闊的營銷網絡等「虛」的東西(他人的力量)。自己不投資辦廠，而是利用全球最廉價勞動力為其製造產品，在減少成本的同時，也積極的推動全球發展。以選擇市場上最好的製鞋廠家作為供應商，按照耐吉總部的設計和要求生產運動鞋，並可根據市場環境和公司的商業戰略需要轉換生產基地。

其實虛擬經營，就是老子的無為思想，虛擬經營就是供應鏈生產的無為經營。耐吉公司採用的虛擬運作經營模式，公司實際上只生產其中最關鍵的產品部分——氣墊系統，而其餘大部分業務都是由外部的供應商提供的。直接使用外部力量，整合了外部資源，使耐吉公司獲得了長遠發展。所以無為就是客觀地讓更有能力、更有效率的外力來為自己做事，耐吉公司只設立目標及監控品質，其餘的生產都不干涉，讓廠商及本身都能發揮最大的專業能力，來達到共同目標。故虛擬的生產經營方式正是老子的無為管理的重要應用之一。

【管理運用】

虛擬經營模式，就是善用他人的「實」來平衡自己的「虛」之應用。在網際網路發展的今日，「實」與「虛」之應用更是普遍而且更近一步地以「實」與「虛」整合來創造更大的市場，更多的獲利。例如，許多虛擬遊戲軟體之廣告，採用真人配合虛擬的實境與動作混合打造更吸引人的效果；在網路上廣告和銷售商品，為了讓顧客有信心就開實體商店配合銷售、物流、收款等業務；許多電影也是真人和卡通人物混合以提升更大的動作與聲光效果，進而吸引觀眾觀看……等，這種「實虛整合」的經營模式也是在尋求「實」與「虛」之間平衡的「平衡管理」。

經營的有與無

可能很多人聽過煮青蛙的故事。故事是這樣的：將一隻青蛙放在大鍋裡，裡頭加水再用小火慢慢加熱，青蛙雖然約略可以感覺外界溫度慢慢變化，卻因惰性與沒有立即必要的動力往外跳，最後被熱水煮熟而不自知。

企業競爭環境的改變大多是漸熱式的，如果管理者與員工對環境之變化沒有疼痛的感覺，企業最後就會像這隻青蛙一樣，被煮熟、淘汰了仍不知道。

企業文化可分為狹義和廣義兩種。狹義的觀點認為企業文化屬於意識範疇，包括企業的思想、意識、習慣和感情等領域。而廣義的觀點則認為企業文化是企業在發展過程中所形成的實質和精神總和，包括企業的組織結構、營運活動和特色等都是為企業文化的重要組成部分。

換言之，企業文化的主體是精神、意識，是非物質領域的東西。包括企業的哲學、精神、風氣、道德以及宗旨。也包括企業組織和員工的行為指導規範性、約束性以及企業的制度、人際關係和民主等。藉由創造的物質表徵，如企業名稱、標識、產品特色以及企業的文化傳播網路來展現外界對該企業文化的了解。

目前，企業文化已成為諸多企業體現企業特徵、激勵和約束員工，打造企業核心競爭力的重要手段。但遍觀成功企業，真正由企業文化推動發展並取得成功的如鳳毛麟角，更不用說那些失敗的企業了。期望企業文化來提升企業的競爭力和凝聚力、激發創造力，進而推動企業發展往往還只是經營者自己的一廂情願。那麼到底是什麼阻礙企業文化發揮它本應發揮的作用呢？

古代聖哲的智慧可提供我們更深層的思維，如《老子第十一章》提及：「三十輻共一轂，當其無，有車之用；埏埴以為器，當其無，有器之用；鑿戶牖以為室，當其無，有室之用。故有之以為利，無之以為用。」意指：三十根輻條和輪子中間的轂相連，正是因為有了轂的中空之處，才有了車的作用（沒有中空之處與車軸相連，就無法靈活滾動）；揉和泥土做成器具，正是因為有了器具中間的空處，才有了裝盛物品的作用；開鑿門窗以建造房屋，正是因為有了門窗構成的中空之處，才有了房屋的用以出入之作用。所以「有」給人以便利，「無」發揮其作用。

文化　核心競爭力

一般人看事情，只會注意到事物所表現出來的有形的一面（即「有」的一面），而容易忽視事物虛空的一面（即「無」的一面），而老子特意將大家容易忽視的「無」通過「有」去彰顯出來。有形的東西給人帶來的便利是顯而易見的，但是無形的東西往往也產生著很大的作用，只是不易被人察覺。可見，「有形」和「無形」互為補充，相互發揮，才能夠充分體現事物的本來功用。

企業的運轉如同車輪滾滾向前，三十根車輻就好像是企業的各種有形的管理手段和方法，它們承載著企業這個車輪所負載的一切，但是如果缺少軸心的中空，企業的各種管理手段和方法只會停留在原地不動，無法向前。而這個容易被人忽視的「虛空」之處，就有如看不見摸不著的「企業文化」，它是企業這巨大車輪的真正「軸心」。

【變革　須與時俱進】

提到組織變革，有一個四隻猴子的寓言。科學家將四隻猴子關在一個密閉房間裡，每天餵食很少食物，讓猴子餓得吱吱叫。幾天後，實驗者在房間上面的小洞放下一串香蕉，一隻餓得頭昏眼花的大猴子一個箭步衝向前，可是當牠還沒拿到香蕉時，就被預設機關所潑出的滾燙熱水燙得全身是傷，當後面三隻猴子依次爬上去拿香蕉時，一樣被熱水燙傷。於是眾猴只好望「蕉」興嘆。

幾天後，實驗者換進一隻新猴子進入房內，當新猴子肚子餓得也想嘗試爬上去吃香蕉時，立刻被其他三隻老猴子制止，並告知有危險，千萬不可嘗試。實驗者再換一隻猴子進入，當這隻新猴子想吃香蕉時，有趣的事情發生了，這次不僅剩下的二隻老猴子制止牠，連沒被燙過的半新猴子也極力阻止牠。

實驗繼續，當所有！猴子都已換新之後，沒有一隻猴子曾經被燙過，上頭的熱水機關也取消了，香蕉唾手可得，卻沒人敢前去享用。企業禁忌經常故習相傳，雖然事過境遷、環境改變，大多數的組織仍然恪遵前人的失敗經驗，平白錯失大好機會。

只有具備讓員工普遍認同軸心價值觀的共識，才能產生向心力，使各種策略、方法真正地落實到各處，良好運轉，滾滾向前；如果視企業是一個裝盛各類人才的器具，它的中心一定是空的，空的愈多，所能裝盛的人才就愈多，這個「空」就是管理者空的心態，如果管理者心裡裝滿了自己的東西，常以自己的既定標準去度量它人，不能容忍它物，就沒有了容留人才的「肚量」。

各種管理手段的「有」帶給我們產生共同價值觀的「無」才能和「有」互為作用，產生功用。並非說「有」就不重要，而是我們常常會忽視那個對企業同等重要的「無」，當我們一再忽視它的時候，它會顯得尤為重要，甚至比「有」更為重要。它是看不見摸不著的文化範疇的東西，也包括著管理者自身的那種氣度和修為，它雖然看不見摸不著，但卻是企業一切規章制度與執行的共同指導方針。所以「無」的作用往往比「有」更為巨大。

企業的文化建設與員工的職業生涯規劃和個人目標規劃常常是脫節的。也就是說企業文化並沒有和員工的職業目標和切身利益真正關聯起來。《繫辭上傳》說：剛柔相推而生變化。相推就是陰陽兩股力量，由「動」而「變」，由「變」而「化」，借著「相反相成」和「相生相剋」的作用，經由不斷變化而生生不息。

企業要想生生不息，必須不斷變化。所以企業文化也必須隨著環境變動而與時並進。管理者自身的心態、氣度等等都是企業文化的一部分，這種無形所產生的力量是有形的東西無法替代的。所以，管理者需要不斷地修為，去發現尚未發現的「無」的領域，常從「無中觀其妙」。因此有形的制度管理和無形的文化管理同等重要，只有將有形的機制規範和無形的文化互為作用，企業才能竟其功。

【管理運用】

可見，有形的制度管理和無形的文化管理同等重要，只有將有形的機制規範和無形的文化互為作用，並隨時因環境的改變而調整，使有形的制度管理和無形的文化企業能達到「平衡」，才能竟其功。因此，聰明的人都會重視無形的東西，由於重視無形的東西，所以能夠自覺地培養自己「無形」的品德、智慧、勇氣、精神和毅力，能夠自覺地學習知識、鑽研技術，能夠自覺地發揚優點、克服缺點。人類之有都生於無，個人之有也都生於無。如想擁有自己的一片天地。那就要充實自己無形的東西，無形的東西越充實，有形的東西越會豐富。

無用之用　管理者人智慧

兩兄弟從小在鄉下長大，生活清苦，決定拜別老父親到大都市闖一闖。弟弟沒幾天就回來了，他說：「大都市的節奏快得可怕，東西貴得不得了，連水也要用買的。」

但是幾個月過去，哥哥卻始終沒有消息。老父親不免得有些擔心。直到某天，哥哥回到家鄉。不過，他只是暫時回家探親，還要返回都會區做生意。他說：「大都市真是太棒了，大家做什麼事都很有效率，什麼東西都可以賣錢，連水也不例外！」

《道德經》第十一章：「有之以為利，無之以為用。」老子之「無之以為用」，特用車、器、窗戶為例，當其「無」，「無」即「中空」，方能有所用。一般人只知「有用之用」而不知「無用之用」，故其用有時而窮；人存於世，只知追求名利是用，不知名利之傷生折壽，因而「有用」往往成了「無用」。

莊子所主張的「無用之用」說，相同的一件事物，在不同人的身上卻有不同的效用、見解，同是預防手凍裂的藥方，在宋人看來只是漂洗綿絮的護手藥，但是有人能想到將它做為戰時良方而獲封侯贈地。

一棵長著疙瘩彎曲的大樹，木匠置之不理，對於擁有悠閑自得的人來說，又是一處休憩的絕加場所，對樹本身說來，正因一點用途也沒有，因而不致遭致禍害。

世上有許多東西，表面看來堅強、有用，可是一旦遭遇困境，便難保其全；犛牛身體十分廣大，不過卻不能抓老鼠。

有用者未必真的有用，無用者也未必真的無用，端視各人的智慧了。

其實，世間沒有絕對的標準，「有用／沒用」、「美／醜」、「有成就／沒有成就」，甚至於長短、胖瘦等價值觀，都是人為所訂定，隨時代演進而變，依社會發展而異。用絕對的尺來丈量，並用來做為衡量得失的判準，只會自尋苦惱。

管理者在識人、用人都必須以「有之以為利，無之以為用。」為依據，表現在外的各種證書、執照及年資都是「有」，而個人的思維、品德及個性是「無」。

「有」固然很好，但看不見的「無」可能更重要，因為「有」是來自「無」。

工具、技術及知識固然重要，但若其心術不正就可能利用「有」來做一些對社會或企業不利之事。所以，莊子說：「人皆知有用之用，而莫知無用之用也。」事實上，沒有用的用處，才是最大的用處。

老子說過：「自我矜誇者無功。」成大功者中必墮毀，成名者到頭來也是一場空。何不雖有功名而不居，將一切榮耀還與眾人呢？

一個人最可貴之處，莫過於平凡為人，雖有高瞻遠矚之智，卻不特立獨行，不狂狷傲世，自己的主張縱然廣被採納，也不傲視群倫，自尊自大；不論有多大的成就，都等閒視之，如此才不會動輒妄加指責他人，也不會蒙受眾人之側目。

愈是成大功，立大業的人，或修養愈高深的人，愈謙沖為懷，且更不求聞達，也是現代的管理者者必備的智慧。

【管理運用】

世上有許多東西，表面看來堅強、有用，可是一旦遭遇困境，便難保其全，就如犛牛身體十分廣大，不過卻不能抓老鼠。這個世界上，每個人的能力和每個地方的需要都是不同的。不同的工作需要不同能力的人，而不同的工作環境也可以培養不同能力的人。有用者未必真的有用，無用者也未必真的無用，端視各人的智慧如何在有用與無用之間的轉化取得「平衡」了。

因此，一個有智管理者，懂得把任務授權給最合適的人是最重要的。讓合適的人做合適的事，達到人事相宜，是管理者授權的一項重要原則。一個公司只有做到人盡其才、物盡其用，才能維持上下齊心、共舟共濟、與旺發達的局面。這就是有用與無用之間的「平衡管理」的應用了。

市場「需求空擋」就是商機

一百多年以前，有位叫萊維的猶太人，他因對世代相襲的文職工作感到厭倦，想經商，但因爲猶太人的關係受到當局的阻攔，於是他隨兩位兄長來到美國謀生路。開始時他專售線團之類的縫紉用品，貨源由他的兩個哥哥供給。三個月以後，他代表兩位哥哥去舊金山發展業務。當時，「淘金熱」方興未艾。初到舊金山時，除了原有商品外，萊維還帶了一些帆布以淘金者做帳篷用。他未及下船，所帶一些小商品就一售而空，只剩下一些帆布。下船後，萊維帶著帆布開始了他的「淘金」過程。他遇到一位礦工，那人抱怨說：他們並不需要帳篷，而是需要挖金時耐穿的褲子。萊維靈機一動，立刻帶著那位礦工到裁縫店，用隨身帶的帆布給那位礦工做了一條褲子。

這便是世界上第一條工裝褲，據說也是今日風靡世界的牛仔褲的鼻祖。礦工回去之後，消息不脛而走，大量的訂貨單湧到萊維面前。萊維初次嘗到甜頭，並不就此滿足，他以全部精力與熱情投人到自己的事業中去，他要尋找最堅固耐用而又輕便的纖維製作工裝褲。後來終於在法國涅曼發現了一種斜紋粗棉布——以藍紗爲經、白紗爲緯的棉布。現在法語中「斜紋布」一詞便源於這個地名。萊維奉行的一個原則是「顧客至上」。一八七二年他採納了內華達州一位叫雅各布·戴維斯的裁縫的建議，用銅鉚釘接縫口袋，使礦工粗實的衣服更加結實耐穿。不久萊維·施特勞斯就成了一家著名公司。

《道德經》第十六章曰：「致虛極，守靜篤。萬物並作，吾以觀其復。夫物芸芸，各復歸其根。歸根曰靜，靜曰復命。復命曰常，知常曰明。不知常，妄作凶」。意指：儘量使心靈達到一種沒有貪念的狀態，牢牢地保持這種相對寧靜的心態。萬物都在蓬勃生長，我由此觀察到了循環往復的規律。萬物紛繁茂盛，雖然迴圈發展，但總會有返回到它的出發點的時候（才能進入新的發展週期）。歸回本原叫「靜」，靜叫做「復命」，復命叫做「常」，認識了常叫做「明」。不瞭解「常」，輕舉妄動就會出亂子。認識了「常」，才能無所不包；無所不包就能坦然公正；坦然公正才能天下歸順；天下歸順才能符合規律；符合規律，才能符合「道」；符合了「道」，才能長久，永遠都不會遭受危險。

不同的人有不同的需要；而時時刻刻滿足不同顧客的需要，就是財富源源不斷的「空擋」。在某一地方做生意，必先了解當地的風土人情，當地急需些什麼，然後「趁虛而入」，站穩腳跟，切忌跟在別人後面一哄而起湊熱鬧，趕時髦。所謂「機遇」，一定要根據不同時期不同地點來把握，同時還要顧及自身具有的條件，揚長避短，因時因地制宜。

萊維就是看準了這個需求「空擋」，以價廉物美的服務方式成爲這家公司的創始人，其貢獻遠遠超過了他的兩位哥哥。一九四八年，萊維的重外孫瓦爾特·小海斯決定放棄公司的其他批發業務，集中全力經營斜紋工裝褲，後來這家公司事業大振，整個世界成了他們的目標市場。這家公司成爲世界矚目的大公司。萊維這個當年不起眼的小角色，歷經幾代奮鬥，挖到了真正的金子，而這金子並非來自地下，而是來自人們的口袋：需求「空擋」就是最大的市場。

【管理運用】

相信很多人都聽過一本暢銷全世界的書，書名為「藍海策略」。該書就是在強調如何在競爭劇烈，相互廝殺的紅海市場中跳脫去尋找無人注意的藍海新市場。而藍海指的就是需求「空擋」。「空擋」就是存在於「有」和「無」之間，它們就像陰陽、善惡、黑白、美醜、長短一樣對立，但如何在這種矛盾中找到出路，找到方法，這是每個企業都需面對的現實。也就是要經由「平衡管理」找需求「空擋」。

例如，從商品品種，貨源多少，顧客需求變化上進行考慮，而且注意在時間差、服務手段上突出自身的特點，尤其是別人不太注意的細微之處，可通過看、問、比、試，不斷發掘可供自己利用的特點，使企業在不同的銷售環境裡勇於創新，不斷吸引顧客，提高企業的聲譽來「填空檔」。

憑著「填空檔」這一招在夾縫中求生存，才能不斷發展壯大。「填空當」的要點是填補其他企業經營上的空檔以吸引顧客，佔領市場。就是從人們的生活習慣著手，不但可提高經營業績，同時也避免了同對方的無效競爭。聰明人總是能夠發現別人忽略或根本不知道的機會空間，並且善於利用開拓。他們獨辟蹊徑，從小路殺到大路上。由於少了競爭和阻力，就能比別人更有優勢，因此也能更領先一步。

學習「無為而治」的智慧

由於經濟全球化和市場競爭的日愈劇烈，過去西方的管理模式好像無法有效解決此問題，導致世界上許多管理學家都把注意力轉向了中國道家的管理思維與管理方法，特別是《道德經》的「無為而治」思想，更將它廣泛地應用於企業管理上。

老子的「無為而治」是一種有利於應付全球經濟社會巨變並行之有效的科學柔性管理思想。老子的「無為而治」思想可供現代企業的管理者省思：決策上「有所為，有所不為」。

管理者只有在「小事」上有所不為，才能在「大事」上有所做為。隨著企業規模的不斷擴大和部門層次的增多，即使是精明能幹、智慧超群的管理者，也無法事事躬親、樣樣「有為」。

所以，高階管理者應不拘泥小事，善於在小事上「無為」，而在大事上「有為」。

就現代企業而言，高階管理者的「有為」，應是能夠正確處理企業發展方向的引導、企業活動整合的管理與協調組織各層級的關係。

法國著名管理學家法約爾主張「企業經理應始終設法保持對重大事情的研究、管理者和督導的思維和必要的行動」。所以，掌好「大事」則事事都得到治理，事半功倍；樣樣都管，而事事荒廢，事倍功半。

識賢　求賢有所為　用賢則無所為

管理者要想真正做到在「大事上有所為，在小事上有所不為」，在中國歷代治國成效經驗中，早已認識到「君閑臣忙國必興，君忙臣閑國必衰」的道理。

所以，企業的最高管理者必須具備伯樂識馬、劉備三顧茅廬、蕭何月下追韓信的精神，並且在用人上對於賢臣必須高度信任，充分放權，充分調動與發揮各級管理者和全體員工的主動精神和創造意識，而不是越俎代庖。

老子強調企業，管得太多，規矩愈多，員工愈怨聲載道，牢騷滿腹。

順其自然之「為」《道德經》第二十五章提及「道法自然」即要求管理者不要隨心所欲地去做（無為），而要順其自然，因勢利導，按照客觀規律辦事，不任憑主觀想像去發號施令，就能獲得成功。

在競爭劇烈的市場上，顧客的需求也是一種「自然」，任何企業都不能隨意而行，必須順其顧客需求而為之，一切為顧客利益考慮，才能贏得顧客的心。

在企業內部管理中，管理者也要善於根據員工的需求，而採取相應的激勵方法，理順員工情緒，以提升全體員工的積極性，達到人力資源的優化配置，從而達到「無為而治」的理想境界。

管理者有些事情該「有為」時一定「有為」，使自己的理念付諸實踐，以促進企業成功。不該「有為」時有為，不僅會影響下屬的主動性與積極性，而且還會妨礙、干擾下屬的工作，使下屬養成依賴心理，缺乏獨立工作的能力。同時也會破壞整個管理機構的系統功能，導致工作秩序紊亂，使管理系統不能正常運行為」。

由此可見，「無為而治」並不是憑藉「權力」和「制度」來管理，而是憑藉「順其自然」的哲學智慧以進行科學管理，不斷的根據環境變化檢討改善各種策略、制度，除可獲取最大的管理效果也是最高超管理藝術。

【管理運用】

生活在同一地球上的不同生物之間是相互制約、相互聯繫的。僅僅根據人類自身的片面認識去判定動物的善惡益害，有時會犯嚴重的錯誤。森林中既需要鹿，也需要狼。人們必須尊重動物乃至整個生物界中的這種相互關係。

就像被倒出了酒瓶的酒。把白水倒回酒瓶裡，白水不能變成酒。還需要「再釀」。這個再釀的過程就是道法自然。意思是人與道同一，然後共同回歸自然。老子說「道法自然」，包含一個重要的思想：人類只有做好自然的奴隸，不能輕易地改變自然的規律，才能做好自然的主人。

也就是說：誰有道，誰就是主人，誰就能成功。當千鈞一髮之際，誰能明白一些簡單的道理，就可以反敗為勝。因此，前面章節已提過「道」本無形，應用於「有」只能勉強可以「合理」、「適當」、「良心」、「中和」或是「利他」來稱之。所以「道法自然」在此可進一步解釋「道」就是自然，自然就是萬事萬物平衡的準則。

創造市場　各有所愛

《非誠勿擾》熱播，很多人談葛優、談馮小剛，可能不太有人知道，江南春也是這部電影的股東之一，這部因他而電影植入了不少廣告。江南春說：他們在拍之前，先把所有的廣告確認好，以廣告費作為製作費，有多少廣告拍多少電影，這樣就永遠不會虧錢。《非誠勿擾》就是以這個邏輯做的，有十四個植入式廣告，搭配十條貼片廣告，總共收入五千多萬元。這些錢正是全部的製作費，所以三億票房基本上都是純賺的。最近他們在拍《唐山大地震》，主要出資方唐山市政府投了六千萬元，成本又有了。所以盡量不要拍古裝片，植入廣告很難，以後以拍現代片為主，最好是拍瘋狂的賽車，跟汽車贊助有關，更容易賺到錢。

發現藍海就能賺錢，江南春發掘的無疑是廣告這個競爭白熱化行業的藍海。他說：「所有的藍海戰略來自於對細節的洞察，來自於對事物抱著懷疑的精神，來自顛覆性的思考。假如沒有洞察到人在特定時空中無聊的價值，如果我也堅信媒體只能是大眾媒體，只能內容為王而不是通路為王，那今天的分眾區隔也就不存在了。

如何用顛覆性的思考模式，或者是用另外一種角度去思考問題，變得非常重要。」這也應驗了一句俗話：人世間賺錢的門路千千萬，就看你腦筋怎麼急轉彎……

《道德經》第二章提到：有無相生，難易相成，長短相形，高下相盈，音聲相和，前後相隨。「無」，乃無價之寶，因為「無」中生「有」，因為「無」可以孕育出無數個意想不到的「有」。而無限個「有」，又構成了「無」——無限地追求。

美國學者孔茨說：「當人們的期望與態度變化時，他們所需要的各種服務也將隨之而變化。」每個消費者的需要越來越具有個性，市場就越多樣化。人類是由個體組成的。每個個體都有個性。人們由於民族、年齡、職業、居住區域、文化修養、性別、愛好等種種不同，因此就具有不同的需求個性。世界上許多企業，都很重視不同消費者的個性消費需求。

管理者須知，企業存在就是在為顧客解決問題。顧客感到有什麼麻煩，顧客希望得到什麼，然後再盡一切努力想出解決這些問題的辦法。辦法想出來了，就會發現一個「無」中生「有」的各式各樣新市場。甚至，有的企業專門安排高層人員每週輪流逛商場，目的是「聽」，聽顧客對商品的議論，聽顧客的埋怨和希望，其實他們是在靠聽來發現「無」。王品企業就要求高階管理人員，每年必須光顧一百家以上各式各樣餐廳，費用則由公司支付。其目的就是經由「聽」、「看」、「吃」來了解顧客即發現「無」。

這種「無」中生「有」的各式各樣新市場在世界到處可見，也因而造就解決了現代人的各種食、衣、住、行、育、樂的方便與享受。例如，德國有一家「左撇子商店」，該店的日用百貨、文化用品等，都是專門為「左撇子」顧客準備的。義大利有適合不同人群需求的新娘商店、青年商店、老年人商店、兒童商店、孕婦商店等。日本川琦有家婦女用品公司，專門在家庭主婦中尋找市場中的「無」。他們舉辦「向太太買構思」的活動。由於採納了主婦們新穎、獨特、實用的「構思」，開發了一大批太太們喜愛的產品，川琦公司無中生有，大獲其利。

一個管理者應當具有現代人的生意頭腦——有膽有識、有敢於稱雄世界的策略目標。我國有悠久的文化歷史，我們的產品有較高的文化素養，有許多產品和特色深受世界各地的歡迎，如何創造文化與生活結合的新產品或服務的文創產業國際化是企業「無」中生「有」的課題。我們的企業不是沒有打入世界市場的能力，而是缺乏打入世界市場的謀略。

台灣的企業應該有自己的作為，在激烈的市場競爭中，即使是名牌產品，也必須注意不同地區的不同「需求」，不可忽視不同地區消費者習慣的差異。台灣不少城鎮都有了規模不等的夜市，但大都以飲食、娛樂業為主。其實，其他各種產品，可針對上班族的人們白天無暇光顧，如果在夜市裡設攤賣貨，或者開闢幾個夜間服務點，肯定會贏得不少雙員工和單身員工的光臨。把市場分得越細，把消費者的消費需求研究得越透，企業就越有空間。共性需求滿足的「有」，代替不了個性需求的滿足。迎合任何一種個性需求都可以找到一個「無」，從而開闢一個新市場，建立一個新的經營天地。

【管理運用】

「天下萬物生於有，有生於無」就是：天下萬物都是從看得見的有形質中產生的，看得見的有形質又是從看不見的無形質中產生的。企業若想求更好更快的發展，就必須明確自身的有與無，做到「有中生無、無中生有」。「無中生有，有中化無」的「有無觀」，是企業創新的依據。無論是無形資產的創造與增值，還是細分市場，開發新產品，都是一種創新。老子的「天下萬物生於無，無生於有」所告訴我們的就是要盡力去尋找「無」，開發「無」。「無」即是「空」，「空」，就需要新鮮的東西來填充和補給。現代企業面臨著知識經濟的嚴峻挑戰，企業管理者要利用好這種「無」的資產，經營好「無」的市場。從「無」中開發出源源不斷的「有」來。

順應自然　無為而無不為

西漢開國功臣曹參是江蘇沛縣人，跟隨劉邦在沛縣起兵反秦，身經百戰，屢建戰功、劉邦稱帝後，論功行賞，曹參功居第二，封為平陽侯，僅次於蕭何。因曹參德高望重，劉邦請他去任其長子齊王的相國，在齊國擔任相國的九年中，按照老子「無為而治」的辦法制定各項政策，不准官員去打擾百姓，嚴懲做壞事禍害百姓的官員，起用一批老成持重又愛護民力的官員，使齊國經濟很快得到恢復和發展。齊國人都稱頌曹參是賢明的丞相。

蕭何去世後，曹參擔任相國一職，上任後，對朝廷的事不管不問，一天到晚就和人在丞相府喝酒聊天。有些性急的官員就到丞相府來求見，想對曹參提出忠告，同時為他獻計獻策。曹參知道這些官員來的目的，所以凡有客人來，他都不等他們開口談朝廷大事。就把來人拖到酒桌上，有什麼事喝完酒再慢慢地談。喝了幾杯酒後，曹參還不想談正事，只要一看客人要開口談正事了，曹參馬上叫人敬酒，不讓客人有開口的機會，直到把客人灌醉送走完事。後來，想到丞相府奏事的朝廷大臣，也都習以為常了。他們逐步理解了丞相對朝廷的事，不想多生枝節，所以也就照章辦理，從此官員再也不敢隨意變動舊章，更不敢生事或亂出生意了。

曹參認為，統一天下以後，太祖與蕭何陸續制定了許多明確而又完備的法令，在執行中又都是卓有成效的，難道還能制定出超過他們的法令規章來嗎？現在是繼承守業，而不是在創業，因此，做大臣的，就更應該遵照先帝遺願，謹慎從事，恪守職責。對已經制定並執行過的法令規章，就更不應該亂加改動，而只能是遵照執行。曹參任丞相三年，極力主張清靜無為不擾民，遵照蕭何制定好的法規治理國家，使西漢政治穩定、經濟發展、人民生活日漸提高。他死後，百姓們編了一首歌謠稱頌他說：「蕭何定法律，明白又整齊；曹參接任後，遵守不偏離。施政貴清靜，百姓心歡喜。」史稱「蕭規曹隨」。

《道德經》第三十七章曰：「道常無為而無不為」。侯王若能守，萬物將自化；化而欲作，吾將鎮之以無名之樸；無名之樸，亦將不欲；不欲以靜，天下將自正。意謂：大道順應自然乃無為，順應自然無為而無所不為。侯王將相若能守之，順其自然無為，萬物都能按照自己的規律去運化。運化乃慾望所致，因此要用無名樸質去調整。使其慾望逐漸減少達到無欲。如果萬物都能沒有貪婪的慾望，天下就能太平，就能處於永恆的狀態，從而達到自定。

魅力是一種絕對可以讓人信服的氣質，就如曹參以「無為而治」的制定各項政策，順其自然無為，萬物將都能按照自己的規律去運作，這種清靜無為不擾民的個性，是一種人人都能感覺得到，然而卻無人能夠表達，無法加以形容的微妙的東西，這就是和人一生的成功都相關的魅力。此可提供給管理者的重要啓示：優秀的管理者要有順其自然無為，讓萬物將都能按照自己的規律去運化，要用無名樸質去調整，使其慾望逐漸減少達到無欲。如果萬物都能沒有貪婪的慾望，天下就能太平，就能處於永恆的狀態，從而達到自定，這些富有感染力的氣質就是魅力。

優秀管理者的魅力能夠激發出員工的最優秀的品質。即使一個人有很多的頭銜，但是他仍需要個人威信。這種威信是影響者從被影響者那裡自然而然獲得的。而且一提到這種威信，人們就會聯想到那個頗具魅力的人。地位能夠產生對他人的權威，但個人威信卻來自於尊重和喜歡。一個真正有魅力的管理者，當他的威信積累到一定程度時，他自然就會脫穎而出。

作為一個管理者，要努力做到無私慾，順其自然無為，舉止文雅，為人隨和，寬宏大量。這種魅力不僅僅在商業活動中讓人受益無窮，在生活中的任何一個角落同樣都會讓人獲益匪淺。正是因為這種性格，才使許多管理者贏得了許多人的擁戴，成為全面成功的人。

【管理運用】

老子主張「人法自然」、「無為」、「不言」，因為按自然辦事這就是成功的秘密。

「人法自然」正如儒家主張「民胞物與」和「仁民愛物」，人法自然才能胸襟開闊，對萬物抱兼容並收的寬宏態度；只有民胞物與和仁民愛物，才能發揮愛人及物的博愛精神，才能以平常之心對待人、事和物，一切都合乎規律，合乎自然，如此就順利了。

可見企業管理的一個較高的境界就是弱化權力和制度，以文化和理念為手段實現員工自主管理，在共同的價值觀和企業統一的目標下，讓員工各負其責，實現員工的自我管理、自主操作。要實現這個目標就要求管理者必須注意發揮員工的自主性，實現員工的自我管理、自我規範，從而激發員工的工作積極性，自覺地完成本職工作，並主動追求最佳方法和最優效率，為企業創造最佳業績。這就是以「人法自然」來使「無為」與「有為」之間取得「平衡」的最佳管理方法。

順勢而為　無為管理

有一天，莊子和他的學生在山上看見山中有一棵參天古木因為高大無用而免遭於砍伐，於是莊子感歎說：「這棵樹恰好因為它不成材而能享有天年。」

晚上，莊子和他的學生又到他的一位朋友的家中作客。主人殷勤好客，便吩咐家裡的僕人說：「家裡有兩隻雁，一隻會叫，一隻不會叫，將那一隻不會叫的雁殺了來招待我們的客人。」

莊子的學生聽了很疑惑，向莊子問道：「老師，山裡的巨木因為無用而保存了下來，家裡養的雁卻因不會叫而喪失性命，我們該採取什麼樣的態度來對待這繁雜無序的社會呢？」

莊子回答說：「還是選擇有用和無用之間吧，雖然這之間的分寸太難掌握了，而且也不符合人生的規律，但已經可以避免許多爭端而足以應付人世了。」

《道德經》第三十七章曰：「道常無為而無不為。侯王若能守，萬物將自化」。意謂：大道順應自然乃無為，順應自然無為而無所不為。侯王將相若能守之，順其自然無為，萬物將都能按照自己的規律去運化。

許多管理者在看待員工時，常會以「有用與無用」、「有能與無能」、「有責任心與無責任心」、「忠誠與不忠誠」、「老實與不老實」等，相對觀點來區別。這些相對觀點是主觀傾向的，無法全面地認識人才。從老子《道德經》的觀點，管理者應具有觀點：

一、管理者要放下自己的分別心，在思維中，不要對人才有先入為主的刻板印象。只有放下分別心，才能全面客觀地看待人才，進而使之揚長避短，充分發揮人才優勢，規避其缺點，使其能用最優勢的能力為企業效勞。

二、管理者以「無為」的方式去「管理」員工。無為，不是說管理者什麼都不做為，無為是相對於有為而言。有為的境界，是管理者在作為上可看到的境界。無為的境界，是指管理者的作為員工感覺不到，是一種順應自然的作為方式，也是道家最高的管理者境界。意謂，管理者要做到順勢而為，而非憑藉主觀臆斷去做。卓越的管理者，讓人感覺不出他的存在，而被管理的人、事、物卻井然有序。

三、管理者應當以不言說的方式教化人才，不要隨意按自己的主張行事，讓人才自動自發地按照自己的個性充分發展，管理者只要監控過程，並在需要時提供適時的指導與協助；同時當達成目標也不自居其功，因為績效是所有人才共同創造，正因為管理者不自居功，不自主張，去掉了自己的分別心，他所創造的成果，是「無為」的。

世間並沒有一成不變的準則。面對不同的事物，我們需要不同的評判標準。對於人才的管理尤其明顯。一個對其他企業相當有用的人對自己來說不一定有用，而把一個看似無用的人擺正地方也許就能為你創造出你意想不到的收益。

聰明的管理者人應該學會發現人才的優點，使得人盡其才，儘量避免人才浪費。審慎選擇適當人選是非常重要的，而這必須靠平日不斷地觀察，留意每個人的發展動態。在檢視的過程中，不僅要發掘能幹的部屬，並且還要剔除辦事不力的員工。

因此，管理者應隨時用不同眼光看待身邊的人才，才會有不同的收穫。企業的發展需要各式各樣的人才，只有善於將各種個性、專長不一的人才整合到企業發展的需要中，才能有所成就。只有功成而不自居，無分別心與不自作主張的管理者，所創造的功業才會被大家認同，企業績效也因應而生。

【管理運用】

老子說的「無為」，不是說坐在那裡什麼都不做，而是不妄為、不亂來。所謂的「妄為」就是憑自己的慾望而為，一意孤行。在這種想法下，做事的時候就不是考慮事情的客觀發展，而是自己的主觀意願，想做什麼事就做什麼事，覺得這樣做會好，就這麼做，而不會實際考慮別人是不是需要，或者採取的方法是否會奏效。反過來，「不妄為」就是不憑自己的慾望而為，而是順應事物的發展規律，按對方的需要去做事，按有效的方法去做事。

世間並沒有一成不變的準則。面對不同的事物，我們需要不同的評判標準，唯一的準則就是「平衡」也就是「妥適」。對於人才的管理尤其明顯。一個對其他企業相當有用的人對自己來說不一定有用，而把一個看似無用的人擺正地方也許就能為你創造出你意想不到的收益。

向「無」借創意

不斷的競爭能促使產品質量更好，價格更低可給消費者帶來明顯的利益。而差異化給消費者帶來的利益更為明顯，因為消費者的需求得到更貼切的滿足。

當你的產品不具任何特色時，那你就只好捲入價格競爭，跟同等級產品打一場混仗，當你的產品有差別於競爭者時，那麼你就具有「競爭力」。

現今的社會即使有創新產品上市，也會很快地被模仿，正因為如此，企業想成長就必須搶其他品牌的消費者。

廣告研究者史提芬·金提出，管理者最好致力於產出使產品具有「目標顧客」附加價值的「差異化產品」，而擁有愈多附加價值就能愈滿足目標顧客的需求。

《道德經》第四十章「反者道之動」的意思是，由有無或陰陽所構成的萬物，並非靜態不動的，而是恆常處於變易之中，在兩兩間反復的轉化、消長，且互相往對立面運動。一般人看事情，只會注意到事物所表現出來的有形的一面（即「有」的一面），而容易忽視事物虛空的一面（即「無」的一面），而老子特意將大家容易忽視的「無」通過「有」去彰顯出來。

有形的東西給人帶來的便利是顯而易見的，但是無形的東西往往也產生著很大的作用，只是不易被人察覺。「無」和「有」互為作用，才能產生功用。

「無」有的時候甚至比「有」更為重要。例如，馬雲說，阿里巴巴的成功是因為，「無」資金、「無」技術、「無」計畫。所以有時候「無」的作用往往比「有」更為巨大。

《道德經》第四十章提到「天下萬物生於有、（有）生於無」，提醒企業必須認知所有的新產品或服務都是來自「無」，因為消費者「無」才會產生需求，因為「無」消費者才無法滿足。因而企業就要想盡辦法（非僅一己之力而已，或許找他人合作）讓「無」變成滿足消費者需求的「有」。所以《道德經》第二章進一步說「有無相生」。

企業如能常常思考「有、無」的關係，你的產品「無」什麼？你的服務「無」什麼？你的行銷「無」什麼？你的目標顧客「無」什麼？如此，就可以做出和競爭者既有差異又能滿足顧客價值的產品或服務。尤其，大環境不斷在改變，企業若仍然在走以前的老路是行不通的。會困住企業發展的，絕對不是企業「無」什麼，而是企業如何看待「無」。別只是看「無」而是會向「無」借創意，讓「無」帶領企業走向新藍海！

【管理運用】

由老子的「有生於無，無生育有」，我們明白了一個道理，那就是世上的一切事物，都是向著對立面轉化的。就是說，從一開始，它就走向它的反面。有是從無開始的，無中生有，就是這個意思。

管理者應常常思考「有、無」的關係，就可以做出和競爭者既有差異又能滿足顧客價值的產品或服務。絕對不是企業「無」什麼，而是企業如何看待「無」。必須在「有、無」之間找到「平衡」。別只是看「無」而是會向「無」借創意。

從無到有　從小到大

大陸有個企業家叫史亮，當初就是靠一個在平凡之外看到不平凡的高點之眼光和把握機會的氣度。史亮最初靠撿拾垃圾維持生計，這實屬無奈之舉，但從半年後靠撿垃圾有了第一筆一千元積蓄後，他就敏銳地發現了其中的發財機會，並將自己的事業建立在垃圾堆上。撿了一段時間的垃圾後，他常想一個問題：花錢收集起來的這麼多垃圾到底有什麼用？從收購者那裡一打聽，史亮就發現了其中的門道：「互通有無」，這些垃圾中的塑料運到河北文安，鐵皮罐、骨頭運到天津薊縣，玻璃運到邯鄲，紙運到保定，有色金屬運到霸縣，膠皮鞋底運到定州，價值就增加了。這下子靈感來了，史亮想方設法搞到了上述廠家的電話，他很快的自己成了垃圾頭。

成了垃圾頭的史亮，逐漸將撿垃圾的人組織起來，每五十人為一個「舵」，分門別類成立小組，憑著一批人馬的苦幹，他有了自己的廢品回收站。廢紙、廢鐵鋁罐、玻璃瓶、塑膠器皿、廢舊金屬等，幾乎所有的廢棄物品他都收，再經過整理、分類、打包、運送等全部過程，最後直銷廠家，收入遞增至數倍。接著，史亮漸漸發現資源回收這個行業有無窮無盡的潛力，所有的垃圾在他眼中全是寶。收購的廢品中，被當作廢鐵賣的舊自行車，史亮就動起腦子開始自行車翻新業務，這樣獲利更多。

後來，他投入廢舊輪胎翻新的業務，將收購來的可利用物資進行第二次加工，然後出售，生意十分興隆。從收廢品到廢品加工再利用，在同時，他又看到市場金屬鋁熱銷的行情，果斷地投資振欣鋁業有限公司，利用廢舊金屬提錬鋁。開始之初，更親自去學習設備的技術。有了先進的技術保障，史亮搶佔了市場的先機。之後，他又根據經驗，相繼投資了廢舊輪胎翻新廠和鋁合金加工廠；到一九九九年，投資環保塑化煉油廠。從廢塑料提煉出柴油、汽油，整個現代化煉油的工藝流程，杜絕了第二次污染。經過處理投產後，生產的合格產品已源源不斷地進入市場，供不應求，史亮的經營取得了輝煌的業績，此時他才三十二歲。

《道德經》第四十二章曰：「道生一，一生二，二生三，三生萬物。」意謂：道是從無到有，「道生一，一生二，二生三，三生萬物」的過程，就是從無到有、從小到大的過程。經商辦企業也是一樣，沒有哪個經營者一覺醒來就有金山。縱觀成功經營者所走過的路，都是由小及大。就像爬樓梯的人。上得一個台階才能邁向下一個。提供經營者的啟示：財富是一步步積累擴張的，只要你肯走就能通向成功。

很多人把「小錢」不放在心上，甚至不屑一顧。一個大客戶也許一次就能帶給企業十萬元的利益，可能是十個小客戶累加起來的總和。但是如果把所有的希望都寄託在大客戶身上，可能就會怠慢小客戶。在不知不中的漠視、懶怠可能會失去十個客戶，而這十個小客戶有朝是一日能成長為大客戶。

「莫以利小而不為」應該為每一個生意人的座右銘。只有不嫌棄每一分硬幣，經過積累的過程才能獲得更多。任何一種成功都是從點滴積累起來的，將軍要從小兵成長起來；經驗要從諸多小事中總結而來；財富必須從小錢累積而成。明智的管理者從來都不會拒絕一筆小生意，也會因為善於積累而變得富有。

誰都想抓住改善命運的機會，只是許多人做不到。正是許多人做不到的，史亮卻做到了。從撿垃圾做到環保工業，史亮從一個低起點邁到一個高起點的垃圾致富之路，充滿了艱辛也充滿了魅力。從無到有、從小到大，完成了一個傳奇般的創業歷程。實為經營者最佳借鏡。

【管理運用】

「從無到有、從小到大」確實是企業的成長與發展的重要觀點。老子也提及：合抱的大樹，生長於細小的萌芽；九層的高台，築起於每一堆泥土；從「大生於小」的觀點出發，老子闡述了事物發展變化的規律，說明「合抱之木」、「九層之台」的遠大事情，都是從「生於毫末」、「起於累土」為開端的，形象地證明瞭大的東西無不從細小的東西發展而來的。這就告誡了管理者們，無論做什麼事情，都必須從小事做起，才可能成就大事業。

在商場上「從無到有、從小到大」的例子更不勝枚舉。如飲料業的薄利多銷，雖然每瓶好像只賺幾塊錢，但累積的銷售量就成就了許多利潤。又如電信業者賺的錢除了手機外賺更多的卻是幾毛錢微不足道的通訊費。還有經營網路平台的更是無中生有，從小到大的一種經營模式。總之，有志的經營者懂得從「無有、小大」之間找到不同的「平衡」點來創造商機。

我無為 而民自化 管理者藝術

春秋晉國有一名叫李離的獄官，他在審理一件案子時，由於聽從了下屬的一面之辭，致使一個人冤死。真相大白後，李離準備以死贖罪，晉文公說：官有貴賤，罰有輕重，況且這件案子主要錯在下面的辦事人員，又不是你的罪過。李離說：「我平常沒有跟下面的人說我們一起來當這個官，拿的俸祿也沒有與下面的人一起分享。現在犯了錯誤，如果將責任推到下面的辦事人員身上，我又怎麼做得出來」。他拒絕聽從晉文公的勸說，伏劍而死。

《道德經》第五十七章提及：「我無為而民自化，我好靜而民自正，我無事而民自富，我無欲而民自樸」，真正有大智慧的人會以「我無為而民自化」來做事。我無為就是什麼事都不做，老百姓全部都會變好，是不是？不是！聖人無為是指不妄為。自己做好榜樣，不妄為，自己遵紀守法。自古說上梁不正下梁歪，自己是執法者都亂來，那百姓知道你都可以亂來，我們也可以躲在背後跟著你亂來，那不是都全亂了嗎？所以聖人是以身教，自己帶好頭，我無為就是我不妄為，就是遵紀守法。而民自化，古代有一句話就是天子犯法與庶民同罪，如果真能這麼做，老百姓很佩服的，他們想違法亂紀也不敢。化就是教化，就是都向好的方向轉化。

從老子的哲學來看，管理的本質，就是「無為而無不為」。如何看似清靜「無為」，卻能順乎自然發展而達到「無不為」，正是管理的最勝義。「無為」在老子心目中是一個重要概念，老子雖主張「無為」，卻並非消極的一無所求、一無所為。所以「我無為而民自化」簡言之，就是管理者要正人先正己，做事先做人。管理者要想管好下屬必須以身作則。示範的力量是驚人的。不但要勇於替下屬承擔責任，而且要事事為先、嚴格要求自己，做到「己所不欲，勿施於人」。一旦通過表率樹立起在員工中的威望，將會上下同心，大大提高團隊的整體戰鬥力。得人心者得天下，做下屬敬佩的管理者將使管理事半功倍。可視此為一種難得掌握的管理藝術。

很多人講管理，總認為應該用一大堆規定來加以掌握、控制，政令繁苛的結果，往往是扼殺了創造性、堵塞了潛力。所以老子主張要簡單、自然的方式，讓員工自行激發潛力。不必用機心，不必勾心鬥角，只要用誠心即可管理。

日本大企業家松下幸之助便是以「順其自然」為其人生哲學，而這也是他經營成功之道。松下以使命感激發員工潛能，促使大家自動自發，達到所謂「民自化」的效果，這也是松下電器能夠迅速成長的主要動力之一。

以治水為例，老子並不是說洪水不需治理，只是他主張疏導，而不贊同圍堵；因為圍堵違反水性，疏導才是順乎水性。治人也一是一樣，老子並不是說百姓不需治理，只是他主張教化，而不贊同強行規範：因為強行規範往往會違反人性。因此，管理者的管理者智慧就是要「我無為而民自化」，正人先正己，做事先做人。必須以身作則，而且要事事為先、嚴格要求自己，做到「己所不欲，勿施於人」。自然會提高團隊的整體戰鬥力，使管理事半功倍。

【管理運用】

嚴或鬆、繁或簡都是對立關係，何時或何狀況該嚴或鬆、繁或簡端賴有智的管理者以「平衡管理」之道，以「道」的自然法則來調整判斷，使其符合「妥適」、「中和」、「公正」性，就不會有問題了。

當然，管理者要正人先正己，做事先做人。必須以身作則，而且要事事為先、嚴格要求自己，做到「利他」。自然會提高團隊的整體戰鬥力，使管理事半功倍。

尤其在今天面對網絡信息化與全球化的變革，最高明的策略不是跟隨表面的變化手忙腳亂地採取行動，而是把握管理的一般原則，實現「無為而治」，也就是老子提出的「無為而無不為」。

第二章　智與愚的平衡

所謂大智若愚，就是真正有大智慧的人，不會賣弄聰明，表面上看上去他說的話、做的事好像很笨，實際上他的智慧與精明是深藏於內的。大智若愚的人，會將才華隱藏得很深，給人一種混沌無知的假象。大巧若拙、大智若愚……這些流傳千古、耳熟能詳的成語裡，均蘊含著大智慧。很多時候，一個人可以利用這種別人以為他「笨拙」、「愚蠢」的表象來完成不容易辦成的事情。而如果一個人給人的感覺是太聰明瞭、太精明瞭，往往會引起他人的警戒，結果做起事來往往會事倍功半。這就是老子「有無」對立統一的另一種辯證情境。

《心經》提及：「色不異空，空不異色，色即是空，空即是色。」。「色」，就是我們所看得見世界上一切有形的東西，把它總稱為「有」，而「空」就是「沒有」。管理者必須了解，有等於沒有，沒有又等於有。《易經》也提及：「一陰一陽之謂道」。陰、陽是不斷的在變化，對立統一又相依，物極必反，沒有一件事物能永遠存在，最後都是會變的。世界上一切看得見的東西，遲早都會變成沒有，而原來沒有的東西，「有一天」也會產生出來。因為宇宙萬物總是不斷地千變萬化，反覆無常，所以「有才會變成沒有」，而「沒有才會變成有」。創業者「白手起家」就是沒有變成有，「富不過三代」，就是有變成沒有。

一個很有學問與才華的人，如果鋒芒太露，很容易招致別人的嫉妒、不滿、不配合，無意間得罪人。這句話，是用它來闡明「無為而無不為」的哲學思想；真正的聰明不在於故意顯露，要小聰明，而在於掌握、順應事物的本質規律，使自己的目的自然而然地實現。顯露與隱藏式對立的，如何從中取得平衡。，對管理者在自身修練及用人上具有相當的啟示。

《道德經》第四十五章提到：「大直若詘，大辯若訥。」意謂：有大成就之人，看似很笨拙，很會說話辯論的人，讓人看似很木訥，巨大智慧的人，看似很愚笨。這些都是對立統一的辯證關係，也是現實生活中常見到的矛盾。本章就是藉由智與愚的對立矛盾，來說明如何應用老子的「道」之哲學思想，在不同的人、事、物、場所、時間等情境中達到適當的「平衡」進而達成所欲的目標。

【管理運用】

本章除了談論智與愚的對立統一之「平衡」之道外，在現實生活中，我們只知道去追求外在的好的、美的，來滿足我們追求美好的願望。這可以用人類的感官形象的說明，比如眼睛的功能主要是用來分別所見事物的，任何一個人的眼睛都只願意看到美麗的，不願意醜陋的，看到美麗就非常滿足，非常舒服；看到醜陋就異常厭惡，非常煩躁。追求美好，崇尚高貴是好的，但是一旦將這種追求和崇尚演變成無限的慾望，就形成了貪念，也就讓我們無法正確面對現實，更無法正確面對自己。除了眼睛之外，耳朵、鼻子、舌頭、觸感甚至意念都是一樣。所以老子告誡我們只有戒除貪欲，才能獲得幸福，否則就會害了自己。不管你是得到了，還是沒得到，都是一樣。但是有多少人能理解？又有多少人能夠做到呢？

大智若愚　大巧若拙

發明大王愛迪生，從留聲機到電燈、電影等一千多種發明。「現代生活的創造者」，他當之無愧。然而他在讀小學時，卻被老師認為是智能不足，笨得不堪教誨，於是被母親帶回家。他因為在家讀書，順便在地下室做起實驗來。

少年時，南北戰爭中，他自編自印戰事新聞去賣報，成為新聞事業的先驅，由於人們需要消息。為了方便，火車的車長就撥了一輛車廂給他作報館，在車上採訪、編輯、印刷、販賣，一連串作業均由他負擔起來。人們一面讚許，一面罵他傻子。

誰知他除了辦報外，還把實驗室的化學用品，搬上車廂，繼續科學實驗。某次，化學藥品在火車搖晃之下，傾倒起火，燒毀了車廂，驚擾了乘客，車長在盛怒之下，一面罵他一面打他耳光，用力過度，把愛迪生的耳朵給打聾了。

為了要治好耳聾，愛迪生發明助聽器不成卻發明了「留聲機」，把說話、唱歌的聲音記錄下來。大家都說他是個笨聾子，耳朵聽不見，還去研究聽聲音的玩藝兒。留聲機、電影卻都是跟耳朵有關的發明。

他的外表和態度，也是呆板木訥的。他看到母雞孵蛋，生小雞。自己也去孵蛋，傻嗎？科學實驗，必須專心一志，心無旁騖。他看起來傻傻的；做事也是那麼呆板。卻不怕失敗，試了再試，一直到成功還不停止。這樣只顧呆沈思，只愛嘗試實驗的人，必須有一般人家認為笨拙的傻勁！沒有失敗，沒有毅力，是不會發明的。

《道德經》第四十五章曰：「大成若缺，其用不弊。大盈若沖，其用不窮。大直若屈，大巧若拙，大辯若訥。，其用不屈，躁勝寒，靜勝熱，清靜可以為天下正。」意謂：有大成就之人，看似有缺陷（因為大智者，持守大道，返樸歸真，天人合一，面對其大無外，其小無外的大道，總是感覺自己的智慧不足。），因此其用不弊。「大成若缺」、「大盈若沖」、「大直若屈」，「大巧若拙」，「大辯若訥」，都是持守大道得道的一種體現，「其用不弊」，「其用不窮」是道的本原。清靜能夠勝煩躁，寒冷能夠克酷熱，清靜為天下之正（正道，人間正道是滄桑）。

其中所提：大直若屈，大巧若拙，大辯若訥。則是指最直的東西，看起來好像彎曲，最大的靈巧，看起來好像笨拙，最善辯的，看起來好像說話遲鈍似的。「呆若木雞」通常用來形容呆頭呆腦的人，可是智者卻是把它作為成功管理者的典範。一個善於競爭、永立不敗之地的管理者的心理訓練必然要像「鬥雞」一樣達到一個完美的境界，那就是自己要保持冷靜、括淡，帶著一顆平常心參與競爭。

發明大王，不就是「大巧」嗎？愛迪生，可不是「若拙」嗎？天下事也只有不怕失敗、困難的「拙人」，才能獲得成功，造福人群。老子「大巧若拙」、「大智若愚」的人生哲學，不只是修養，而是宇宙的真理。真正的天才是常常隱藏在群眾裡面，絕不擠向人前去露臉。

一般人常提到成功的企業家的異人之處有許多條。例如好勝中強烈，非常自信等。老子最為道家推崇的就是「大智若愚」、「大巧若拙」、「大成若缺」、「大器晚成」的管理者。他知道在什麼時候做什麼事，能夠抓住機會，敢想敢做，敢於吃小虧，爾後佔大便宜。其實，縱觀古今中外，凡能做成大事者，都是返璞歸真、大智若愚者，小智小巧永遠做不了大事情。可見有智慧的管理者要「小事糊塗，大事不糊塗。」不耍小聰明，才能成就大事業。

【管理運用】

本篇「大智若愚」、「大巧若拙」提供給我們一個很重要的思維，就是「逆向思考」。在企業管理中，管理者要「若愚」，就如劉邦或劉備，如此才能讓部屬發揮才智，用心行事。但也不能處處、事事都是「若愚」，有時該「大智」時就要表現「大智」，端看管理者「平衡」的智慧。商場中要讓顧客覺得「佔便宜」而企業「吃虧」，才能不斷地再惠顧。但企業就是要圖利，也不能老是「吃虧」。這裡所指的「吃虧」就是要能「佔便宜」，所以有智慧的管理者應該引申為吃小虧佔大便宜，吃目前的虧佔長期的便宜，亦或是吃有型的虧佔無形的便宜，這就是「平衡管理」之道。

知人知己　揚長避短

歷史上的劉邦為什麼能在楚漢之爭中最後取得天下？《史記》記載，漢高祖劉邦打敗項羽取得天下後，在洛陽設宴款待有功將士，酒過三巡後，劉邦提到：「今日能夠稱帝是因深知，出主意，定良策，運籌帷幄，決勝於千里之外，我不如張良；治國家、撫百姓、後勤支援前線，我不如蕭何；統領百萬之軍，戰無不勝，攻無不克，我不如韓信；這三位人才，聽我指揮，為我所用，才是我取天下的根本原因。」他在稱帝後講的三個「我不如」清楚地說明盜罪關鍵一點，他能認識別人，謙下用人，同時也能正確認識自己。一個具有自知之明、時刻想到自已的缺點、錯誤和不足的人，才可能樹立正確的世界觀、人生觀和價值觀，真正成為生活中的強者。正所謂：虛心使人進步，驕傲使人落後，我們應當永遠記住這個真理。

《道德經》第四十五章曰：「大成若缺，其用不弊。大盈若沖，其用不窮。」意指：有大成就之人，似有缺陷（因為大智者，持守大道，返樸歸真，天人合一，面對其大無外，其小無外的大道，總是感覺自已的智慧不足。），因此其用不弊。這裡的「大成若缺」、「大盈若沖」以及「大直若屈」，「大巧若拙」，「大辯若訥」，都是持守大道得道的一種體現，「其用不弊」，「其用不窮」是道的本原。管理者須知，人無完人，金無足赤。關鍵在於揚長避短，利用管理者和員工的優勢，充分發揮人的潛能。

米莉是多倫多人，她雖是一位不難看的女郎，但身高只有三尺。為此，她感到非常苦悶和煩惱。某一天，她毫無目的地在馬路上閒逛，當她看到一位身高六尺的英俊男子走過身邊時，忽然眼前一亮，頓覺商機突現。於是，她藉故接近高個男子，並建議利用兩人的身材特點，設立全球第一家「極端」食品店，專營大小兩極分化的糖果，以誇張手段，使之成為鮮明的對比，來引起大人小孩的好奇心，高個子男人聽後覺得很有道理，便欣然同意，開張後果然顧客盈門，財源廣進。這就是具有自知之明、時刻想到自己的缺點、錯誤而能避短揚長的成功例子。

善於識別員工的品行和才能的管理者是最明智的，能夠正確地認識自己缺點的人，才是最聰明的管理者。戰勝別人的人才是有力量的，而戰勝自己的弱點、缺點的人才算堅強。知道滿足的人就是富有。努力勤行的人就是有志氣。不離失根基的人才能長久。身死流芳不朽的人才是長壽。因此，有智慧的管理者應具自知、自勝、自足、自強的人才能長久。

老子教導管理者要對自己的認識體現一個「虛」字，反對一個「滿」字。只有認識自己，把握自己，戰勝自己，才是解決問題的關鍵。人一生中最難把握、最難戰勝的還是自己。自知就是實事求是地、辯證地看待自己。不知自己，則無以知人；不知別人，則無以知己。華人歷來提倡這種「自知之明」的情操，認為這是前進的動力和階梯。

身為管理者，真正敵人是自己；真正進行較量的對手是自己；一生中苦苦追尋的是自己；最偉大的人格力量是能自覺地向自己的弱點、缺點挑戰。挑戰不是目的，而是最終要「降服你自己」，使自己成為一個「自勝者」，成為自己的主人。要以正義向邪惡挑戰，以勤奮向懶惰挑戰，以公正向偏見挑戰，以真誠向虛偽挑戰，以謙和向驕狂挑戰，以達觀向憂鬱挑戰。

【管理運用】

人無完人，金無足赤。關鍵在於如何揚長避短，利用管理者和員工的優勢，充分發揮人的潛能。人我或長短都是統一對立的，何時何事何處該考慮自己或考慮他人使雙方都覺得適當或公平，都在於是否有智慧管理「平衡」。人、事、物本無長或短，都是人們自己的主觀意識在區別。長處或短處端看不同的人、事、物及時間、地點、情境而各有其用。有智者懂得以「道」作為「平衡」判斷的準則，該顯露長處時顯露，該以短處呈現時就故意曝露以迷惑他人。

我們過去的錯誤經驗告知我們，智比愚好，人人都想當智者而不願被當做愚笨的人。但是，宋代蘇軾曾提及：「智出天下，而聽於至愚；威加四海，而屈於匹夫。」大意是：聰明到足可以超越天下一切的人，卻要聽一個最愚昧的人的話；威風到可以施加於四海之內，卻要屈服於一個普通百姓。因為對一個普通老百姓也十分尊重，這才能顯示出虛懷若谷的風度。所有成功的管理者者都不是仗著自己有多聰明，而是憑藉自己的品德：誠實、謙虛、付出，憑藉著看似自我犧牲的愚蠢行為來得到天下的歸心。可見，越是「愚」，越是「志不在小」，越是「愚」，越是「福不在小」，也是恰如其分的。常言說：「智者千慮，必有一失；愚者千慮，必有一得」，「愚誠得道，欺人慘報」。即使是沒有足夠的智慧能參透事理，最終選擇堅守「大智若愚」之道的人，還是生下來就比普通人要愚笨的人，也會因為自己這天賦的「愚」而得福。

糊塗境界　混沌管理

世上本來沒有什麼值得煩惱的事，都是庸人自擾，自找麻煩，製造矛盾，只有通達人情事理，才能處世簡捷機智，就像太陽出來冰消雪化一樣。

有一次，宋太宗和群臣在喝酒時，當臣子飲酒亂性失去了禮節之後，宋太宗當然可以責罰他們不該狂亂，然而與太宗卻推說他醉了，事情也記不清了，這樣朝廷的體面得以照顧，而醉後失禮的人也對皇上的寬恕心知肚明，心懷感激，愈加激發出對皇上的忠誠和愛戴。宋太宗「醉」了，醉翁之意不在酒，在於團結臣子盡職效忠也。懂得「糊塗學」的帝王在歷史上豈止宋太宗一人。

《道德經》第四十五章曰：大辯若訥。大巧若拙。意指：真正聰明的人表面好像笨拙，不自炫耀。真正有口才的人表面上好像嘴很笨。表示善辯的人發言持重，不露鋒芒。

成功的管理與失敗的管理有九十五%都是相同的，不同之處微乎其微。而這微小的差別卻構成了成功與失敗的楚河漢界。大智若愚，真正具有大智慧的人外表看來好似傻子一般。如果你把這樣的人真的當成傻子，那就大錯特錯啦！

老子曾提到「得道之經營者」：除了具有明確和果斷是經營者必備的素質外，也要懂得含糊其辭在管理過程具應用價值。例如，當經營者不得不批評或處理員工時，糊塗的、不直截了當的態度是有用的，它能使緊張的關係協調一致，減少不必要的衝突。批評別人需要含蓄與委婉。每一個經營者不是這時就是那時，總得批評一些人，他不得不做令人不愉快的事兒。但是，批評人的方法多種多樣。你可以直截了當地粗暴地教訓一個人，也可以換一種態度去做，用含蓄、委婉的語氣使人很容易地吞下苦果。重要的是給人以出路。

有意的含糊其辭在對立衝突的僵局中是一種潤滑劑。在可能引起爆炸性對抗的情況下，「果斷」會火上澆油，使事情變得更糟。這時不明確表態，是明智的，因為在採取正確的行動之前，需要作進一步冷靜的觀察。

英國學者尼爾&格拉斯指出：「在未來數年裡，混沌理論很可能會成為對管理影響最顯著的理論之一：理解我們觀察到的或感覺到的東西；清楚地表達我們直覺感受得到，但還無法用文字表達的東西；發展成一種深入觀察和管理的全新方式。」

在一個相當穩定的環境中，組織運行是一種傳統的等層級制，是一種機械的組織模式。這種傳統管理是不是有效，取決於組織（如公司、社團）必須處於穩定均衡的狀態。但若經營環境是混沌的和不穩定的，經常受到無法預測的因素衝擊。因此，經營者制定出一個極為詳盡、長期策略略規劃是毫無意義的。因為很可能在我們還未執行這個計劃的時候，我們已經偏離了預定的軌道。如果公司員工被這個非常詳盡的計劃束縛住了手腳，那麼他們就無法及時地作出反應。

因此，我們應從制定非常詳盡的計劃轉向一種更具彈性的方法，只是建立策略意圖，設定一個相當明確的方向，然後根據環境的變化，不斷出現的機遇和挑戰，隨時隨地調整實施方案。只要公司中的每一個人都瞭解並且認同這個中心目標，他便會靈活地處理突如其來的事變，以達到最終的目標。過分明確、詳盡的計劃的條條框框，會把「混沌」（指公司實體）困死。

「水至清則無魚。」混沌不僅給你帶來困難，同時捎來了機遇。只要你不去好心辦壞事將混沌鑿死，它會善待你的。經營的藝術是在明確與糊塗中間找到一種平衡，有時候需要直截了當和切中要害，而有時候卻要委婉含蓄。

【管理運用】

事物總是相反相成的。我們這個世界看上去是複雜無序「混沌」的，但實際上世間萬物都有著自己的秩序，它們都是按照自己的規律在不斷地發展。在商場上也是如此，可能在很多人眼裡，市場是個「混沌」無序的集合體，在市場上面充滿了不可預料的事情，很多人感到茫然。

其實，市場也是有序的，當然我們也不能否認有些市場的「混沌」無序性，那是因為它們還不成熟。有序市場的一個重要特點是：一旦形成就具有相對的穩定性。它建立了很高的進入門檻，市場機會相對小，當市場條件不具備的情況下，這個市場幾乎不可能再創「名牌」，這個市場很少打價格戰。

大成若缺　大成就來自不滿足

以烤鴨聞名的北京全聚德公司創立於一八六四年，如今的年銷售收入還只是零點四億美元，而且幾乎沒有任何擴張經營的跡象。這家公司只是在努力「守成」。而麥當勞公司起初幾乎只賣漢堡包，但是如今在全世界經營著近三萬家連鎖餐廳，年銷售收入達三百五十億美元。而且，顯然它會繼續擴大經營。歷史已經超過三百年的同仁堂，幸運地經營至今。如今，它生產八百多個品種的藥材，產品銷售到國際市場，二〇〇四年的銷售收入超過二十億元。但同仁堂仍然沒有長大成全球最大的中藥公司。而比同仁堂歷史短一百五十多年的美國輝瑞公司（一八四九年創立）二〇〇四年的收入就達到了三百三十億美元，是同仁堂的一百多倍，而且它仍然要變得更大，在二〇〇四年花費六百億美元收購了法瑪西亞公司。

在企業發展的精神層次上，同仁堂和全聚德公司缺乏突破自身瓶頸的精神或者從來就沒有突破的嘗試，對這兩家公司來說，追求「無缺」、「小成」才是其最高信念。反觀輝瑞公司的「大成」卻發展成全球化的大企業。

《道德經》第四十五章曰：「大成若缺，其用不弊。大盈若沖，其用不窮。大直若屈，大巧若拙，大辯若訥。躁勝寒，靜勝熱。清靜為天下正。」

意謂：最完滿的東西，好似有殘缺一樣，但它的作用永遠不會衰竭；最充盈的東西，好似是空虛一樣，但是它的作用是不會窮盡的。最正直的東西，好似有彎曲一樣；最靈巧的東西，好似最笨拙的；最卓越的辯才，好似不善言辭一樣。清靜克服擾動，寒冷克服暑熱。清靜無為才能統治天下。

企業管理者須知：在學習時以若缺之自謙，誠敬問學而用之，則不會有弊害。有大盈之德，不外於謙沖自牧，虛懷若谷之若沖，肯移樽就教，不敢自是、自伐而自隔善緣，如此一來所學之應用是無窮盡的。而在圓滿人際和睦相處之道則如；大直若屈是尊重對方，韜光養晦的老二哲學。大巧若拙則是如老子以破衣內懷玉，以文釆不外露。處事哲學則須知，多年的友誼有時堪不住一句的抱怨。對於真理或事物的見解，必定有不同見解，因為各人的根基與福報差異，道本無言，不要落於語言文字的爭論，無言之真即是若訥。辯論若贏了對方必傷到對方的立場與尊嚴，雖贏其實是輸了自己的內涵與尊重，因此至理不辯而常真，故大辯若訥。訥：是不呈舌劍。

十九世紀九十年代，花旗銀行還是一家毫不起眼的區域性銀行，只有一位經理、一位出納和若干員工。但是，公司還是制定了遠大目標：成為偉大的全國性銀行。然而，當花旗銀行實現這一目標以後，它就更「貪婪」了：成為有史以來最強大、最有用、最具有影響力的世界性金融機構。為了實現偉大抱負，花旗銀行全力衝刺，以平均年增長率超過三十五%的速度長大。到了一九六〇年，公司又制定了更膽大的目標：致力於在全球任何地方提供任何有用的金融服務。花旗銀行正是在無數膽大包天的目標推動下逐漸長大的一家公司。

在台灣，許多經營者對於那種「幾年後讓公司成為全球最……」的經營信念卻向來不敢妄想。老子教導管理者：大成若缺大成就都是來自不滿足。外相有躁勝寒，靜勝熱，這些皆是天地間大自然的變化，要以若屈、若拙、若訥來可超越俗見之爭辯，不要妄談誰對誰錯。只要敢想，敢立大目標，以若缺，若沖，若屈，若拙，若訥，以清靜、謙讓的心管理著企業，則將會完成目標。

【管理運用】

大成若缺大成就都是來自不滿足。「滿遭損，謙受益」，只有不滿足才會不斷的改善，不斷的研究創新，才能成就大的事業。前提是管理者，在為人處世中，應保持清靜無為的德行，做到「大智若屈，大巧若拙」或是我們常說的「大勇若怯，大智若愚」。本來你很勇敢，卻保持怯懦；本來足智多謀，卻保持愚笨。智而示以愚，能而示之不能。用而示之不用，以此在「遲鈍」中掌握主動。

這在企業管理、外交、談判、經濟等領域有廣泛的應用。大凡立身處世，是最需要聰明和智慧的，但聰明與智慧有時卻依賴糊塗而得以體現。鄭板橋認為，聰明有大小之分，糊塗也有真假之分，所謂小聰明大糊塗乃真糊塗假智慧，而大聰明小糊塗則是假糊塗真智慧。從這個角度來說，做人難得糊塗，而大智慧正隱藏在這難得的糊塗之中。

大巧若屈　大聰明看似愚蠢

春秋時的楚莊王善於將自身的「巧」藏於「拙」之中，所以他在治理國家的時候，就取得了事半而功倍的效果。楚莊王在登基之初，做法非常令人費解。常言道，新官上任三把火，可是楚莊王在初登基的三年之內，沒有發佈過任何政令，也沒有治理任何國家大事，每日遊手好閒，根本看不到做任何正事。當時負責主持軍事的右司馬，不禁十分著急，在一次侍侯楚莊王時，終於忍不住規勸楚莊王說：「有一隻鳥停在南方的一座山上，整整三年了，卻並不展翅飛翔，也不叫一聲。請問這種鳥叫什麼鳥？」楚莊王聽出了他的用意，巧妙地回答說：「那隻鳥三年不展翅飛翔，是用這段時間來生長羽毛翅膀；他不飛也不叫，是用這段時間來觀察民眾的辦事原則。你別看他沒有飛，一旦飛起來必定會沖天而上，一旦鳴叫起來必定驚人。你放心吧！」這就是成語「一飛沖天」、「一鳴驚人」的來歷。不久，楚莊王就親自聽政，大刀闊斧地進行了一系列改革，推行了許多新的措施，很快就將國家治理得非常興旺，後來魯、宋、鄭、陳等國都歸附了楚國，楚莊王成了霸主。

《道德經》第四十五章曰：「大成若缺，其用不弊。大盈若沖，其用不窮。大直若屈，大巧若拙，大辯若訥。靜勝躁，寒勝熱。清靜為天下正。」

意指：最圓滿的東西反而是有欠缺的，但是它的作用是不會衰敗的。最充實的東西好像空虛的，可是它的作用是不會窮盡的。最直的東西好像是彎曲的，最靈巧的東西好像是笨拙的，最善辯的好像是不會說話的。活動能戰勝嚴寒，安靜能戰勝酷熱。清靜無為的人，能夠成為統治天下的君王。

老子認為有些事物表面看來是一種情況，實質上又是一種情況。表面情況和實際情況有時完全相反。在事物上不要有為，只有貫徹「無為」的原則，才能取得成功。最直的東西好像是彎曲的，最靈巧的東西好像是笨拙的。有智慧的管理者應將其視為：「大聰明反倒看似愚蠢」。

所謂大智若愚，就是真正有大智慧的人，不會賣弄聰明，表面上看上去他說的話、做的事好像很笨，實際上智慧與精明是深藏於內的。大智若愚的人，會將才華隱藏得很深，給人一種混沌無知的假象。大巧若拙、大智若愚……這些流傳千古、耳熟能詳的成語裡，均蘊含著大智慧。很多時候，一個人可以利用這種別人以為他「笨拙」、「愚蠢」的表象來完成不容易辦成的事情。而如果一個人給人的感覺是太聰明瞭、太精明瞭，往往會引起他人的警戒，結果做起事來往往會事倍功半。

楚莊王的做法正是老子所說的「大巧若拙」。他明明是個治國的聖明國君，但是他並不表現出來，在登基之初顯得很不能幹、很不會執政的樣子，幾乎急壞了他的臣子。其實，這是他故意給鄰國看的，讓其他的國家放鬆戒備，這樣他就有時間積蓄能力。三年中他不聲不響，卻全是在那裡默察靜觀，當他將一切都弄明白了後，就很有把握地採取行動而「一鳴驚人」了。

許多成功的經營者的例子顯示，他們不在言語和行動上露出鋒芒，是因他們懂得鋒芒太露必會得罪他人，所以通過裝傻賣愚來化解危險，排出前途中的荊棘，從而保護自己。以渾渾沌沌的假象來蒙蔽他人，極其明智地避免與時局和任何具體的個人相對抗，才得以管理者企業在詭譎多變的競爭環境中，脫穎而出，邁向寬廣的藍海。

【管理運用】

要能做到大巧若拙，跟一個人的心態有關。一個平心靜氣的人由於思考得周詳，做事當然不會盲目亂撞，避免不知所做何為的現象出現，一個心浮氣躁的人由於不能深思熟慮，往往會使所進行的事功敗垂成。這就是巧與拙的對立統一的關係，必須以「道」來「平衡」之。

所以「平衡管理」就是，一個人要有成就，首先必須磨練「智欲圓而行欲方，膽欲大而心欲細」的修養工夫，換言之，膽大心細的人才不致一事無成。就如，在商場或職場競爭中，清淨沈靜的一方就能戰勝輕浮狂躁的一方；在大自然氣候中，寒涼清冷能夠戰勝悶熱火燥。而在我們為人處世中，更應保持清靜無為的德性，做到「大智若屈，大巧若拙」或是我們常說的「大勇若怯，大智若愚」。意思就是說你本來很勇敢，卻保持怯懦；本來足智多謀，卻保持愚笨。智而示以愚，能而示之不能，用而示之不用，以此在「遲鈍」中掌握主動，這在生活、職場、外交、談判、經濟等領域都能有廣泛的應用。

大智若愚　管理者的修鍊

某公司來了兩個不同部門經理，陳經理和張經理。兩人做事風格迥異，一年之後，他們的職場收穫、心得也大有不同。陳經理做事迅速有效率，管理能力很強，一個人能幹兩個人的活；言談舉止，給人的感覺是精明強幹。他喜歡在同事面前表現自己的高效率，別人三天才能幹完的活，他一天就做完了，經常給人一種無所事事的感覺。

張經理雖然工作能力並不強，甚至連用電腦處理基本的文書處理都不熟練。於是，同事們整天見他坐在電腦前，常對一些問題不恥下問，讓部屬有參與感並有機會發揮所長。大家對他的評價都不錯，覺得張經理謙虛肯幹，踏實勤勉，一點都沒有主管的架子。

年終考評，張經理得到了董事會們的一致好評，而陳經理卻勉強過關。陳經理的問題在於做事張揚，雖然能力強，事必躬親，但毫無掩飾的精明強幹，使員工感到威脅，招致對他的虛應和反抗。張經理和陳經理的比較下，變成了踏實勤勉，不恥下問。

《道德經》第四十五章：「大直若屈，大巧若拙，大辯若訥。」意指：真正正直的人外表反似委曲隨和。真正聰明的人，不顯露自己，從表面看，好像笨拙。真正有口才的人表面上好像嘴很笨。表示善辯的人發言持重，不露鋒芒。老子所說的「大智若愚，大巧若拙」就是表面上看起來傻的人，不一定傻。學問才氣愈高的人，愈是不露鋒芒！

一個人，就算他真的很有學問與才華，如果鋒芒太露，很容易招致別人的嫉妒、不滿、不配合，無意間得罪人。這句話，是用它來闡明「無為而無不為」的哲學思想；真正的聰明不在於故意顯露，要小聰明，而在於掌握、順應事物的本質規律，使自己的目的自然而然地實現。此對管理者在自身修練及用人上具相當的啟示。

管理者須知，大智若愚在生活當中的表現是不處處顯示自己的聰明，做人低調，不向人誇耀自己抬高自己，做人原則是厚積薄發、寧靜致遠，注重自身修為和素質的提高，對於事情持大度開放的態度，有著海納百川的境界和強者求己的心態，沒有抱怨，真心實在地踏實做事，對於事情只求自己能夠不斷得到積累。

要做到大智若愚，一方面要「修」，加強自己的內在修養，做到世事大徹大悟；另一方面要「練」，事事參悟，身體力行，最後做到「大智若愚，大巧若拙，大音希聲，大象無形」。

才智鋒芒畢露的人，會遭人提防、約束；才能平庸的人，只要任勞任怨，不在意愚笨的評價，也能落個老實人的名聲；至於那些內裡聰明而看起來又愚笨的人，他們做到逢事遊刃有餘，是真正的智者。

處事低調，不鋒芒畢露，並不等於不露鋒芒，而是要適事適時恰到好處地展露。大智若愚的前提是內在的修養與智慧，是對世事的大徹大悟。然而，大徹大悟即便智者先賢也很難做到。管理者每天面對各種錯綜複雜的人和事，雖尚未修練到大智若愚，有時不妨適時適度地裝裝傻，睜隻眼閉隻眼，少干涉，多關懷，反而能讓員工適度發揮進而獲取更好績效。

【管理運用】

老子所說的「大智若愚，大巧若拙」就是表面上看起來傻的人，不一定傻。學問才氣愈高的人，愈是不露鋒芒！要達到「大智若愚，大巧若拙」，在生活中的表現是不處處顯示自己的聰明，做人低調，不向人誇耀自己，做人厚積薄發、寧靜致遠，注重自身修為和素質的提高。做事情持大度開放的態度，有著海納百川的境界和強者求己的心態，沒有抱怨，真心實在地踏實做事，對於事情只求自己能夠不斷得到積累。

換言之，「智愚，巧拙」的對立統一相互轉換，就是一方面要「修」，加強自己的內在修養，做到世事大徹大悟；另一方面要「練」，事事參悟，身體力行，才能在不同人、事、物中做到「大智若愚，大巧若拙」的「平衡」境界。

清淨無為　智慧修練

有個人離開其所住的村莊到山中隱居修行，他只帶一塊布作衣服。後來他想到當他要洗衣服時，需要另一塊布來替換，於是下山到村莊向村民乞討一塊布作衣服。當他回到山中的茅屋後，不久他發覺裡面有一隻老鼠，常在他專心打坐時來咬那件準備換洗的衣服。因他早就發誓一生遵守不殺生的戒律，但又無法趕走那隻老鼠，他只好再回村莊要了一隻貓來飼養。

有了貓後，他又想到：「貓要吃什麼呢？我並不想讓貓去吃老鼠，但總不能跟我一樣只吃一些野菜吧！」於是他又去向村民要了一隻乳牛，以便那隻貓靠牛奶維生。

經過一段時間後，他覺得每天要浪費很多時間來照顧那隻牛，於是又回到村莊找了一個流浪漢幫他照顧乳牛。

但是，流浪漢跟修道者抱怨：「我不是來修行的，我需要一位老婆，要過正常的家庭生活。」修道者想一想也覺得有道理……，事情繼續發展，到了最後，整個村莊都搬到山上去了。

這故事說明，慾望就如一條鎖鏈，一個牽著一個，永遠都不能滿足。永遠有滿足慾望的藉口，就如已故聖嚴法師所提：「人其實需要的不多，就是想要的太多而痛苦。」《道德經》第三章：「不尚賢，使民不爭；不貴難得之貨，使民不為盜；不見可欲，使民心不亂。是以聖人之治，虛其心，實其腹，弱其志，強其骨。常使民無知無欲。使夫智者不敢為也。為無為，則無不治。」

意指：不崇尚賢能之輩，方能使世人沒有爭當賢才的爭鬥。不看重珍奇財寶，方能使世人不產生偷竊、強盜的慾望。不誘發邪情私欲，方能使世人平靜安穩。所以，聖人掌管萬民，是使人們清心寡慾，腹裡飽足，血氣淡化，筋骨強壯。人們常常處於不求知、無欲妄的狀態，即使有才智的少數人，也不能胡作非為了。遵從「無為之道」，則沒有不太平之理。

有智的管理者者，應當懂得自然之道，順應人的天性。換言之，面對消費者，必須根據不同目標市場的顧客，以自然客觀的方式，發掘其需求，尤其是潛在需求，絕非靠問卷調查就可了解其需求。當了解目標市場的潛在需求後，要讓員工各盡所能，各司其職，各得其所，相互合作。

此外，而切忌用過多的規章制度進行強制性約束，否則將適得其反。也就是說，最好的管理者應該是「清淨無為」之道，不要左一個政策，右一個活動，使得員工無所適從。

要讓一個企業順利發展，就如對待井水一樣，如果攪動得愈兇，水就愈混濁。最好的辦法就是停止施加外力，讓它自己慢慢平靜下來，這樣井水自然清淨了。

只要是人都有慾望，企業也是一樣有成長的慾望，這是無可非議的，但問題在於慾望和能力必須是成正比的。

管理者修身養性的重點，就是尋求企業發展慾望與自我能力間的和諧。當慾望和能力之間產生嚴重的不和諧時，或者抑制慾望的膨脹，或者增進企業的能力。其實許多企業一味地追求擴大、發展，只是由管理者者內在的貪欲推動著，慾望太多，就如買了特大號的鞋子，忘了合不合自己的腳一樣，反而資源分散進而成為企業累贅，只有管理者者擁有淡泊的心胸，才能使自己及企業充實滿足。

【管理運用】

聖人的治理之道是：使大家的心靈虛靜，生活務實。心志淡泊，平安健壯。常常使大家不去刻意追求知識和慾望。讓智巧聰明的人沒有特殊的目的和機會去妄為。老子的智慧就是「為無為，則無不治」，「無為」並不是無所做為之意，更不是什麼都不做。「無為」是指不妄為、不隨意而為、不違道而為。

只要符合「道」的事情，就必須以「有為」為之。「無為」智慧，只是讓人在處世之時，順應大勢、順應自然。這樣不僅不會破壞事物的自然進程和自然秩序，而且還有助於事物的成長和發展。不該做的事情不要勉強，要克制自己的情緒，是無為的核心內容。「無為而治」在管理中，管理者應當不斷減少對人的管制和束縛，制定政策不能政出頻繁，更不能朝令夕改。任何事物都有其自身的規律，規律是不可否認的，都是不以人們的意志為轉移的，只有尊重規律，利用規律。就是以自然的「道」來平衡「有為」和「無為」之間的「平衡」。

有形激勵 帶來無形風險

有一回，愛貓撲，愛生活歌舞伎大師勘彌扮演古代一位徒步旅行的百姓，他要上場之前故意解開自己的鞋帶，試圖表現這個百姓長途旅行的疲態。

學生恰好發現了，告知老師。他就系上鞋帶，但在上舞臺前又鬆開了。正巧那天有位元記者到後臺採訪，看見了這一幕。

等演完戲後，記者問勘彌：「你為什麼不當時指教學生呢，他們並沒有鬆散自己的鞋帶呀。」勘彌回答說：「要教導學生演戲的技能，機會多的是，在今天的場合，最重要的是要讓他們保持熱情。」

提高員工素質和能力是提高管理水準的有效方式。學習有利於提高團隊執行力，便於增強團隊凝聚力。手把手的現場指導可以及時糾正員工的錯誤，是提高員工素質的重要形式之一。但是指導必須注重技巧，就象勘彌大師那樣要保護員工的熱情。管理者必須避免教訓式指導，應當語重心長的激勵員工提高自身業務素質。除了現場指導外，還可以綜合運用培訓、交流會、內部刊物、業務競賽等多種形式，激發員工不斷提高自身素質和業務水準，形成一個積極向上的學習型團隊。

激勵是個人需求和行為希望達到目標之間的相互作用關係。企業在管理者與管理活動中，目的是結合人力、運用方法，達到整合的共識、個人工作的滿意，從而使組織目標得以實現。

那麼以什麼東西來激勵人？金錢、晉升、更好的工作環境？更充分提高和發展的機會？核心因素應是對員工需要的滿足。人都有慾望並希望能夠得到滿足，如果企業能夠提供滿足需要的條件，就可達到激勵員工的目的。

過去諸多研究提出相當多的激勵理論。這些激勵理論著重於對人的共性分析，強調管理者激發生產者積極性的需要，以克服泰勒首創的科學管理在人的激勵方面存在的嚴重不足。激勵理論經歷了由單一的金錢刺激到滿足多種需要、由激勵條件泛化到激勵因素明晰，但為何這麼多的激勵研究卻仍然無法使許多企業達到激勵員工的目的？實現組織目標？

《道德經》第三章提及：「不尚賢，使民不爭；不貴難得之貨，使民不盜；不見可欲，使心不亂。聖人之治：虛其心，實其腹，弱其志，強其骨。常使民無知無欲，使知者不敢為，則無不治」。意謂：不過度推崇才能，使民眾不起爭鬥心；不過度重視稀有的物品，使民眾不起盜取心；不過度彰顯可以引起貪欲的事，使民眾心緒不亂。所以高明的管理者治理民眾的方式是：虛靜民眾的心靈，填飽民眾的肚子，減少民眾的胡思亂想，強化民眾的身體。常使民眾在沒有智巧和沒有貪欲的狀態，使那些有智巧的人不敢胡亂作為，這樣，就沒有不能治理的民眾。

老子提出反賢（推崇有才能的人）、反貴（看重富貴的東西）、反欲（彰顯貪欲的行為）的思想，認為推崇才能，彰顯富貴和引發貪欲的行為，容易使民眾過度追求，甚至投機取巧以致使心緒混亂，不利於統治。

要想治理好民眾，必須使民眾的心靈虛靜，沒有過多的雜念，只要民眾身體強壯、豐衣足食，專心一意朝組織目標努力即可。老子認為世界上任何一種思想或行為，當它過度宣揚和實施時，必有其流弊存在，應保持平衡，不使任何的行為過度或不及，才是「無為」的治世之道。

現代企業特別注重培養員工能力和激勵其工作積極性，然而，忽視員工德育的培養，著重純粹的專業技能培訓，也忽視了員工個人願景與企業願景的一致性教育。單純的激勵機制可能會給企業帶來意想不到的弊端，如員工勾心鬥角，爭權奪利，投機取巧，陽奉陰違，各自為政，頻繁跳槽等所帶來的高風險，如此激勵機制不但未能為企業帶來利益反而使企業受到更大的負面影響。

管理是科學，更是藝術，一切的管理行為，既不能是毫無理性的天馬行空，也不能是教條化的執行。老子反對一切過度的激勵行為，包括過度的尚賢、貴物、重欲。老子的「知者」，是指小聰明、投機者，而不是指智慧。許多企業的激勵制度無法竟其功，就是因為過度彰顯物質富貴、過度表揚個人英雄主義和引發貪欲的行為，進而容易造成員工的心緒混亂，為了追求激勵的好處，忙於想辦法甚至投機取巧來達成，也促使員工之間的不和諧及工作效率低落，反而不利於管理者。

要想管理好員工，須如老子所言：建立有助於使員工心靈虛靜，沒有過多的雜念，員工身體強壯、足夠的生活費用，專注於本位工作，員工個人願景與企業願景一致性等的激勵制度。使員工在沒有投機和沒有貪欲的狀態，那些有投機取巧的人就不敢胡亂作為，這樣企業的發展就有鴻圖大展的機會。

一切過度的有形激勵，只會使管理本身變得更加複雜和難以掌握，如何平衡人性中無休止的貪欲，是激勵機制本身要解決的重要問題。高明的管理者者也要有能力及時發現和巧妙地平衡那些「聰明」員工可能帶來的風險。

【管理運用】

所謂的「不尚賢」，並非不重用賢者，而是要採用公平的激勵機制，沒有偏私，給賢者提供一個更好的發展空間。企業的激勵機制中最核心的就是員工的晉升機會和合理的薪酬制度，這是促使員工努力工作的最好動力。

「不尚賢」的本質就是陰陽平衡，就是公平。公平才能夠「常與善人」，才能「使民不爭」。對於一個企業而言，要想用好人才，調動員工的工作積極性關鍵在於平衡。

對於企業而言，激勵在於公平，在於員工是否覺得適當的陰陽平衡。一套行之公平有效的有形或無形的激勵體系，不僅能有效提高個人的工作積極性、挖掘個人的潛能，而且有助於提高團隊精神，實現組織績效目標。否則不但不能提升激勵效果反而造成相互猜忌、明爭暗鬥的不良後果。

不耍小聰明 成就大事業

發明大王愛迪生，從留聲機到電燈、電影等一千多種發明，稱之「現代生活的創造者」，他當之無愧。然而他在讀小學時，卻被老師認為是智能不足，笨得不堪教誨，於是被母親帶回家。他在家讀書，順便在地下室做起實驗來。

愛迪生少年時，南北戰爭中，他自編自印戰事新聞去賣報，成為新聞事業的先驅，由於人們需要消息。為了方便，火車的車長就撥了一輛車廂給他作報館，在車上採訪、編輯、印刷、販賣，一連串作業均由他負擔起來。人們一面讚許，一面罵他傻子。

誰知他除了辦報外，還把實驗室的化學用品搬上車廂，繼續科學實驗。某次，化學藥品在火車搖晃之下，傾倒起火，燒毀了車廂，驚擾了乘客，車長在盛怒之下打他耳光，用力過度，把他的耳朵打聾了。

為了要治好耳聾，愛迪生發明助聽器不成卻發明「留聲機」，把說話、唱歌的聲音記錄下來。大家都說他是個笨聾子，耳朵聽不見，還去研究留聲機、電影等聽聲音，都跟耳朵有關的玩意兒。

他的外表和態度，也是呆板木訥的。他看到母雞孵蛋，生小雞。自己也去孵蛋，傻嗎？

科學實驗，必須專心一志，心無旁騖。他看起來傻傻的，做事呆板，卻不怕失敗，試了再試，一直到成功為止。

《道德經》第四十五章提到：「大成若缺，其用不弊。大盈若沖，其用不窮。大直若詘，大辯若訥。大巧若拙，其用不屈。」

意謂：有大成就之人，看似有缺陷（因為大智者，持守大道，返樸歸真，天人合一，面對其大無外，其小無外的大道，總是感覺自己的智慧不足），因此其用不弊。這裡的「大成若缺」、「大盈若沖」、「大直若屈」，「大巧若拙」，「大辯若訥」，都是持守大道得道的一種體現，「其用不弊」，「其用不窮」是道的本源。

其中所提：大直若屈，大巧若拙，大辯若訥。則是指最直的東西，看起來好像彎曲，最大的靈巧，看起來好像笨拙，最善辯的，看起來好像說話遲鈍似的。「呆若木雞」通常用來形容呆頭呆腦的人，可是智者卻是把它作為成功管理者的典範。

一個善於競爭、永立不敗之地的管理者，其心理訓練必然要像「鬥雞」一樣達到一個完美的境界，那就是自己要保持冷靜、恬淡，帶著一顆平常心參與競爭。

發明大王，不就是「大巧」嗎？愛迪生，可不是「若拙」嗎？天下事也只有不怕失敗、困難的「拙人」，才能獲得成功，造福人群。老子「大巧若拙」、「大智若愚」的人生哲學，不只是修養，而是宇宙的真理。真正的天才是常常隱藏在群眾裡面，絕不擠向人前去露臉。

一般人常提到成功的企業家有許多異於常人之處。例如好勝心強烈，非常自信等。道家最推崇的就是「大智若愚」、「大巧若拙」、「大成若缺」、「大器晚成」的管理者。因為這樣的人知道在什麼時候做什麼事，能夠抓住機會，敢想敢做，敢於吃小虧，爾後占大便宜。

其實，縱觀古今中外，凡能做成大事者，都是返璞歸真、大智若愚者，小智小巧永遠做不了大事情。可見有智慧的管理者要「小事糊塗，大事不糊塗。」不要小聰明，才能成就大事業。

【管理運用】

本篇另一個解釋就是，每個人心中其實都有兩個我：一個是心目中完美的自我形象，一個是現實中不完美的自我形象。只要有聰明的一面，則在某些地方就有愚笨的一面。

就像陰陽太極圖的兩面，失去了哪一個，另一個也無法單獨存在，而且陰陽是同時存在，又不斷的變化。但是，在我們所受的教育中，我們被要求成為的是一個全能的神，所以我們必然會常常對自己不滿，卻忘記了那個完美本就是虛幻，而真實的自己雖不完美，卻是完整和真實的。智者或是愚者之間不也是如此，懂得如何求取「平衡」就是真正的智者。

第三章　正與反的平衡

《道德經》第五十八章曰：「禍兮，福之所倚；福兮，禍之所伏。孰知其極？其無正也。正復為奇，善復為妖。人之迷也，其日固久！是以聖人方而不割，廉而不劌，直而不肆，光而不耀。」意思是：災禍呵，緊靠著幸福；幸福呵，埋伏著災禍。誰知道它們的界限呢？有沒有固定的準則呢。正可能隨時轉變為邪，善可能隨時轉變為惡。人們的迷惑不解，已經有很長的時日了！所以有「道」的聖人行事方正但不傷人，有稜角而不至於傷害別人的尊嚴，直率卻不至於放肆，明亮但不顯得刺眼。

因為，禍與福沒有確定的標準。正忽然轉變為邪的，善忽然轉變為惡的，所以，正與反是相互對立又不斷的轉換，沒有一定的標準。但人們卻長期的的迷惑於執著幸福、美好，而不知其變化由來已久了。

就如在企業的經營活動中，每個企業都會面臨某個危機時刻，此時就需要管理者冷靜果斷地採取合理的措施。危機給管理者提供了一個難得的機會，若能變危機為良機，就能立於不敗之地。在現代管理領域，禍、福的事例到處可見。比如，暢銷和滯銷、景氣和不景氣、良機和危機。

《道德經》第四十九章提到了「聖人無常心，以百姓為心。」一個成功的主管，不僅能夠主動瞭解外部用戶的需要，對於內部關係也能夠善加協調和控制，承認並學會欣賞人與人之間與生俱來的差異性。管理的功能之一，就是包容員工多樣化的差異性，從管理實用的原理出發，甚至可以有意或者無意地製造差異性，讓組織自然地進入一個有序磨合的狀態，並將其柔合成一種向心力，製造出上下一心的和諧氛圍。

又《道德經》第十七章：『信不足也，有不信焉。悠兮，其貴言。功成事遂，百姓皆謂「我自然」』如果管理者者本身的誠信不足，百姓自然不會信任。（最好的）管理者者總是那樣的悠然自然，清靜無為，不肯輕率發號施令。天下治理得井然有序，而百姓都認為「我們本來就是這個樣子」

《道德經》第四十九章則提到：「善者善之，不善者亦善之，得善矣。」意思是：善良的人，我以善良待他；不善良的人，我也以善良待他，這樣人人就歸於善良了。管理者要以以善養善以德報怨。

【管理運用】

本章正與反的平衡，就是首先要管理者先從自身做起，懂的正與反的相互對立又相互轉換的自然法則，要能逆向思考，放下高高在上的尊嚴與身段站在部屬的立場，時時關心與照顧，使他們產生信任，以柔合成一種向心力，製造出上下一心的和諧氛圍，讓員工自律，願意為目標努力。

而在經營觀念上，管理者則要以正與反的相互對立又相互轉換的自然法則，能逆向思考能創造條件使這些正與反的矛盾，將「禍」轉成「福」，同時避免使「福」變成「禍」。只要認清禍福相倚、轉化的規律後，就能在困難中見到光明，在光明時見到潛在的危機。

就如顧客的意見、牢騷、抗議，似乎是「禍」，但內藏顧客的需求和慾望等信息。如果企業根據這一信息及時滿足顧客，改善產品和服務，調整行銷手段，更能贏得市場。

聖人無常心，以百姓為心

從前，有一隻雙頭鳥。名叫「共命」。這鳥的兩個頭本來是「相依為命」。遇事向來都會相互討論後，才會採取一致的行動，比如到哪裡去找食物，在哪兒築巢棲息等。

有一天，一個「頭」不知為何對另一個「頭」發生了很大誤會，造成誰也不理誰的仇視局面。相互不理睬，也沒有要和好的意思。有天，這兩個「頭」為了食物開始爭執，那善良的「頭」建議多吃健康的食物，以增進體力；但另一個「頭」則堅持吃「毒草」，以便毒死對方才可消除心中怒氣！和談無法繼續，於是只有各吃各的。最後，那只雙頭鳥終因吃了過多的有毒的食物而死去了。

雖然企業上下級關係的融洽與否影響績效甚巨，眾人皆知。但英國BL有限公司前總裁M・艾德華提出艾德華定理：高級主管如果不能互相信任，任何集體管理者都不會有好的效果。意思是在一個組織內，如果管理者之間的合作不好的話，組織的命運就值得擔憂了。有好的管理者集體，才會有好的集體管理者。

艾德華先生對管理界主管之間存在「互不相信任」的弊端見聞甚多，才有感而發的。不管是企業部門的高級主管或是政府機關的高級官員，權越大，長官之間的爭奪往往越厲害。奪權現象，企業界與政界一樣，是客觀存在的問題，奪權的手段會更加隱蔽和險惡。

《道德經》第四十九章提到了「聖人無常心，以百姓為心。」說明了聖人沒有定見，他是以百姓的意見為意見。百姓認為怎樣做，聖人就怎樣做，看起來好像沒有主見，但卻往往能把事情處理的恰到好處。運用到組織上也是相同的，組織的營運最重要的就是團隊相互了解並迎合團隊的需要，必須時時與環境相結合而作出適當的調整。

「艾德華定理」從管理者的高層入手，去解決企業管理的根源問題，這是明智之處，它可以使許多複雜的問題得以簡化。從高層逐級帶動下屬各級的正常運行，還可大大減少各級主管之間爾虞我詐和明爭暗鬥的可能性，使企業管理上下及平行的管理者帶動集體精誠團結的藍海。

《道德經》第十七章：「信不足也，有不信焉。悠兮，其貴言。功成事遂，百姓皆謂我自然」如果管理者者本身的誠信不足，百姓自然不會信任。（最好的）管理者者總是那樣的悠然自然，清靜無為，不肯輕率發號施令。天下治理得井然有序，而百姓都認為「我們本來就是這個樣子」

春秋時期，商鞅在秦朝變法，首先做的事就是告訴老百姓，他是講誠信的。如果沒有誠信，你制訂再多的規則都是無用功。有些企業，公司制度可以裝幾大櫃子，可最後為什麼倒閉了？就在於失去了員工的信任。身為管理者者，最重要的就是不要失去誠信，這是組建團隊的重中之重。在信任的基礎之上，抓大放小，尊重規律，不要輕易去干涉，一切就歸於自然了。正如農民種地，選好種苗，適當地澆水和施肥，然後就等待收穫，千萬別揠苗助長。

部門主管的信任對員工來說是一種無價的獎賞。信任你的下屬得到的將是提升管理者績效和上司對你的賞識和提拔。用人不疑是用人的一個重要原則，不用則罷，既用之則信任之。管理者只有充分信任部屬，大膽放手讓其工作，才能使下屬產生強烈的責任感和自信心，從而激發下屬的積極性、主動性和創造性。信任即是一種有力的激勵手段，其作用是強大的。試想一下，用了他，又懷疑他，對其不放心，是一種什麼局面；又，在部門裡，如果下屬得不到你起碼的信任，其精神狀態、工作幹勁會怎樣？這種彼此生疑生怨的狀況，常是導致部門癱瘓的主要原因。

企業管理者要做的，就是把自己與公司具體業務剝離出來，站在宏觀、中觀和微觀的角度觀察和分析環境的變化、政策的導向和公司的行為，通過推演變化，適時地微調公司發展策略，讓公司自動自發地按照規律成長。

【管理運用】

可見中西方的觀念是一致認同管理者的信任，是上下層級或是平行單位之間，團隊產生效能的關鍵之一。而企業成敗與否，彼此是否能互信，則主要取決於高層管理者之間的問題。如果管理者之間的合作不好的話，組織的命運就值得擔憂了。有好的管理者集體，才會有好的集體管理者。

換言之，如何在信任的基礎之上，以「道」的無為，在「管與不管」、「鬆與嚴」之間尋求「平衡」。經由共同建立機制，管大放小，尊重規律，不要輕易去干涉，才能使下屬產生強烈的責任感和自信心，從而激發下屬的積極性、主動性和創造性。同時信任也是一種有力的激勵手段，比任何有形的獎勵更有持久的效果。

以善養善 以德報怨

美國南方有一個栽種玉米的農人，經過多年的精心研究，發現了一種新品種玉米，其產量比舊有的品種要高出幾倍。當他試種成功後，就把這個新品種免費提供給他四周的農友們使用，讓大家都能得到他的研究成果，共享多倍收成的喜悅。

很快的，他這種不藏私的善舉贏得了大家的讚譽，電視台記者爭相訪問他，問他為何如此大方？這個農夫靦腆地回答說，假如他不這麼做，那麼在玉米開花的季節，四周舊品種玉米的花粉就會飛來他的田裡，破壞他新品種玉米的收成，使他原先可以得到的預期效果大打折扣。

《道德經》第四十九章曰：「善者善之，不善者亦善之，得善矣。」意思是：善良的人，我以善良待他；不善良的人，我也以善良待他，這樣人人就歸於善良了。

在這個世界上，雖說每一個人都是獨特的生命，但不可否認的，人從呱呱落地的那一刻起，就不單純只是屬於自己，而且屬於家庭和社會。所以，我們每個人既是為自己活，也是為別人活。珍惜自己，投身社會服務，也是每一個人應盡的義務。在社會生活中，人人都可能擁有別人不具有的事物，以自己所有濟人所無，是風尚，是襟懷，想這樣做的人也許很多，真正能夠這樣無私地分給別人的卻不多，因此，幫助別人，給與別人，自己的精神將顯得更加充實，人生則更顯光彩。

就如，物理奇才費曼一生只是不斷研究、探討、講學，並未著書立說，但他培養了不少物理學家；他在課堂上的演講，經學生編輯成物理學的權威著作，也影響深遠。像他這樣的人，既非立功，亦非立言，甚至未特意立德，只是「善者吾善之，不善者吾亦善之」，不放過每一個探討研究或培養他人的機會，認真待人，於是「德善矣」，自成不朽。巴爾扎克：真正的學者真正了不起的地方，是暗暗做了許多偉大的工作而生前並不因此出名；但他們對頭腦簡單的人差不多都和顏悅色，樂於相助。

老子也提及：既以為人，己愈有；既以與人，己愈多《老子．第八十一章》意思是說盡全力幫助別人，自己反而更充足；傾所有給予別人，自己反而更富有。管理者須知，企業為消費者服務，應當給消費者提供「價值」，提供的愈多，服務品質就愈好。而且這個「顧客價值」並沒有上限，但關鍵在於必須超越競爭者。顧客價值=顧客總價值-顧客總成本。顧客總價值由產品價值、服務價值、人員價值和形象價值構成，其中每一項價值因素的變化對總價值產生影響。這四項價值提供的多寡，則要視競爭者所提供的來決定。

產品價值是由產品的功能、特性、品質、品種與式樣所產生的有形價值。產品價值是無止境的，因為產品的功能、特性、品質即使再好，也可以做到好上加好，錦上添花；品種再全，也可以再增加一些；式樣再美，也可以美中添美，因為顧客的需求是無止境的。但這些有形的產品價值，都是競爭容易模仿甚或改善的。

所以現代的競爭都聚焦在無形的服務品質，這種無形的服務品質，因具有無形性、不可分割性、變異性及不可儲存的特性，競爭者較難複製，企業也不容易維持一致的品質。只有管理者能將「善者善之，不善者亦善之」的理念推展到公司全體員工並落實執行，才能面對各種不同顧客的不同需求，甚至抱怨都能以德報怨而善待之，進而達到使顧客非常滿意，成為終身的忠誠顧客。

【管理運用】

其實老子的「善者善之，不善者亦善之」不只是企業管理者的經營理念，也是生活中每個人都應續倍的觀念。因為「善與不善」也是對立統一的辯證，沒有絕對的善也沒有絕對的不善，人人心中同時都存有「善與不善」的念頭，有智慧的人能將「善與不善」隨時保持「平衡」，而一般人大多常常失去「平衡」。為什麼？因為老子的「善與不善」不是只有行為也包含念頭。這也是佛家所提的「分別心」。

也就是這個「分別心」使我們帶來許多煩惱，因謂我們的教育不斷的傳播「對立」的片段觀念，忽略了自然其實是對立又統一的，就如陰和陽之間的相互對立相互依存相互轉換，沒有絕對的陰或陽單獨存在，因為「物極必反」啊！人本無絕對的「善與不善」，是「心」因人、事、物的判斷失去「平衡」所致。因此，應該要改變過去的觀點不要被文字的表面所制約，而應有其另一面的思維，才會無咎。

不善者　吾亦善之贏得他人

戰國時期，齊國有一個大臣名為夷射，有一天他受邀請去參加齊王的酒宴，不小心喝多了，就跑到門外去吹風。守門人來到夷射身邊，請求道：「大人，這酒的味道聞起來真香，能不能賞我一杯？」夷射生性傲慢，根本不把守門人放在眼中，很明顯地露出了鄙夷的神色，回答說：「像你這樣的人，怎麼配和我喝酒？」守門人一再懇求，夷射卻理都不理地離開了。

不久，下了一陣小雨，在門外積了一灘雨水。第二天，齊王剛出門就看到了門前的水潭，不禁很惱怒，便他厲聲問守門人是誰在這裡小便，守門人回答說：「我不太清楚，不過，昨晚只有夷射大人在這裡待了一會兒，並沒有看到其他人來過。」，齊王大怒，命人賜給夷射一杯毒酒自盡。就這樣，僅僅因為沒有賞給守門人一杯酒的緣故，夷射喪了命。

其實，賞一杯酒，不過是小恩小惠而已，但夷射卻太勢力眼而不肯成全他人，只因這樣一個小小的事件，就白白丟掉了一條性命，可謂失策！看來，只有成全他人，才能夠成就自己。

《道德經》第四十九章曰：「聖人常無心，以百姓心為心。善者，吾善之，不善者，吾亦善之，德善。信者，吾信之；不信者，吾亦信之，德信。聖人在天下，歙歙焉；為天下，渾渾焉。百姓皆注其耳目，聖人皆孩之。」

意思是：有「道」的「聖人」沒有自己的想法，沒有私心，以老百姓的想法作為自己的想法。對我友善的人，就對他友善，對我不友善的人，也對他友善，這樣就能使他變得友善了。信任我的人，我信任到他。不信任我的人，我也信任他，這樣就能得到他的信任了。有「道」的人在統治地位上，將收斂自己的意欲，使人心於混沌、純樸。百姓的耳目都注意著他的一舉一動，而他將百姓們都當做小孩來看待。

老子主張善待他人，不僅僅是以德報德，還要以德報怨。即便是那些有意或者無意傷害了我們的人，我們也要去善待他，用恩德化解怨恨，化干戈為玉帛。相反，因為如果別人沒有善待我們，就要以牙還牙、以怨報怨，那麼問題就會越來越嚴重，彼此的仇怨也會越結越深。最終的結果是，於人無益，於己有害。而這樣一來，就等於用他人的錯誤來懲罰自己，是萬萬不可取的。

高明的管理者不應以主觀的是非好惡為標準，而應以「員工心為心」，重點仍在於無為。沒有自我執著的意志，對待善良的人、不善良的人、誠實的人、不誠實的人都「善之」、「信之」，並收斂自己的慾望。換言之，管理者應將其理解為：「善待他人就能贏得他人」。懂得善待他人是很重要的，有些時候，看起來沒什麼相干、無礙大局的人，因為你善待了他，他就在很關鍵的時候給予你很大的幫助。相反，因為覺得對方不重要，就不能以禮相待乃至輕蔑他人，結果就可能由此引發大的災難。

人與人之間，施人於大恩的，大都能夠得到大的回報。在古代，很多精忠報國的大臣，都是先受皇帝大恩，之後都以忠心回報的。現代企業經營也是如此，企業管理者能夠懂得，「善待他人就能贏得他人」來善待員工，則員工必會以所長努力報答恩惠。對外部的供應商或顧客若能善待之，則供應商必會以合理的價格、優越的品質、及時供貨來回報。懂得善待顧客，則顧客必以不斷惠顧甚或介紹新顧客來回報。

【管理運用】

慧能法師所提：「不思善亦不思惡」、「無相」或老子所言：「善者，吾善之，不善者，吾亦善之，德善。信者，吾信之；不信者，吾亦信之，德信。」這些意思都在勸戒我們不要站在任何一個極端來以眼、耳、鼻、舌、身、意看待事物，而是要在兩端中尋求「平衡」。而前面提到「平衡」的判斷準則是「道」，「道」就是合適、妥當、憑良心、公平、自然。但人心不同，修為也不同，對於合適、妥當、憑良心、公平可能見解不同，解釋也不同。所以要真正達成「平衡」則要如佛家所言：「無心」、「無我」進而達到「利他」為出發點，甚至「吃虧」才能較容易達到對方能夠接受的「平衡」。

禍福相依　不驕不餒

三國時，郭淮在恭賀文帝曹丕登基典禮時遲到了很長時間。文帝禁不住十分生氣，認為郭淮這是不尊重自己，於是很嚴厲的責備他說：「以前大禹在塗山大會諸侯，防風氏來晚，大禹盛怒之下，便即刻將他殺了。現在朕登基，全天下的臣民百姓一同歡度，而你卻膽敢遲到，為什麼呢？」郭淮臨危不亂，鎮定地說：「五帝時代，先王們教育百姓，以德行引導人民；夏朝末代德行衰微了，才開始用刑罰。現在臣所處的時代，相當於唐虞時的盛世，陛下又是開明聖主，因此我知道不會像防風氏一般被殺的。」郭淮的一番巧言辯護令文帝聽了很高興，因為郭淮的言外之意，是將文帝比作唐虞時的聖明君王了。這樣一來，郭淮不僅被免罪，還被任命為雍州刺史，再升任為徵西將軍。就這樣，郭淮因禍而得福了。

如果郭淮不是在大禍即將臨頭之際還能夠鎮定自如，想出巧妙地為自己的錯誤開脫的計策來，那麼，肯定就要人頭落地了。結果，他不但沒有喪命，還官升幾級，轉禍為福。兩軍交戰於戰場之上，勢氣很重要。兵力弱而勢氣足的一方，很可能會取勝。而兵力強卻勢氣弱的一方，則很容易打敗仗。所以說，弱者並非就是必敗的，只要能夠不因弱而放棄希望，鼓起勢氣來就可能會以弱勝強。

《道德經》第五十八章曰：「其政悶悶，其民淳淳；其政察察，其民缺缺。禍兮，福之所倚；福兮，禍之所伏。孰知其極？其無正也。正復為奇，善復為妖。人之迷也，其日固久！是以聖人方而不割，廉而不劌，直而不肆，光而不耀。」

意思是：國家的政治寬容，人民就淳厚質樸；國家的政治嚴苛，人民就狡黠詭詐。災禍呵，緊靠著幸福；幸福呵，埋伏著災禍。誰知道它們的界限呢？有沒有固定的準則呢。正可能隨時轉變為邪，善可能隨時轉變為惡。人們的迷惑不解，已經有很長的時日了！所以有「道」的聖人行事方正但不傷人，有稜角而不至於傷害別人的尊嚴，直率卻不至於放肆，明亮但不顯得刺眼。

天底下許許多多的事都是相互矛盾的，例如，禍福、正奇、善惡、高品質低價格等，是可以互相轉化的。災禍，緊靠著幸福；幸福，埋伏著災禍。誰知道它們的界限呢？沒有固定的準則。在此，管理者應理解為：「遇福不驕、遇禍不餒」。「禍兮，福之所倚；福兮，禍之所伏」的相互轉換：壞事可以變成好事，好事也可以變成壞事，是相互矛盾又相互聯繫著的。因而，遇福而不驕、遇禍不餒。遇福不驕才能保持做人的分寸，使福氣長存；遇禍不餒才不會被危險和困難嚇倒、才可能在危急時刻化險為夷。不能做到遇禍不餒這一條，一點小小的災禍就能將人擊垮。

塞翁失馬這個故事，生動地說明了人生的福禍相依，利弊相雜。面對詭譎多變，無法預測又競爭劇烈的環境中，企業管理者在遇到災難時，不要氣餒、不要自暴自棄，而是要以平靜的心態來看待生活的風雨與坎坷，也許，壞事很快就會變成好事。風雨過後，天空會更加亮麗呢。環境的變數很多，往往福禍相依、福禍相轉，但只要能夠做到遇幸福不驕，遇禍不餒，就可以把握環境中的機會而規避危機，進而創造美好的新局。

【管理運用】

天底下許許多多的事都是相互矛盾的，例如，禍福、正奇、善惡、高品質低價格等，是可以互相轉化的，而且是無常不可預期的。這正是人們對心外事物的分別觀點，完全是自心，而不是滯留在事物的表象上面。現象的存在是片面的，其所以有分別，完全因為自身的起心動念，心靜則萬物莫不自得，心動則萬象差別自現。

相信大家都聽過一個禪宗的故事，是風吹旗子動？是旗子自己動？還是觀察者的心動呢？其實，不管是風吹旗子動，還是風吹草動，都是一個客觀的現象，但如果我們閉上眼睛什麼都看不見，那在我們大腦中根本就無所謂風啊草啊的。之所以會產生這個畫面，是因為外界的風和旗子在我們大腦中產生了投影，在這個反映的過程中不就是我們的「心」在動嗎？只有「心」動了，風和旗子才會動起來。可見萬事萬物的矛盾都是來自我們自己對事物的執著，一切唯心造。

寬厚制度 信任團結

從前，某個國家的森林內，有一隻兩頭鳥，名叫「共命」。這鳥的兩個「頭」相依為命。遇事向來兩個「頭」都會討論一番，採取一致的行動，比如到哪裡去找食物，在哪兒築巢棲息等。有一天，一個「頭」不知為何對另一個「頭」發生了很大誤會，造成誰也不理誰的仇視局面。其中一個「頭」想盡辦法希望能夠和好，希望還和從前一樣快樂地相處。而另一個「頭」則睬也不睬，根本沒有要和好的意思。

不久，這兩個「頭」就為了食物開始爭執，那個善良的「頭」建議多吃健康的食物，以增進體力；可另一個「頭」則堅持吃「毒草」，以便毒死對方來消除心中怒氣。和談無法繼續，於是只有各吃各的。最後，兩頭鳥終因吃了過多有毒的食物而死去了。

《道德經》第五十八章曰：「其政悶悶，其民淳淳，其政察察，其民缺缺。」

怨。政治（制度）寬厚清明，民眾便淳樸忠誠；政治（制度）苛酷昏暗，民眾就狡黠、抱怨。給管理者的啓示：人是環境的產物，員工的行為方式是企業制度的產物。

一個成功的主管，不僅能夠主動瞭解外部用戶的需要，對於內部關係也能夠善加協調和控制，承認並學會欣賞人與人之間與生俱來的差異性。管理的功能之一，就是包容員工多樣化的差異性，從管理實用的原理出發，甚至可以有意或者無意地製造差異性，讓組織自然地進入一個有序磨合的狀態，並將其柔合成一種向心力，製造出上下一心的和諧氛圍。

英國前自由黨領袖史提爾說：「合作是一切組織繁榮的根本。」二〇〇三年底，美國大聯盟職棒西雅圖水手隊的明星球員羅德基思，成為許多球隊的挖角對象。羅德基思開出的條件除了兩千多萬美金的年薪外，還要求球隊給予他各種特別待遇，包括在訓練場有自己專屬的棚子，供他自由使用的私人飛機。然而令羅德基思始料不及的是，原來對他很有興趣的紐約大都會隊，卻因此決定放棄下注。

該球隊表示，他們並非不能提供這樣的條件，但是如果他們答應羅德基思的所有條件，就意味著羅德基思會獨立於球隊之外。對球隊的影響是弊多於利。也就是說，他們需要的是由二十五個球員組成的團隊，而不是二十四個球員加一個特殊球員。

人與人的合作，不是人力的簡單相加，而是要複雜和微妙得多。在這種合作中，假定每個人的能力都為一，那麼，十個人的合作結果有時比十大得多，但有時，甚至比一還要小。因為人不是靜止物，而更像方向來源不同的能量，相互推動時，自然事半功倍；相互抵觸時，則一事無成。管理者的主要工作就是要建立一套制度將不同的能量能夠相互合作，彼此推動已爆發更大的能量。

在現代企業中，分工合作正成為企業中一種工作方式的潮流而逐漸被更多的主管所提倡。因為只有合作，才能把複雜的事情變得簡單，把簡單的事情變得很容易，使做事的效率倍增。合作正推動企業向簡單化、專業化、標準化的方向發展。

一個企業發展的關鍵，三十%是通過文字形式描述的管理制度，而七十%則是靠團隊協作完成的。團隊裡，每個成員都各自扮演著自己的角色，各有長短，成員間只有相互補充，才能夠更好的實現組織內的合作，就像血管之於人體，生命所需的元素只有在強健的血管內暢流，才能促進肌體很好的存活運作。同樣，合作是企業運作的基本動作，不合作，工作就無法順利進行。因此，管理者的重要職責就是建立大家願意遵守的制度，以促進相互信任而團結合作，進而達成組織的目標。

【管理運用】

現代社會的變化是一日千里的，但高速變化帶來的是高度不確定性，管理者只有首先知道外部環境的變化，才能迅速制定新的戰略，構建核心競爭力，以適應瞬息萬變的市場變化。但前提是，管理者要懂得「放下」。

放下即空，空則是生活大智慧。空能掃除心中的積鬱，放下既有的成見，擺脫慾望的牽扯，能發出清澈的智慧之光；空能使人有生活的空間，有性靈的自由，有醒覺的事實；空使人得到喜悅，得到知足，得到圓滿。放下可不是讓管理者四腳朝天什麼事兒都不做，更不是讓管理者自我「下放」去風花雪月，去玩物喪志。

放下是指放下你的心來，安心做事；放下你的成見、偏見、可比較客觀的接受外界的信息。這個放下是「內省」的功夫，就像吃喝拉撒睡一樣，別人是無法替代進行的，所以一定要切切實實自己去解決。放下還指放下管理者的部分責任，讓下一級員工去承擔；放下那些碎石沙子水一樣的事情來，讓員工去辦理，管理者只負責處理一些最重大的決策問題就可以啦。

危機是麻煩　也是商機

一九八二年九月，美國強生公司突然得到消息：芝加哥市發生了氰化物中毒死亡事件，而且與公司生產的泰諾膠囊有關。幾乎所有的人都震驚了，這可是人命關天的大事！而且泰諾是公司盈利最大的主導產品，如何降低這一事件對公司的負面影響是強生公司面對的大事。

強生公司迅速採取了行動，公司經營者班子親自制定應急計劃：一是迅速調查事故原因，向公眾做出交代；二是估計損失，採取措施恢復公司聲譽和產品信譽；三是重新把泰諾推入市場。很快，事件的原因就調查清楚了，毒藥不是在生產過程中有意或無意中混進的，而是芝加哥市的一名顧客在購買了泰諾膠囊後調了包，然後又把受到污染的藥品退給了藥店。

儘管調查表明強生公司也是受害者，但強生公司仍然積極地承擔起自己的責任。他們利用各種管道迅速通知消費者不要服用泰諾膠囊，並且停止了所有商業廣告，開始回收所有市場上的泰諾膠囊，此外還向醫院大夫、銷售商發出五十萬封信件，通過新聞媒介做出各種解釋，以期能夠穩定公眾情緒。強生公司則積極採取行動，直接面對媒體進行補救，將損失降到了最低，並最終奪回了失去的市場，他們也因此而贏得了顧客更高的信任。

《道德經》第五十八章曰：禍兮，福之所倚；福兮，禍之所伏。孰知其極？其無正！正復為奇，善復為妖。

災禍啊，幸福依傍在它的裡面；幸福啊，災禍藏伏在它的裡面。誰能知道究竟是災禍呢還是幸福呢？它們並沒有確定的標準。正忽然轉變為邪的，善忽然轉變為惡的，人們的迷惑，由來已久了。因此，有道的聖人方正而不生硬，有稜角而不傷害人，直率而不放肆，光亮而不刺眼。

危機管理的重點就在於預防危機，而不在於處理危機。危機的發生都有預兆性的信號，正所謂「冰凍三尺非一日之寒」，如果管理者有敏銳的洞察力，能根據日常收集到的各方面信息，對可能面臨的危機進行預測，及時做好預警工作，並採取有效的防範措施，完全可以避免危機的發生或使危機造成的損害和影響盡可能減少。出色的危機預防管理不僅能夠預測可能發生的危機情境，積極採取預控措施，而且能為可能發生的危機做好準備，擬好計劃，從而自如應付危機。

樹立正確的危機意識：生於憂患，死於安樂，居安思危，未雨綢繆正是危機管理理念所在。預防危機要從企業創辦之日起就著手進行，伴隨著企業的經營和發展長期堅持不懈，把危機管理當作一種企業文化。在企業生產經營中，要時刻把與公眾溝通放在首位，與社會各界經常聯繫，保持良好關係，企業內部雙向溝通順暢，消除危機隱患。企業的全體員工，從高層管理者到一般的員工，都應「居安思危」，將危機的預防作為日常工作的組成部分。全員的危機意識能提高企業抵御危機的能力，有效地防止危機產生，即使危機產生了，也會把損失降到最低程度。

任何經濟危機其實都是一個循環往復的現象。任何危機未發生前，都必須事先做好心理準備，只要及早建立危機意識，如老子所言：其脆易破，其微易散，宜在危機萌發最初的階段及早注意和解決。這種洞悉危機的啓示，在某種程度上與西方危機管理的原則實際上亦是同出一轍的。

當企業出現某方面的危機時，除了積極採取補救措施應對外，如何將壞的情形扭轉過來，將危機轉化為商機更是管理者應做的。此可提供管理者重要的啓示：危機可能帶來麻煩，同時也蘊藏著無限商機。就如強生公司積極採取行動，直接面對媒體進行補救，除了將損失降到最低，並奪回失去的市場也因此而贏得了顧客更高的信任。

【管理運用】

世事無常，禍福相依，越是一帆風順的時候，越要居安思危。一個管理者做任何事一定要深謀遠慮，更要有應萬變的能力，能對付不可預知的意外事件。這樣才不至於害了自己，害了整個團隊。有一句話「生於憂患，死於安樂」，用現代的流行語言來說，就是要有危機意識！一個國家如果沒有危機意識，遲早會出問題，一個企業如果沒有危機意識，遲早會垮掉，個人如果沒有危機意識，遲早會遭殃。

把危機變轉機

古代有一戶人家，善於養馬。一日，他家的馬無故跑到塞外西北少數民族那兒去了。鄰人得知後前來慰問。然而，他的父親卻說：「這搞不好是件好事」。幾個月後，走失的馬回來了，還帶回了一批西北少數民族的駿馬，這是「塞翁失馬，焉知非福」的由來。

不過，故事還沒完，鄰人聞訊前來道賀，他父親卻說：「這很可能是件壞事」。因為家裡有了良馬，他兒子一次在騎馬時從馬上摔下來，而折斷了大腿骨，成了跛子。這時鄰人又來慰問，父親卻說：「這很可能是件好事」。一年後，塞外少數民族大舉入侵，邊塞附近的年輕力壯者都上了戰場，戰死者達到九成。而這家的兒子，由於是跛子，沒上戰場，父子兩人都平安無事。這就是福禍相倚最佳例證。

《道德經》第五十八章：「禍兮福之所倚，福兮禍之所伏。」是說：災禍、不幸的本身，內含著幸福，即福氣內藏在災禍裡面；而幸福和福氣也是災禍的藏身之所，災禍藏伏在幸福、福氣之中。這是老子運用「反者道之動」的原理而提出的結論。

現代管理領域，「禍」、「福」的事例比如暢銷和滯銷，景氣和不景氣，良機和危機，存與亡，安與危，治與亂等等。這些矛盾是會相互轉化的。

管理的重要任務，就是創造條件使這些矛盾將「禍」轉化成「福」，同時避免使「福」變成「禍」。管理者認清了禍福相倚、轉化的規律後，企業就能在困難中見到光明，在光明時見到潛在的危機，使企業既不致為眼前的困境所陷，也不致因眼前的輝煌而昏頭。

又如顧客的意見、牢騷、抗議，似乎是「禍」。但在這個「禍」裡面，內藏著重要的信息——顧客的需求。如果企業能根據這一信息及時滿足顧客的需求，改善自己的產品和服務，調整行銷手段，就更能贏得顧客及市場，從而由「禍」得「福」。

企業對顧客的批評、抱怨要視為機會，並有效地收集、傳遞關於顧客的批評、意見的信息。因此，在「禍」中的確內藏著「福」。

企業不景氣，面臨危機，似乎是「禍」。然而此時企業才有機會發現經營管理上的問題，並下決心去整頓、改革。這樣，這個「禍」反而有轉成「福」的機會。

不景氣時固然備受痛苦和困擾，但也唯有在不景氣時，才能使我們瞭解一些以前不知道的事情，或萌生某種覺悟，審慎地安排下一步棋。可見，不景氣也未必全然是件壞事。

此外，企業面臨逆境、危機會使員工產生危機感，只要處理得宜，就能使多數員工與企業齊心協力共度難關。這時，企業內部的凝聚力、團隊合作往往可以讓處境轉危為安，由「禍」轉「福」。

管理決非一成不變，高明的管理者，應該時刻保持清醒頭腦，能看到潛在威脅且及時加以解決，以鞏固形勢。這樣，才能真正做到長興不衰，久治不亂。如《易傳．繫辭傳》提及：「是故君子安而不忘危，存而不忘亡，治而不忘亂。是以身安而國家可保也」。這是現代管理者應樹立的觀念，也是老子禍福相倚哲理在管理中的具體體現。

【管理運用】

吾人皆知，未來是不可預測的，而人也不是天天走好運的。有道是「未雨綢繆，善養天機」，一個企業要時常居安思危，苦練內功，夯實基礎，做強做大。如果管理者沒有危機意識並相應地作好準備，不要談應變，光是心理受到的衝擊就會讓你手足無措！具有了危機意識，就能夠提前作好應變方案，防患於未然。即使不能把危機清除，也可把損害降低，並為日後東山再起留下一線生機。

有一個故事這樣說：兩個人在森林裡面遇到老虎，其中一個人因為準備了跑鞋而成功逃生。過去我們是憎恨這個人「大難來時各自飛」的行徑，而現在我們應該學習他具有居安思危的危機意識。那麼，作為身為管理者，你有沒有居安思危的危機意識？你準備好了那雙跑鞋了嗎？

禍或福、暢銷和滯銷、景氣和不景氣、良機和危機都是對立統一的辯證，相互對立、轉化，而一切都是「心」的覺知。地獄與極樂並非杜撰，而是現實。我們每天可以生活在地獄，也可以生活在極樂。關鍵看你怎麼選擇。心的問題是人生的根本問題。心念的作用是不可限量的，所謂一念之別，善惡立判；一念之差而成千古之恨等都是說明心力的作用，所以佛教對心的問題講得特別多。

同樣，如果管理者整天為身外之物所煩擾，為名位所奔忙，心又怎麼能靜得下來與淨得下來呢？所管理的企業肯定也是浮躁不安、急功近利的短命鬼。所以，管理者要丟掉身外亂性的貪婪和物慾，以入世的態度做事，以出世的態度看待得失，儒道結合，這樣才能兼積極、輕鬆兩種人生態度於一身。才能讓身心永遠處於的自然安寧，愜意、舒適、安逸的天堂之中，也才能看清禍或福、暢銷和滯銷、景氣和不景氣、良機和危機。

品德是管理者的一面鏡子

當美國南北戰爭結束後，林肯總統急於要找一個人當國防部長。經過思考後，認為南軍的李將軍是最佳人選，就告訴他說：「雖然在戰爭中，我們彼此敵對，如今全國統一，希望不計前嫌，共同為國效命。」但李將軍因已答應接受某大學擔任教職而婉拒邀請。林肯總統就請李將軍代為推薦適當人選。李將軍便推薦他的副手白將軍。這個推薦，大出林肯總統所料，問道：「他曾與您針鋒相對，勢不兩立，甚至有人認為因此而導致南軍的失敗，您還推薦他當國防部長，難道您沒有其他的朋友？」李將軍說：「我的朋友很多，但您要我推薦的是當國防部長的人才，在我心目中他最適合擔任這個的職務。」就憑李將軍的推薦，林肯接受並指派白將軍為國防部長。當得到這個消息後，白將軍立刻前往李將軍的府上，見面時先向他行個軍禮說：「在這個宇宙中，除了上帝以外，就是您李將軍最偉大！」

老子強調要人剷除利己之心，以立人達人，成人成物，李將軍的「無私」正是符合老子所讚美的「聖人」。《道德經》第八章「上善若水。水善利萬物而不爭，處眾人之所惡，故幾於道。居善地，心善淵，與善仁，言善信，正善治，事善能，動善時。夫唯不爭，故無尤。」譯文：崇高的德行就好像水。水具有種種美德，它滋潤萬物有利於它們生成，而又不和萬物相爭保持平靜，甘心處在人人都厭惡的低下地方，所以它接近於「道」。處世要像水那樣安於卑下，胸懷像水一樣靜默深遠、保持沈靜，待人交友如水一樣潤澤萬物，充滿友愛，說話如水一樣遵守信用，從政如水一樣有條理、簡潔清明，處事像水一樣善於發揮才能，行動如水一樣隨順天時。只有像水一樣與世無爭，與萬物無爭，才不會有過失。

《道德經》所提的「上善若水。水善利萬物而不爭，處眾人之所惡，故幾於道」意思是：崇高的德行就好像水。水具有種種美德，它滋潤萬物有利於它們生成，而又不和萬物相爭保持平靜，甘心處在人人都厭惡的低下地方，所以它接近於「道」。在這裡可理解為：「品德是管理者的一面鏡子」。老子認為，有道德的上善之人，具有水一樣的秉性：

善於利養萬物而不與萬物相爭，它樂於停留在眾人輕視的下之處，因而最接近於道。有道德的管理者心境像深淵那樣清澄平靜，交友要像水那樣親密仁厚，言語要像水那樣誠信無欺……有道德的管理者，便效法水的特性，辦事腳踏實地，待人接物言而有信，交友誠懇。越是這樣的管理者，反而越是能夠得到益處。管理者的德行員工看的最清楚，為了不至於上行下效，管理者應嚴格要求自己，以勤儉節約、作風清廉的美德示人。

品德是管理者的一面鏡子，兩個品德不同的管理者就會有不同結局，說明一個問題：為管理者只有具備良好的人品，才能讓員工心服，讓全公司的人欽佩。而那些作奸犯科的無德之管理者，只會遭到員工們的唾棄！品德就是管理者的一面鏡子，為官者應該每日「照鏡」自檢其身，而別人也能從「鏡」中看到管理者的全貌和本質，因此，管理者只有以德為本，才能受到眾人的尊崇和擁護，也才能好不保留地專心為企業貢獻一己之力。

【管理運用】

寬容也使一種品德。管理者的寬容是一種修養，是一種境界，是一種美德。寬容是原諒可容之言、饒恕可容之事、包涵可容之人。寬容，首先要能容人言。對於批評之語，無論多麼難聽、多麼尖銳，管理者也要坦然處之。在當今社會，每個員工的個性都有了肆意張揚的環境，難免會有不經意的膨脹。諍友諍言無異。

寬容，還要能容人事。管理者每天經歷的處理的事情很多，不可能樣樣都盡如人意。管理者需要以博大的胸懷，冷靜處事，寵辱不驚地看雲捲雲舒，閒庭信步地笑看花落花開。當今是競爭的世界，世事變幻莫測，小不忍則亂大謀，管理者應該效仿韓信，先忍胯下之辱而最終拜將封侯。

寬容，最重要的是容人。這是容言、容事之根本，管理者要學人之長，容人之短。善於容納同自己性格、志趣不同的員工。用真誠的心來發現、培養、發揮他們的長處，求同存異，共同發展。這樣才能成就事業，擁有更多的成功。

第四章　爭與不爭的平衡

西方的管理哲學強調「物競天擇」要競爭，要超越競爭者，甚至以達長久競爭優勢的「獨佔」局面，才能獲取經濟上的最大利益。然而，依此理論經營而能成功的企業卻如到有如鳳毛鱗爪。事實上，目前在全球能持續獲利的知名企業，早就改變思維，不再是口口聲聲談競爭，反而是強調「異業合作」、「外包」、「委外」與供應練整合的老子「不爭」思維。而「爭」與「不爭」的對立統一辯證，則強調避免朝向絕對的「爭」或「不爭」，而是要以「道」作為判斷的準則。同理，本章藉由探討爭與不爭的平衡，進一步延伸到「柔弱與剛強」、「盈」與「虛」等的「平衡管理」之應用。

老子在《道德經》第八十一章提及：「聖人之道，為而不爭」。第二十二章曰「不自見，故明；不自是，故彰；不自伐，故有功；不自矜，故長。夫唯不爭，故天下莫能與之爭。」意指，不自我吹噓，反能顯明；不主觀臆斷，反能是非彰明；不自己吹捧，反能得到功勞；不驕矜自負，所以才能出人頭地。正因為不帶著貪念、不爭，所以員工願意追隨他，為他盡心盡力發揮所長共同努力達成公司目標。

《道德經》第八章也提及：「上善若水。水善利萬物而不爭，處眾人之所惡，故幾於道。」水善於恩澤萬物而不與萬物競爭，只有管理者願意處於低位，虛懷若谷，員工才會接近他，願意暢所欲言，員工才能夠各盡其能地來幫助他。其他同行也較願意合作，配合其需求。

第六十八章也提及：「善用人者為之下。是謂不爭之德」意指：善於用人的人，對人態度是很謙下的。這叫做不與人相爭的「德」，叫做善於利用人，叫做符合天道，這是自古以來的準則。以企業經營而言，管理者若能了解「善用人者為之下」之意，則能達到禮賢下士贏得眾人捧。人如果也像江海那樣甘居於人下，在人際交往中就會處於主導地位，特別是在環境多變的競爭環境，唯一的對手就是目標顧客的「需求」，只有取得其他異業的全力配合，才能滿足各種善變的「需求」。

又在第七十三章提及：「天道不爭而善勝」的理念中可汲取管理的智慧、開闊思維，凡事「為之於未有，治之未亂」可以防微杜漸，根絕亂事之萌生，而消弭禍害，焦點策略在於居安思危，防患於未然。其睿智的策略關鍵在於管理者效法天道無私謙讓，創造一個同心協力合作、共享共生模式來化解歧見，讓衝突的不同專業，整合成為夥伴，其策略架構的建立是基於老子「三寶——慈、儉、不敢為天下先」的運作。

《道德經》第七十八章主張「柔弱勝剛強」，「上善若水」、「天下柔弱，莫過於水，而攻堅強者，莫之能勝。」故老子的「策略創新」就是「以柔用兵」，是柔性攻勢的最好說明，以「無為而無不為」的奇謀「逆向思考」，貫串於策略及戰術之間，也就是如第四十三章所說：「天下之至柔，馳騁天下之至堅，無有入於無間。」之變化莫測了。

《道德經》第三十六章曰：「將欲歙之，必固張之。將欲弱之，必固強之。將欲廢之，必固興之。將欲奪之，必固與之。是謂微明。柔勝剛，弱勝強。魚不可脫於淵，國之利器不可以示人。」意謂：將要收縮歙合的，勢必先申展擴張，將要刪削減弱的，勢必先加意增強；將要丟擲廢棄的，勢必先支持薦舉；將要劫掠奪取的，勢必先出讓給予；這就叫做「隱微奧秘的真理」陰柔勝過陽剛，柔弱勝過剛強。總要處在自然大道之中，如同水中的魚是不能離開水的，離開水則不長久必死。就如權謀、刑法、酷刑即是國家兇器，不能施加於人民，否則統治者就會失去人民的支持，就如同魚一樣。離開水則不長久。所以，「爭與不爭」就是「有」與「無」的另一種辯證思維的延伸。

《道德經》第五十八章曰：「禍兮，福之所倚；福兮，禍之所伏。」意思是：災禍呵，緊靠著幸福；幸福呵，埋伏著災禍。所以有「道」的聖人行事方正但不傷人，有稜角而不至於傷害別人的尊嚴，直率卻不至於放肆，明亮但不顯得刺眼。

老子進一步提到：「禍兮，福之所倚。孰知其極，其無正耶。正復為奇，善復為妖。人之迷也，其日固久。」意謂：災禍啊，幸福依傍在它的裏面；幸福啊，災禍藏伏在它的裏面。誰能知道究竟是災禍呢還是幸福呢？它們並沒有確定的標準。正忽然轉變為邪的，善忽然轉變為惡的，人們的迷惑，由來已久了。在企業的經營活動中，每個企業都會面臨某個危機時刻，此時就需要管理者冷靜果斷地採取合理的措施。危機給管理者提供了一個難得的機會，若能變危機為良機，就能立於不敗之地。

盈與虛就是滿與空的對立，盈就是贏滿、有、實之意，而虛也就如無、空、弱。也是老子「有無」的對立辯證的另一種延伸，也是日常生或翁常見的對立思維。然而，世人卻常認為盈就是好，空就是不好之謎思。事實上，盈就是虛，虛就是盈，盈中有虛，虛中有盈，沒有所謂盈與虛的區別。

《道德經》第九章曰：「持而盈之，不如其已。揣而銳之，不可長保。」意指：「執持盈滿，不如適時停止；顯露鋒芒，銳勢難以保持長久。第五十六章提到：不露鋒芒，消解紛爭，挫去人們的鋒芒，解脫他們的紛爭，收斂他們的光耀，混同他們的塵世，這就是深奧的玄同」。也就是說：有「道」的聖人，能夠「挫銳」、「解紛」、「和光」、「同塵」，即對認識事物能消除自我的固弊，化除一切的封閉隔閡，超越於世俗褊狹的人倫關係之局限，以開豁的心胸與無所偏的心境去待一切人物。這就叫做「玄同」，也就是要謙虛自己，這樣就不會受到傷害了。

【管理運用】

老子在第八十一章提及：「聖人之道，為而不爭」。第二十二章曰「夫唯不爭，故天下莫能與之爭。」在第四十章提及：「弱者，道之用。」保持柔弱的地位，是「道」的運用。是宇宙萬物繁盛的反面則是靜、柔之處往往蘊藏著無窮的動力。事物總是向對立面轉移的，陰消陽生，陽消陰長，物極必反。故解決問題的訣竅就在於從事物的反面或反方向入手。我們應學會「不爭」、「處弱」、「盈」與「虛」之間的變化中，以「道」來求「平衡」。

另外，老子「和光同塵」對於現代管理者的做人處事有重要意義，那就是：光明也好，污濁也好，都一視同仁，也就是要平常心看待「盈」與「虛」。處世不要鋒芒太露，並不是說要偽裝自己，而是辦事要分清主次，講究方法。

企業管理者每天面對許許多多各種問題，要做的事很多，不可能件件都要勞心傷神，只有碌碌無為的人才會整天為瑣事纏身，在世俗面前誇耀自己的才華。一個人要想擁有足以藏身的三窟以求平安，先要藏巧於拙，鋒芒不露；還要有韜光養晦，不使人知道自己才華的修養功夫；再有，辦什麼事都應當留有餘地才是。最關鍵的是在污濁的環境中保持自身的純潔。所以，「爭」或「不爭」、「柔弱與剛強」、「盈與虛」會因時、因人、因地、因事而有時相對，有時同在，相互轉換，不斷變化，沒有絕對的。有智慧的管理者應以「道」的「平衡管理」來辨別之。

持而盈 之功成身退

范蠡在助越王勾踐滅吳後，果敢地放棄將軍之大名和「分國而有之」的大利而選擇激流勇退，真是高明之舉。范蠡追隨越王二十二年，他足智多謀、身經百戰、精通外交，對成就越王的霸業做出了不可磨滅的貢獻。因為有此大功，范蠡被封為上將軍。但此時的范蠡並沒有被功勳榮譽沖昏頭腦。他居安思危、位尊不戀，深知盛名之下，難以久居，應該適時而退。他熟知勾踐的為人，在以往「打江山」的日子裡，勾踐身處逆境、吃盡苦頭，雖能忍辱負重、禮賢下士，表現出英明君主的作風，但勾踐有一個很大的弱點，即可與人有難同當、不可與人有福同享。於是，他表奏越王，表達了自己的去意，緊接著又面見越王說：「我曾經聽人說，主上有煩惱，他的臣子應該為他分憂。當初您在吳國受辱，我們當臣子的就應該為您去死。那時臣下沒有去死，是想替主上雪此大恥，現仇已得報，我也該領以前的罪過了。如果大王能饒恕我，就讓我退休養老吧。」勾踐說：「我今天的成功多虧了你，我要將越國江山的一半分給你，讓我們共同來享受這勝利的果實，你怎麼可以走呢？」范蠡聽到勾踐的話，心裡更加不安起來，因為夫差當年對伍子胥就是這麼說的。范蠡說：「主上不殺之恩，我已感激不盡，哪還敢領受別的賞賜呢？」說罷，便退了下去，當夜就悄悄地走了。

《道德經》第九章提及：「持而盈之，不如其已。揣而銳之，不可長保。金玉滿堂，莫之能守。富貴而驕，自遺其咎。功成身退，天之道」。意指：積累達到滿盈，就該停下來。錘打得尖銳了，難以保持長久。金玉堆滿堂中，沒有誰能守藏得住的。因富貴而驕奢，就給自己種下了災禍。功業完成了，就該急流勇退，這才是順應自然規律的。老子特別提醒世人，積累達到滿盈，就該停下來。因富貴而驕奢，就給自己種下了災禍。功業完成了，就該急流勇退，這才是順應自然規律的。縱觀中國歷史，凡是懂得功成身退者，皆能保全自身。反之，輕則招來禍事，重則命喪九泉。

其中的「持而盈之，不如其已」意為：積累達到滿盈，就該停下來；「金玉滿堂，莫之能守。富貴而驕，自遺其咎。功成身退，天之道」原意為：金玉堆滿堂中，沒有誰能守藏得住的。因富貴而驕奢，就給自己種下了災禍。功業完成了，就該急流勇退，這才是順應自然規律的。在這裡，有智慧的管理者應將其理解為：「功成身退為明智」。

本文主要在強調自滿自傲的害處，告訴管理者應功成不居。因為老子也一再提醒：物極必反，盈了以後就要虧，銳了以後就要鈍的正反的轉化，這是事物的辯證法。可告誡管理者「富貴不能驕奢」，要善讓；告訴人們「功成身退」，要知退。「功成身退為明智」

除了可提供管理者自身修煉的指引外，對於企業個部門的員工而言，當其在某一單位任職到某一段時間或績效達到某一程度時（持而盈之，不如其已），就應提供轉調到別的單位的機會（所謂功成身退，除了可避免有能力的員工富貴而驕奢外，也可由專才磨練成全才的儲備幹部，以培育因應企業發展所需的人才。當然在實施輪調制度時，完備的教育訓練是必備的前提。

【管理運用】

世間很多的失敗都源於成功時不能抑制的驕傲自滿的情緒。我們在取得階段性的成績時，應避免得意忘形，而是對自己說：「我們這回運氣好。」美國汽車大王福特曾說：「一個人如果自以為已經有了許多成就而止步不前，那麼他的失敗就在眼前了。許多人一開始奮鬥得十分起勁，但前途稍露光明後，便自鳴得意起來，於是失敗立刻接踵而來。」一個人的偉大與否，是可以從他對於自己的成就所持的態度上看出來的。堆積你的成就，作為你更上一層樓的階梯吧。

人生處在順境和得意時，最容易得意忘形，終致滋生敗象，樂極生悲。就如運動競技就有許多例子，當一個運動員經由自身的天份與長久的努力，歷經無數的流血流汗及教練的惇惇教誨，終於登上世界球王或球后成為耀眼的明星。然而能保住寶座的又有幾人更別說長期登上保重。為什麼？因為接踵而來的各種活動、商品代言、眾人的讚譽，將使其無法專心、訓練時間受限、虛榮驕傲之心隨之而起，自我感覺更加良好，再也聽不進教練或好友任何建言廿導致「物極必反」而漸漸走下坡。這就是老子告誡我們：「持而盈之，不如其己」要功成身退才是明智。

管理者不貪功　員工更賣命

為官者的德行老百姓看的最清楚，為了不至於上行下效，為官者應嚴格要求自己，以勤儉節約、作風清廉的美德示人。

為官清廉方面，晏子比王安石有過之而無不及。晏子身為相國，可住的房子還是從先祖那裡繼承來的低矮潮濕的舊屋。齊景公很是過意不去，便要給他換一座高大明亮的宅邸。晏子不同意，並說：「我的先祖住在這裡，而我對國家沒有什麼功勞，住在這裡已經是很過分了，怎麼可以住更好的房子呢？」他堅決不換。

不久後，晏子出使晉國，齊景公利用這個機會，派人遷走了他的鄰居，在原地重新蓋了一座大宅第。晏子聽到了這一消息，讓車停在臨淄城外，派人請求景公把新宅拆除，請鄰居們再搬回來。經過多次請求，景公終於勉強同意了，晏子這才驅車進城。

有一次，景公見晏子的車子太舊了，就派人給他送去新車；又見他的馬太瘦了，又差人給他送去駿馬。可一連送了三次，都被晏子謝絕了。景公很不高興地把晏子召來，對他說：「您不接受車和馬，我以後也不再坐輦了。」晏子聽後忙說：「君王您讓我統領全國官吏，我要求他們節衣縮食、從儉處事，以便給全國人民作個榜樣。即使如此，我還惟恐他們有奢侈浪費和不正當的行為。現在您在上面乘坐四馬大車，我在下面也坐四馬大車，這樣一來，有些人就會學您和我的樣子，上行下效，會弄得全國奢侈成風，到時候我也就沒有辦法去禁止了。」晏子的言論，一方面顯示了他高超的智慧，另一方面則體現了他高尚的品德，而這正是他的人格魅力所在，也是讓世人敬佩的原因。為官者的仕途不可能一帆風順。惟有那忠心耿耿、品德優良的人，才能最終博得管理者者的寵信和後人對他的讚揚。

縱觀中國歷史，凡是懂得功成身退者，皆能保全自身。反之，輕則招來禍事，重則命喪九泉。《道德經》第九章曰：「持而盈之，不如其已；揣而銳之，不可長保。金玉滿堂，莫之能守；富貴而驕，自遺其咎。功成名遂身退，天之道。」意指：把持到盈滿，不如適時停止；捶磨到鋒芒畢露，難以長久保持。金玉滿堂，沒有誰能藏守得住；富貴之後而驕恣自大，正是自己留下的禍患。功業成就，聲名遂意後，收斂而身退，這是自然大法則。管理者在達到某些成就後，就要將團隊成員推到前面把功勞歸於他們，自己則退到後面，心態上要謙虛，守本份；則團隊成員自當願意為你鞠躬盡瘁的賣力，使團隊績效永保成長。

《易經》：「一陰一陽之謂道」意即：一陰一陽的相反相生，運轉不息，為宇宙萬事萬物盛衰存亡的根本，這就是道。陰陽它是相對的，會變動的，也是不可分割的。有陽就有陰，有虛就有實，有看得見的就有看不見的，有摸得著的就有摸不著的。而物極必反，陰極就漸漸變陽，陽極就漸漸變陰。人或事也是如此，既沒有長久守藏得住的財富，也沒有長久保持得住的富貴；沒有長久保持的世界紀錄，也沒有長久保持的青春美麗。功成名遂後，萬人景仰，掌聲和鮮花的簇擁也不會永久。然而，人們卻只知進不知退，善爭奪不善謙讓，反而帶來無窮的煩惱和禍患。

任何企業總是期望獲利多多益善；期望著聲名遠播世界；管理者企盼著威望權傾朝野，不斷地設法權力積累……這一切的一切，本是企業追求進步的本能，無可厚非。但老子卻告誡我們，任何事物就像太陽從東出必定也會從西落，月亮有盈滿則必會有虧損一樣，有旺必有衰，有圓必有缺，物極必反，物盈則虧。實際上，沒有一樣東西能保證長久「成功」。

想想，有誰能在職場上面對著滾滾而來的名利而不癡迷和陶醉呢？有誰能在癡迷和陶醉之餘還會思考到物極必反這個簡單的自然法則呢？誰會在功業成就之後會考慮接著應該怎麼做呢？老子提醒功成名遂後要做的是——身退。身退，不是指功業成就後簡單的退位歸隱，而是指在事情做好後，心態上不要無限自我膨脹，要收斂意欲，守藏本份；行為上不要將功績全部貪墨於己身，要思利及人，分功於員工。

企業若欲維持基業長青，必須是要不斷超越原來的自己，而超越自己，意謂著用老思維、老方法是不可能的，要超越自我，代表必須有新的思維、新的作法。捨棄一切過去的經驗與知識，才會心無罣礙，才會開智慧，也才會思考更新的突破方法也才可能避免「成功後的禍患」，企業也才能永續長存。功成身退，經驗傳承，培育下一代接班人，這是自然之道也是老子智慧給企業管理者的啟示。

【管理運用】

「盈」即是滿溢、過度的意思。自驕自滿都是「盈」的表現。持「盈」的結果，將不免於傾覆的禍患。所以老子諄諄告誡人們不可「盈」，一個人在成就了功名之後，就應當身退不盈，才是長保之道。

人們許願時，經常會求四個字「心想事成」。眾生雖不求官不求財，其中卻蘊含著更重的心機與慾望。但是，這終歸只是人們一個美好的願望，對很多人來說，現實生活中出現更多的橋段不是「心想事成」，而是「求而不得」。想要擁有的事物雖近在咫尺，又遠在天涯，帶給我們的就是內心的焦灼與痛苦。

然而，對普通人而言，如果他沒有身敗名裂之時，是不大可能領會「功成身退」的真諦的。「功成名就」固然是好事，但其中卻也含有引發禍端的因素。老子已經悟出辯證法的道理，正確指出了進退、榮辱、正反等互相轉化的關係，只有以「道」心來管理「平衡」，否則便會招致災禍。因而他奉勸人們急須趁早罷手，見好即收。

對於自己想要而又得不到的東西，我們唯一能做的就是：捨得、放下、忘記。這雖然只是簡簡單單的幾個字，對大多數人而言卻都做不到，大部分人都是捨不得，放不下，忘不了，明明知道不可能，卻還是要強求一個結果。

哀兵必勝　不自滿才能進步

諸葛亮足智多謀，頗有些傳奇色彩。諸葛亮自幼喪父，於是他帶著弟弟諸葛均投奔叔父諸葛玄的門下。他自幼便很有抱負，常常對叔父諸葛玄談起自己的宏偉大志。叔父總是端坐而聽，不發一言。終於有一次，諸葛亮忍不住問叔父：「難道叔父認為我說的不對嗎？」諸葛玄於是教誨道：「做大事的人是不會像你這樣只知道誇誇其談的。我看你說得雖好，但讀起書來總是不認真，這樣是無法實現你的大志的。」

諸葛亮聽罷自覺慚愧，認為叔父說的有理。從此便開始刻苦讀書，不再空談理想了。成年以後，雖然他的學識已算精深，但從不自滿。諸葛玄對他說：「你已學有所成，應該有所做為了。荊州牧劉表和我有交情，看在我的面子上，他一定會收留你的。」諸葛亮卻說：「不！現在我的才能還只能算是小有所成而已。如果輕易出山，雖然可能獲得一時的富貴，但這卻並不是我的志向。」

此後，諸葛亮依然潛心苦讀。諸葛玄死後，諸葛亮隱居在隆中，親自耕田種地，以此來磨礪自己的意志。有人勸他不要浪費了自己的才能，諸葛亮卻說：「現在天下大亂，沒有大才能的人是無法平定天下的。現在我的才能還遠遠不夠，所以不能出山。」

直到劉備三顧茅廬請他出山，他才開始顯露才華，為劉備立下了無數大功。由此可見，諸葛亮並非是神人，他的智慧源於他永不自滿、勤學苦讀。所以說，只要堅持永不自滿的精神，就沒有不能成的事。

《道德經》第六十九章提到：「故抗兵相若，哀者勝矣」意思是：所以，兩軍相對、兵力相當時，悲哀的一方可以獲勝。在商場上就是指：「不自滿才能進步」，意即以退為進的用兵之道。現實生活中，也是不自滿的人才能取得不斷的進步，兩種事物有著相同的規律和道理。但凡能夠做大事並且得以不斷晉升的人，都有著永不滿足、不斷進取的精神。

古人常告誡我們，虛心使人進步，驕傲使人落後。馬克思也曾說過：「任何時候我也不會滿足，越是多讀書，就越深刻地感到不滿足，就越感到自己知識貧乏。科學是奧妙無窮的。」能成大事者之所以取得大成功，常常是由於不自滿、不斷奮鬥。

曾國藩的一生可謂成就輝煌，無論在軍事上還是在學識上。之所以能夠成就輝煌，並非他生來就學識淵博、超出常人，而是得益於他永不自滿、勤學苦讀的結果。

無論取得多麼驕人的成績，都不能因此而自滿，這樣就會停不步前，最終被敵對者趕超。可以說，驕傲自滿就是失敗的前奏。例如，叱吒風雲的關羽父子曾經風光一世，但最後卻落得被生擒、斬首的下場。究其原因，就是因為關羽的狂妄自大、一意孤行所造成的。

由此可知，一個有自知之明的人，是絕不會被眼前的勝利和成績沖昏了頭腦的，只有永不自滿才能立於不敗之地。過份的自滿只會招致禍端，而不自滿則受益匪淺。周瑜的悲劇就是由他的過分自滿造成的，有悖於老子的告誡「故抗兵相若，哀者勝矣」，所以最終賠掉上自己的性命也就不足為怪了。哀兵必勝——不自滿才能進步，實值身處環境詭局多變，競爭劇烈的企業管理者引以為戒。

【管理運用】

本篇仍是論以退為進的處世哲學。老子認為，戰爭應以守為主，以守而取勝，表現了老子反對戰爭的思想，同時也表明老子處世哲學中的退守、居下原則。有形的敵人不足以害怕，無形的敵人才最可怕。因此，驕兵必敗，哀兵必勝。

老子的策略思想是「反者，道之動」。你們都欲先發制人，我反其道而行之，採取後發制人之術，出其不意，攻其後路，取得成功。智者是不會自驕自大、自以為是的。有時候我們能夠看清敵人的一舉一動，瞭解到對手的活動意圖，探知敵人的缺點和失誤，但是，我們能夠對自己的缺點、毛病知道多少呢？

例如，商場上售後服務就屬於「後發制人」戰術。有人認為售後服務是東西賣出去以後，為顧客提供的服務，但是實際上卻是「顧客購買下一個東西之前的售前服務」。如果顧客在這家店買的東西令他不滿意，售後服務又跟不上，等到下一次購買時，自然就不會在這一家店購買了，也就是沒有「再惠顧」。沒有大批再惠顧的商店，其銷售額是不穩定的。有智的企業不僅看重售前、售中服務，更看重售後服務。他會細心觀察和瞭解顧客對這家店的「期待」和各種需要，無微不至地盡量滿足顧客的需求。

管理守則　杜絕貪欲

「貪心不足必自害」，在歷史中，這樣的事例比比皆是，明朝安慶公主的丈夫歐陽倫因為過分貪戀權勢而不得善終就是一個典型事例。

明朝開國皇帝朱元璋十分疼愛三女兒安慶公主。安慶公主的丈夫歐陽倫「夫因妻貴」，有享不盡的榮華富貴，可他還是感到不滿足，一心想要獲取更多的財富，結果就是因為貪欲極度膨脹，最終把性命給搭進去了。

當時，鹽、茶、馬是朝廷的三大專賣物資，民間是不能私自販賣的。歐陽倫把這看成了趁機斂財的機會，於是召集自己的心腹對他們說：「現在販賣茶葉有大利可圖，放著眼前的肥肉不吃，不是太傻了嗎？你們只要聽我吩咐，將來少不了你們的好處。」

當時有人勸他：「這是朝廷嚴令禁止的，到時萬一讓皇上知道，我們個個都吃不了兜著走。我等出身卑微，死了也就算了，可你是皇親國戚，到時偷雞不成反蝕把米，那就得不償失了。」

歐陽倫當時財迷心竅，根本聽不進去，很快就組織了一支販賣私茶的隊伍，開始大肆斂財。

「紙裡包不住火」，後來東窗事發，被有「鐵面御史」之稱的鄧文鏗彈劾，朱元璋聽後勃然大怒，賜劍一把命其自縊。

《道德經》第四十六章曰：「天下有道，卻走馬以糞。天下無道，戎馬生於郊。禍莫大於不知足，咎莫大於欲得。故知足之足，常足矣。」

意謂：天下政治正常合理，實現了和平，戰馬就會退還給老百姓去耕田種地。天下政治秩序混亂，兵戈相見，連懷胎的母馬也被用來作戰，以致在戰場上產仔。禍害沒有比不知足更大的了，罪惡沒有比貪得無厭更大的了。所以，知道滿足就心理平衡，才能求得永遠滿足。

換言之，就是「貪心不足必自害」。身處高位的管理者，更要知道：名利財物往往是產生禍事的根源，對於名和利的追求要適可而止，如果永不知足貪得無厭，那麼，遲早會害了自己。人生最大的禍患就是不知足，人生最大的過失就在於貪得無厭。故知足知止，則會常常滿足。

此外，管理者除了要以身作則外也應將此觀念推廣至全公司甚至成為企業倫理，讓員工知道滿足，心就會充滿快樂，反之，貪欲不止，就會妄生是非，進而損人利己，造成禍端。現實中許多案例，最後落得身敗名裂的人，都是因為欲壑難填、貪得無厭才走上犯罪道路的。

凡事都是相對性的，有「陰」就有「陽」。錢是好東西，但如果過分看中錢財而不擇手段，那麼，錢財就成了要命的利器。只有安分守己，對錢財不過分強求，保持恰當的尺度，才能夠不招惹禍端。特別是身為高位的管理者，若成為金錢的奴隸，那麼一旦落馬，其下場難逃人財兩空，還會遺臭萬年。

不鑽營取巧雖然可能生活清貧，卻自能趨吉避凶，安樂一生，比什麼都可貴。

【管理運用】

人只要踏實地生活，人生不枉過。生活是美好的，比之更美好的是生靈，是能夠感受、品嘗、體會到這種美好並以其點綴自身的萬物生靈。但是，許多人卻在不經意間關閉了自己的心靈，使我們的生命陷入黑暗的泥潭。

知足者常樂，而禍患來自貪得無厭，人最大的災難就是不知足。不知足就不合乎大道的德行，因為大道的德行就是知足而無爭無求。心裡不知足，就想去佔有，一山望著一山高，這樣的人對什麼都不會感到滿足，所以整天只能生活在對各種事的不滿之中。

可見，知足與貪心也是一種統一對立的辯證，相互依存相互對立，只有在二者之間取得「平衡」，才能趨吉避凶，一生安樂。知足就是適當的貪心，是一種聰明的生存方式，我們應學會知足。求事業、名利、地位、信念、財富時，往往因各種因素與自己願望有很大出入，對金錢財富之類心存過高貪欲，那就是貪心，貪心常常是自掘墳墓。

國之利器　不可以示人

魏惠王有一次問大臣卜皮：「寡人在外的聲譽如何？你可曾聽說過？」卜皮說道：

「人們都說國君很慈惠！」魏惠王聽了心裡很高興，於是繼續問道：「那麼依你看來，寡人的功業會發展到什麼地步？」

卜皮回答說：「國君的功業一定會發展到迅速滅亡的地步。」魏惠王聽後很不悅的說：「慈惠是好事，為什麼做好事卻會滅亡呢？」卜皮答道：「慈是不忍，惠是好施；不忍就是不願誅罰有罪的人，好施則不等於有功即賞。有過不罰，無功受賞，難道說還不該滅亡嗎？」

《道德經》第三十六章曰：「將欲歙之，必固張之。將欲弱之，必固強之。將欲廢之，必固興之。將欲奪之，必固與之。是謂微明。柔勝剛，弱勝強。魚不可脫於淵，國之利器不可以示人。」意謂：將要收縮歙合的，勢必先伸展擴張，將要刪削減弱的，勢必先加意增強；將要丟擲廢棄的，勢必先支持薦舉；將要劫掠奪取的，勢必先出讓給予；這就叫做「隱微奧秘的真理」陰柔勝過陽剛，柔弱勝過剛強。總要處在自然大道之中，如同水裡的魚是不能離開水的，離開水則不長久必死。權謀、刑法、酷刑即是國家兇器，不能施加於人民，否則統治者就會失去人民的支持，就如同魚一樣。離開水則不長久。

「有利於國家的事物，不可以展示給他人看。」利器，利國之器也。唯因物之性，不假刑以理物，器不可覩，而物各得其所，則國之利器也。示人者，任刑也。刑以利國，則失矣。魚脫於淵則必見失矣。利國器而立刑以示人，亦必失也。古時候，利器指的就是「賞」與「罰」，是君王的治理工具。意思就是君王必須完全瞭解「賞罰之道」的本質，且能熟練運用；不得隨意為之，有招致覆亡之虞。

而現代企業，有些學者將「利器」解釋為競爭致勝的關鍵，可能是唯我獨有的策略思想，或是秘不示人的商業情報。經營者與這些利器的關係，就如同魚與水的關係，「魚不可脫於淵」，魚兒離不開水，經營者離不開「利器」。這些秘密武器一旦顯示於人，就沒有力量了，經營者倘若有講話的嗜好，言多有失，將「利器」示人，將在不經意間鑄成大錯，把自己置於被動挨打的境地。此種解釋可能有些不妥。

以老子提倡「道法自然，無為而治」的思想，強調不爭，以讓代爭，怎可能強調應徵優勢的保密而已？筆者認為老子所謂的利器指的就是「賞」與「罰」的管理者的權力或叫影響力。老子的管理理念，就是用「道」的自然無為以避免人為的各種「賞」與「罰」及無知妄為。有智慧的管理者，先要「超越自我」，洗清貪執之心，放下自滿自大的心態，遵循「道」的自然法則，以無為的態度去作為，以無求的姿態、心情去做事，則無往不勝。

其妙用在於「不爭而善勝」。因為天道虛空無形，卻以合理、良心、同理心及利他的行為展現，其作用是無窮無盡的生化萬物。從《道德經》第六十四章「天道不爭而善勝」理念中汲取管理的智慧、開闊思維，凡事「為之於未有，治之未亂」可以防微杜漸，根絕亂事之萌生，而消弭禍害。焦點在於居安思危，防患於未然。其睿智的關鍵在於管理者效法天道無私謙讓，創造一個同心協力合作、共享共生模式來化解歧見，讓衝突的不同專業，整合成為夥伴。

【管理運用】

如果我們播種善的種子，給別人的利益，那麼，善還會循環歸給我們。善在我們之間不停地循環運轉，使大家都得到善的實惠。」也就是，從善出發，把好處既留給別人也留給自己，別人得了好處，最終對自己也帶來更大的好處，善就這樣循環往復，在不斷運轉中生長出更多的利益。

「物極必反」、「盛極而衰」等都可以說是自然界運動變化的規律，同時以自然界的辯證法比喻社會現象，以引起人們的警覺注意。在事物的發展過程中，都會走到某一個極限，此時，它必然會向相反的方向變化。例如，「合」與「張」、「弱」與「強」、「廢」與「興」、「取」與「與」這四對矛盾的對立統一體中，老子寧可居於柔弱的一面。

他體認到，柔弱的東西裡面蘊含著內斂，往往富於韌性，生命力旺盛，發展的餘地極大。相反，看起來似乎強大剛強的東西，由於它的顯揚外露，往往失去發展的前景，因而不能持久。在柔弱與剛強的對立之中，老子斷言柔弱的呈現勝於剛強的外表。在老子「物壯則老」理念下，提出了促使一種強大事物加快走向反面(即衰落)的高明策略，這種策略鼓勵弱者採取一種反其道而行之的手段來獲得最後勝利。

捨得越多 得到越多

猴子死後要求面見上帝。它憤懣地說：「下輩子我一定要做人！當猴子不僅遭人戲弄還沒有錢，看看那些前來觀賞的人吧，他們衣著華麗，使用的東西又那麼先進，做人是世界上最美妙的事情！」上帝聽了笑著說：「你這個要求也不為過，你有這麼一個好頭腦，操作起來很簡單。」

隨著上帝的一聲吩咐，一群可愛的天使拿著鑷子向猴子走來，飛快地撥起猴子身上的毛。猴子痛得嗷嗷直叫。上帝溫和地笑著說：「你要變成人自然要先拔掉身上的毛！一毛不拔怎麼做人？」

《道德經》第三十六章曰：「將欲奪之，必故張之。將欲弱之，必故強之。將欲廢之，必故興之。將欲取之，必故與之。」意指：想要奪取它，必先施予它。想要柔弱它，必先強固它。想要廢棄它，必先興盛它。想要得到它，必先給予它。順著它的性子，滿足它的要去慾望，使其被慾望所吞食，令他自取滅亡。

老子強調有捨才有得。你要奪取，就先給予。你越是想得，就越是沒有；越是不想，就越能得到。這就是我們常說的「捨得」。此提供管理者一個重大的啓示：做生意有獲取就有付出，有時付出的多得到的更多。

「捨得」也有如大家熟悉的「放長線釣大魚」。大陸廣東惠陽的章武進養有一群壯實的良種公鴨，每天都花很多心思去照料它們，又是活魚，又是飼料，真夠他忙的了。當有人要他的公鴨去為母鴨配種時，他都爽快的趕著公鴨群去成其好事。有人問他每次能收多少錢時，他會笑著說：「哪有什麼錢喲，每次我還得倒貼錢呢。」因為母鴨配種後，他以比市場高得多的價錢，把人家的鴨蛋收回來。章武進賺錢有什麼秘密？他告訴好友：「一般的鴨蛋不能孵鴨仔，只有配過種的鴨蛋才能孵。我一年也賺不了多少，就三五萬吧。」這錢原來是孵小鴨賺的！放長線釣大魚，是任何有眼光的生意人都不肯錯過的賺錢方法。這種甘願「為他人做嫁衣裳」的做法，看上去有點傻，但是最終的結果卻是幫人幫己。

另外，管理者也可將「捨得」視為「欲擒故縱」。孫臏和龐涓的故事已被老百姓津津樂道了幾千年。孫臏就是採用欲擒故縱的方法消滅了龐涓。高明的管理者應當具備，有捨有得，不捨不得。少捨少得，多捨多得的觀念。並以智慧善加利用，如上述的一毛不拔的猴子，不捨當然就不得；養鴨人家的放長線釣大魚或是孫臏的欲擒故縱，再再都是「捨得」的應用。又如常言道：「吃虧就是佔便宜」也是另外一種「捨得」的應用。管理者應知道，做生意就是要讓顧客感覺佔了便宜，他們才會持續的惠顧，自然企業就能薄利多銷，甚至可能銷售量的增加而擁有與供應商討價還價的籌碼，進而增加利潤。反之，讓顧客感覺吃虧而被公司佔便宜，顧客就不可能在惠顧，則企業一毛錢也賺不到。因此，身為企業最高管理者者必須知道所謂的知識經濟，並非有知識就能賺錢，必須要懂得如何應用知識去賺錢，而知識的應用就靠智慧，而智慧則來自管理者本身的修養與品德了。

【管理運用】

我們都是由大道所供養，從陰陽中所誕生的。當我們看不起別人的時候，我們自己也同樣被別人看不起，這時陰陽就只有分割，而沒有交融，就會產生矛盾，就會使我們本來的順利和成果變成不順利和災禍的起端。但我們也不要因一時的運氣不濟或是災難痛苦而垂頭喪氣、喪失鬥志，更不要因此而斷絕希望，因為事物的發展變化都是相對的。萬事萬物都在不停地發展，如果說什麼東西已經到了完美的地步，也就可以說是已經停滯或死亡。

從做人、做事業角度來看，「滿招損，謙受益」、「天道忌盈，卦終未濟」，這些思想對國人生活方式影響很大。雖以虛無為本，認為天地之間都是空虛狀態，但是這種空虛卻是無窮無盡的，萬物就是從這種空虛中產生。人們凡事都求全求美，絞盡腦汁企圖來達到這個目標。其實不論何事都不應妄想登峰造極，因為有上坡就必然有下坡，也就是有上台必然有下台的一天，事情到了一定的限度必然發生質的變化。一件事成功了如果不及時總結，保持清醒頭腦反而驕傲自滿，沈溺在過去的成功之中，那麼就可能使事情走向它的反面。

不爭不搶　以「和」為貴

秦穆公是一位很善於施惠於民的君王。秦穆公是春秋時秦國的君主，在位長達三十九年。秦穆公很重視民心的向背，所以實行了一些緩和階級矛盾的措施，減輕了百姓的負擔。有一次，晉國鬧飢荒，向秦國求援，秦穆公不計過去的恩怨，把大批糧食運到了晉國，說不能讓百姓受罪。晉國臣民都稱頌他的大德，他的威信大大提高，這使他深受下層群眾的支持和擁戴。這個小故事就能說明他籠絡民心的手段之高明。

《道德經》第三十一章提及：「夫兵者，不祥之器，物或惡之，故有道者不處。君子居則貴左，用兵則貴右。兵者不詳之器，非君子之器，不得已而用之，恬淡為上。勝而不美，而美之者，是樂殺人。夫樂殺人者，則不可以得志於天下矣。吉事尚左，凶事尚右。偏將軍居左，上將軍居右。言以喪禮處之。殺人之眾，以悲哀泣之，戰勝以喪禮處之。」

意指：戰爭所使用的兵器，是不吉利的東西，大家都厭惡它，所以有「道」的人是不去接近它的。君子平時以左邊為尊貴，打仗時以右邊為尊貴。戰爭是不吉利的東西，不是君子所需要的。萬不得已而使用它，最好是淡然處之。勝利了也不要得意洋洋。如果為此得意，就是以殺人為樂。以殺人為樂的人，就不能在天下取得成功。因此吉事以左為貴，凶事以右為貴。偏將軍站在戰車的左邊，上將軍站在戰車的右邊，是表示用喪禮來對待戰爭。戰爭殺傷眾多，帶著哀痛的心情去參加，打了勝仗要用喪禮的儀式去處理。

「吉事尚左，凶事尚右。偏將軍居左，上將軍居右。言以喪禮處之」意為：吉事以左為貴，凶事以右為貴。偏將軍站在戰車的左邊，上將軍站在戰車的右邊，是表示用喪禮來對待戰爭。企業管理者應理解為：「以左為貴——行事以『和』為貴」。老子反對人類相互殘殺，極力宏揚人道主義精神，將戰爭視為凶事，勸導世人盡量不要發生戰亂之事，和和氣氣是很寶貴的。事實正是如此，凡是企圖用武力、用暴力解決問題的人，往往自己也要付出出很大的代價，還未必能換取成功。如果能夠本著「以和為貴」的原則去辦事，常是取得皆大歡喜的結果，雙方都能受益。顯官高位，人人艷羨。但君子做事，有所為、有所不為。如果為了名利不顧一切、不計後果，那即便得到了，也失去了它的意義。惟有在重大的誘惑面前仍能保持冷靜且顧全大局者，才能贏得眾人的心，這也是一種大的成就和榮耀。

因此，有智的管理者應該凡事以和為貴，不僅可以保全自身，而且還會使局勢朝著最有利的方向發展。只有大局穩定了，個人的處境才能有所保障。所以，真正的智者處世都掌握一個原則──凡事以和為貴。主管間以和為貴能穩定大局、團結一致，管理者對員工也應該採取以和為貴的方針，只有善待員工，員工才會擁護主管。正所謂「水能載舟亦能覆舟」，善待員工就是得民心之舉，而只有善待他人，才能惠及自身。行事以和為貴，不等同於唯唯諾諾、與世無爭，而是在特定的情況下不得不採取的處世哲學。在凶險的環境下，為了明哲保身、全身避禍，凡事不爭不搶、和和氣氣也不失為一種大智慧。

【管理運用】

人類屬於萬物中的一員，和氣便是人氣，和氣是陰陽二氣相融而成。而我們人也是由陰陽而生，所以和氣也是陰陽相會，是我們人類的至高品性，才是合乎大道規律的。我們都知道和氣生財，和氣是我們得以平安相處的根本，是人與人、人與物和平共處的基礎。而這種根本和基礎是建立在陰陽相融上的。

但是，陰陽除了相融還有對立。也就是說，還有矛盾產生，而我們應該如何對待這種矛盾呢？這就不是簡單的和氣就可以解決得了的，和氣只會使矛盾簡單化，只能讓矛盾不惡化。然而要想從根本上杜絕矛盾的發生，或是說避免產生矛盾，就只有依靠老子所說的：損之而益！也就是我們俗話說的吃虧是福。

為人處世，就是說人與人之間要以「和」為貴，不要與人起正面衝突，也不要驕傲自滿，在生活中，那些甘願吃虧的人，他們就不會貪圖便宜，也就不會給自己招災惹禍。我們也不可因一時的榮耀和成績就驕傲自滿、不可一世，甚至看不起別人。

為學日益　為道日損

根據《次柳氏舊聞》，曾經有這樣一個有趣的故事：唐肅宗在當太子的時候有一天陪著唐玄宗一起進餐。餐桌上擺滿了各種佳餚，其中有一盤羊腿，唐玄宗就讓太子去割羊肉。太子割完羊肉後，見手上都是油污，便順手拿起一張面餅擦手。

唐玄宗眼睛直盯著他的臉，露出不高興的神色。太子擦完手，慢慢地把餅送到嘴邊，有滋有味地把餅吃掉了。這時唐玄宗轉怒為喜，對太子說：「人就應該這樣……」

唐玄宗貴為天子，卻能愛惜糧食，是很不容易的。當他看到太子以面餅擦手時，就很惱火，以為太子是在糟蹋糧食；當又看到太子從容地將擦過手的面餅吃掉時，又轉怒為喜，認為太子和自己一樣，能「以賤為本」。

老子道德經是以「反」為基礎，萬事萬物都是相反相成，物極必反。現代有很多管理者，在走上管理職位以前，總是兢兢業業，勤儉持家，對工作認真負責，對同事極為客氣尊重，得到大家的一致好評；但當他自認為在管理者的位置上坐穩以後，就慢慢開始體恤不到自己手下員工的疾苦，不能或者不願真正地去瞭解他們的工作與生活，開始變得高高在上，大肆揮霍。自古以來階級本位思想一直制約著很多人，這使人們在掌握了權力以後總會不知不覺從心裡產生一種自滿情緒，只看到前面的似錦前程，卻忘了腳下鋪路的碎石。

「水能載舟，亦能覆舟」，掌握權利之柄，更要重視底層民眾，這也是管理好一個團隊必須具有的素質和才能。當一個人或一個企業認為他們很成功時，也正是他們「瓦匠吃中飯—走下坡路」的時候了，也就是有「道」與無「道」的差別了。

科技的發展，帶給我們很多的方便和很大的好處。但是它也愈來愈像一匹脫了韁的野馬，反過來為人類帶來極大的威脅。我們如果不能從「零和一的變化」，提升到「一陰一陽之謂道」的易經境界，便是只能見到發展科學和技術的正面好處，其負面影響及其無法加以控制的危機，終將讓人類自作自受。

管理者受到管理科學的陶冶，腦筋不是越來越靈活，而是越來越僵化。特別是制度化、數量化、全球化的刻板印象，使得管理日趨違反人性的需求。制度化、數量化和全球化，有其意義。但是如果管理能夠合理且適度地尊重例外、模糊和本土色彩，這樣才是真正的人性化。人性是一樣的，文化卻各地方略有不同。因此必須加以調和，才顯得具有權宜應變的彈性。換言之，在不端追求知識的學習時，必須「道」為根本，才不會落入個人無止境的慾忘中。

《道德經》第四十八章中說：「為學日益，為道日損。損之又損，以至於無為。」意思是說：人的心念、慾望，人的學習通常是建立在自我優越感，建立在求取更多金、權、名上，因此這個「益」是增加的意思，當為達成某項功名、地位而學時，慾望、我執就會隨之而增，但求「道」卻是反向將這些我執逐步「去除」，所以會日損「減少」。達到了無為的境界，就有智慧解決所有問題。這就是物極必反的道理。

「為學日益」是說向外追求學問，通過學習獲得科學技術知識，學習要不斷地豐富完善、才能做到精益求精。而「為道日損」是指向內追求智慧，通過默修開啟潛意識，從物質到精神過程中的私心雜念都要一一剪除，以期求人與自然的溝通，與「道」結合，實現如自然一樣的合理化、無我、利他的藝術與人性的最佳狀態。損之又損、減之又減、簡而再簡、約而再約，「道」便顯露出來。

知識會創造出未來，知識也會創造慾望，知識就是（慾望之輪），當你處於輪子裏面，你就會困在裏面一直繞、一直繞，哪裡也到不了。那些對知識有興趣的人，他們的努力就是要知道得越來越多、累積得越多，然而負荷也越多。反之，不停地修煉心性並守德，開發潛在的智慧，自私自我的主觀意識就會一天比一天減少，減少再減少，直至自我的思想意識完全符合自然的真理，也就取得無所不為的大智大慧。因此，無為、無我與守拙是學道悟道的最高境界，一個人如果能達到這種境界，也就是心靈修煉達到上乘的境界了。

就管理而言，現今環境快速變遷，目標不明確，信息不充足，資料不夠準確，單憑知識，不易明確地判斷、正確地抉擇。於是管理者的智慧就顯得比以前更為重要。尤其對於管理效果的影響，更是愈來愈明顯而重大。各種理論說起來都能「自圓其說」，說得頭頭是道，但實際上很不容易概括全體。管理者只有根據老子的「為學日益，為道日損。」的哲學思維，不停地自我追求「道」，開發潛在的智慧，使自私自我的主觀意識能一天比一天減少，減少再減少，直至自我的思想意識完全符合「無我」「利他」的自然真理，就能擁有無所不為的大智大慧，進而達到無為與守拙的悟道最高境界，也才能看清詭譎多變的環境因素中的機會，並將之發展成企業的競爭優勢。

【管理運用】

「為學」與「為道」是完全對立的兩個概念。人往往就是對功名、財富的追求永遠也不會滿足，慾望就像是一條鎖鏈，牽著一個永遠也無法達到的終點。何為「益」？我們每個人都生活在每一天裡，但對每一天的意義並非都能通曉，平時忽視的往往是每一天。

隨著年齡的增長，我們的知識也越來越豐富，經驗越來越多，所以我們是在學習中瞭解世界，探索和追求客觀事物的發展規律的，它對我們人類的生存和發展有著重要意義的，因此是要在不斷增長中積累和鞏固。因為知識是沒有盡頭的，是永遠不可能完結的，所以我們的學習只能是在日益加深中不斷地被探索，這就是「益」。

知識天天要學，但對於不良的惡習我們就要天天「損」，這個損字也可以理解為「取其精華，去其糟粕」。如果不滌除舊的、不好的東西，就會萎靡不振，很庸俗的，那就談不上新了。要損但也要「會損」如果你想「新」想「益」，那麼首先就要「損」，要會「損」，要持之以恆地「損」。「損」就是反省自己，改正自己的過錯，檢討自己的毛病，滌除自己的私心雜念和貪欲，沖洗自己身上不良的習氣。

因為只有在損的同時才能受益，如果一些舊東西和垃圾也捨不得丟掉，那麼就只能招來一些蛀蟲，所以有些東西當損則損，這損還要主動地去損，積極地去損，樂觀地去損。而不是被動地損，消極地損，盲目地損。「人心不足蛇吞象」，一個心有貪念的人，胃口只會愈來愈大，斂取的手段也會愈加膽大妄為。貪欲足可以毀身，人一旦起了私心貪念，被貪婪控制了心靈，就會成為被物慾操縱的軀殼，變得不自知，奢望不屬於自己的東西。久而久之，就會使自己的品格低下，而最終一無所獲。

為天下谷　謙卑受益

西漢張安世本是著名酷吏張湯的兒子，張湯死後，漢武帝憐其遭人暗算，便對張安世著意提拔、加恩眷顧。他歷仕三朝，深得皇上信任，雖是朝廷重臣，卻從不敢驕狂自恃，反是時時如臨深淵，凡事無不小心謹慎。他的兒子認為他怯懦，張安世開導說：「你的爺爺剛死，許多權臣又因野心太大而不得善終，這個教訓不能不吸取。我如此謹慎，一則為我，二則也為你們後代著想啊！如果身居高位，便意得志滿、驕奢淫逸、四處張揚，那將會自尋死路。日後你就會知道我這樣做的原因了。」

每當和皇上商量完國事作出決定之後，張安世必稱病不朝，以掩人耳目。一待政令頒布之後，他還故作不知地派人去丞相府探問詳情。如此一來，當真瞞過了群臣，沒有人知道他參與過決策。後來，有人奏請皇上讓他接任大將軍之職。他不喜反憂，向漢宣帝極力推辭。漢宣帝不准，他只好勉強接受，卻從不以大將軍自居，為人處事反而比從前更加謙恭了。有人向漢宣帝報告說：「張安世辱沒大將軍的威名，實不堪任。有此卑微的大將軍，真是我朝的恥辱。」漢宣帝對那人痛斥道：「張安世掌大權而不攬勢，居高位而不顯揚，何人能及？如此大賢大德之人，朕最放心，實是我朝之大幸。」

張安世身兼選賢拔能的大權，這本是個肥差，可他卻從不讓被提拔的人知道是他向皇上薦舉的。有人聞得風聲向他送禮致謝時，他也拒不受禮，堅決不肯承認此事。以至常有人誤會他尸位素餐、不任其事。更為難得的是，張安世生活儉樸，夫人竟是親自紡織，家中僕人耕種土地，自給自足。他總是教育兒孫要戒除驕氣，不可恃勢凌人，如有犯者，他必親自予以嚴懲。如此經營，張安世身處高位，他謙卑不驕的作風不但沒有使他損失什麼，反而使他在朝廷受益匪淺，避免了諸多世事紛爭。有時候，採用以退為進的方法做事，比一味地強求效果要好的多。

《道德經》第二十八章提及：「知其榮，守其辱，為天下谷。為天下谷，恆德乃足，復歸於樸。樸散則為器，聖人用之，則為官長」意為：明知道什麼是榮耀，卻安守於屈辱，甘願處於低下的地位。處於低下的地位，永恆的德性才會得到充實，復歸到質樸的境界。質樸能派生出具體事物。聖人掌握了這一規律，就能成為統治者。可見治理天下的理想原則，是不破壞「道」的完整性。

在這裡，老子在提醒管理者：「越是謙卑低下越是受益」。老子思想盡是世間真理，謙卑低下的人表面看起來是吃虧的，但實質上卻往往受益。而耀武揚威的人表現上看起來是光彩的，但實質上卻往往吃大虧。正如老子所說：越是謙卑低下越是受益。功成名就之後，你處於峰口浪尖上，有太多的人在算計你，這時候恐怕最正確的算法不再是加法而是減法。一個人的位置變了，地位高了，最易產生驕狂之心，凡事沒有了小心謹慎，問題便會油然而生。

身處高位的人常常有機會面對許多各種誘惑，意志薄弱的人往往會因一念之差，從而走上看似美妙的死路。管理者不僅要時時自愛，更要刻刻自省、自律，萬不可因一時的得意而放縱胡為，要牢記「越是謙卑越是受益」的道理。西漢顯貴張安世家族在西漢一朝始終屹立不倒，便是最佳的例子。謙卑並不意味著放棄，有時是為了韜光養晦，有時則是為了蓄勢待發，有時是為了欲擒故縱……總之，不管什麼時候、身處什麼境地，管理者務必要牢記謙虛二字，因為越是謙卑低下越是受益！

【管理運用】

任何事物都是相互依存的，水可載舟，亦可覆舟，所以只有相互謙恭禮讓，才能夠各得其所，相安無事。國與國之間是這樣，人與人之間更是如此。如果全世界的國家和人民都秉持這樣的治國、做人的原則，那這個社會該是多麼的安靜祥和啊！

對於個人而言，寬容無疑會帶來良好的人際關係，自己也能生活得輕鬆、愉快；對於一個團體而言，寬容必定會營造一種和諧的氣氛，利己利人。在生活中，我們隨時都會遇到一些人說對不起自己的話或做對不起自己的事，當別人對不起我們時，我們應當怎麼辦呢；是針鋒相對，以怨報怨呢，還是以寬容為懷，原諒別人呢？應當寬容之，理解之，原諒之，並以實際行動感化之。

大千世界，凡是有人群的地方，就難免有矛盾，有勾心鬥角。各種利害衝突使人不可能不發生摩擦。有君子，就有小人，有溫情，就有冷漠。中國人歷來強調以和為貴，從不欣賞損人利己，踩著別人肩膀往上爬。如何與人和睦相處，是中華文化一直關注的問題。所以我們強調不多舌、不多事、不結怨、忍者安來「平衡」各種對立的矛盾。

天之道不爭而善勝

現今全球市場的混亂病根，在於人慾橫流所形成的個人或團體利益衝突，而最主要的癥結在於少數管理者者貪得無厭及各種新奇古怪、五花八門的媒體過度宣傳所致。為了企業永續經營，長治久安，老子主張「無為而無不為」的天道自然管理模式，是一種創造競爭優勢的經營模式（BusinessModel）。

老子的管理理念，就是用「道」的自然無為以避免人為的各種矯揉造作及無知妄為。

做為一個成功的管理者，先要「超越自我心智」，洗清貪執之心，放下自滿自大的心態，遵循「道」的自然法則，以無為的態度去無不為，以無求的姿態、心情去做事，則無往不勝。其妙用在於「不爭而善勝」。因為天道虛空無形，卻以合理、良心、同理心及利他的行為展現，其作用是無窮無盡的生化萬物。

《道德經》在第七十三章提及：「天道不爭而善勝」的理念中可汲取管理的智慧、開闊思維，凡事「為之於未有，治之未亂」可以防微杜漸，根絕亂事之萌生，而消弭禍害，焦點策略在於居安思危，防患於未然。其睿智的策略關鍵在於管理者效法天道無私謙讓，創造一個同心協力合作、共享共生模式來化解歧見，讓衝突的不同專業，整合成為夥伴，其策略架構的建立是基於老子「三寶——慈、儉、不敢為天下先」的運作。

老子的超「策略管理」的理念是「聖人愛民，以百姓之心為心」，其基本的原動力是「慈」。以企業經營而言，就是抱著為顧客解決問題，視顧客如己親，誠心地為顧客解決問題而使其歡樂。故「慈」具有無窮的力量，以戰則勝、以守則固，是「天道不爭而善勝」的體現，更是息戰的妙方。

老子主張「柔弱勝剛強」，「上善若水」、「天下柔弱，莫過於水，而攻堅強者，莫之能勝。」（七十八章）故老子的「策略創新」就是「以柔用兵」，是柔性攻勢的最好說明，以「無為而無不為」的奇謀「逆向思考」，貫串於策略及戰術之間，也就是如第四十三章所說：「天下之至柔，馳騁天下之至堅，無有入於無間。」之變化莫測了。

老子的超「策略管理」之道，是不爭而善勝，無為而無不為的「天道」與「玄德」。天道在企業管理實務的體現，就是老子「三寶」的實行，愛民治國，無為而不為。「慈以戰則勝，以守則固」，慈心大愛，上下一心一德，眾志成城；「儉」就是有效的運用企業資源，故能確實做到「常善救人，故無棄人；常善救物，故無棄物」（二十七章），使人盡其才，物盡其用。

謙遜禮讓是領袖群倫的基本涵養，企業管理者，誠心修身，不自滿，不自大，待人以誠，就如百川交匯於大海一樣，為凝聚眾心所歸，「不言而自應，不召而自來」（七十三章）的無限向心力。

老子天道自然，「生而不有，為而不爭」的理念，落實到策略行動上，就是「柔弱勝剛強」的柔性攻勢，及「將欲取之，必固與之」迂迴間接路線的展現。忍辱負重、堅忍沉著、行健不息，如此努力奮鬥，就是「不爭而善勝」的最高管理境界。

【管理運用】

以博學自居的人，對於任何一門學問，往往只是略知皮毛而已。所以為學如果博雜不精，則永遠無法進入知識的門牆。「聖人不積，既以為人己愈有，既以與人己愈多。」這是一種最偉大的愛的表現。「為人」「與人」便是給予能力的一種表現。「聖人」的偉大，就在於他的不斷幫助別人，而不私自佔有，這也就是「為而不爭」的意義。

老子深深地感到世界的紛亂，起於人類的相爭——爭名、爭利、爭功……無一處不在伸展私己的意欲，無一處不在競逐爭奪，為了消除人類社會的糾結，乃提出「不爭」的思想。老子的「不爭」，並不是一種自我放棄，並不是消沈頹唐，他卻要人去「為」，「為」是順著自然的情狀去發揮人類的努力，人類努力所得來的成果，卻不必佔據為己有。

這種「利他」而不和人爭奪的精神，是一種偉大的道德行為。老子提及：「天之道利而不害，聖人之道為而不爭。」意思是說自然規律是對萬物有利而不是有害，聖人的原則是做任何事情都不與人爭奪。君子為人處世持的是天地之間的浩然正氣，待人接物亦以寬容慈悲為懷，如果大家都能做到這樣，那麼人與人之間哪裡還有什麼猜疑、嫉妒呢？心地純潔，為人行事就不會有做惡的念頭。一個正直公正忠誠的人，不僅能博得時人的尊重，還能以自己的人格魅力感化奸險小人，亦會名垂千古，成為後人的榜樣。

損有餘補不足

一個人去買鸚鵡，看到一隻鸚鵡前標：此鸚鵡會兩門語言，售價二百元。另一隻鸚鵡前則標道：此鸚鵡會四門語言，售價四百元。該買哪隻呢？兩隻都毛色光鮮，非常靈活可愛。

這人轉啊轉，拿不定主意。結果突然發現一隻老掉了牙的鸚鵡，毛色暗淡散亂，標價八百元。這人趕緊將經營者叫來：這隻鸚鵡是不是會說八門語言？店主說：不。這人奇怪了：那為什麼又老又醜，又沒有能力，會值這個數呢？店主回答：因為另外兩隻鸚鵡叫這隻鸚鵡經營者。

印象中的優秀管理者好像一定要是能力非常全面的人，其實不然，真正的管理者人不一定自己能力有多強，只要懂信任，懂放權，懂珍惜，懂擇人，管理並團結自己的下級，就能更好地利用在某些方面比自己強的人，從而自身的價值也通過他們得到了提升。相反許多能力非常強的人卻因為過於完美主義，事必躬親，什麼人都不如自己，最後只能做最好的攻關人員，銷售代表，成不了優秀的管理者人。管理就是你不做事，讓人做事，讓別人去做自己想做的事情，怎麼樣讓別人去做，並且別人願意去做。

《道德經》第七十七章曰：「天之道，損有餘而補不足。人之道則不然，損不足以奉有餘。」意指：自然的法則，是減去有餘的並且補上不足的。人世的作風就不是如此，是減損不足的，用來供給有餘的。就老子的觀察及見解，損有餘補不足才是天之道。但人世間的作風卻反其道而行，錦上添花者多有，雪中送炭者少見，以致造成貧富差距懸殊，輕者社會上下階層無法流動，造成社會不安；重者造成民不聊生，生靈塗炭，這是違背自然的結果。

《道德經》第四十二章也提到：「萬物負陰而抱陽，沖氣以為和。人之所惡，唯孤、寡、不穀，而王公以為稱。故物或損之而益，或益之而損。」意為：萬物背陰而向陽，並且在陰陽二氣的互相激盪而成新的和諧體。人們最厭惡的就是「孤」、「寡」、「不穀」，但王公卻用這些字來稱呼自己。所以一切事物，如果減損它卻反而得到增加；如果增加它卻反而得到減損。

企業管理者應更深入了解，所謂「天之道，損有餘而補不足，故物或損之而益，或益之而損」，自然的法則，是減去有餘的但補上不足的。也就是說愈有餘，上天就會讓你減損；反之，你不足之處，上天就會想辦法來補足。企業如果獲利很多，就必須懂得分享員工、顧客及社會，而且損的愈多補的就會愈多。否則，企業的利潤將可能在其他地方損失。

若企業管理者的慾望太多，逆天行事，只圖自身的利益，難以滿足自己無底洞的慾望，而一再壓榨員工。甚至還要用罰則約束員工，用裁員來威脅員工，員工生活不下去，企業就不會安定。此外，《道德經》第四十章提到：「反者道之動」。什麼是反？反就是否定，任何事物的發展規律都是在否定中前進的。

所以每次反是一個推動力，是一次新生，每次反是一種扼殺力，讓你死，每次反是一道坎，若能跨過去，便成一個拐點。既然反是一種推動力，反是一種扼殺力，反是一個拐點，反是一種機遇，所以要主動能動的去反。

有道的管理者了解損有餘而補不足，故無欲不爭，清靜無為，有獲利就多分享員工與顧客。避免慾望太高，好大喜功，勞民傷財，增加員工負擔，員工生活就受到影響，無法發揮所長了。人為的不合規律地加速就會失敗，人為的制定超出規律的目的，反而不會達到目的。因此管理者按規律辦事就不會招致失敗，不超出規律制定目標所以也不遭受損害。

高明有效的管理者會追求人之所惡，如孤、寡、不穀。因他們知道「反」，故損之而益，或益之而損，所以不稀罕難以得到的貨物，學習一般人所忽略的，補救眾人所經常犯的過錯。這樣遵循萬物的規律，盡量投資於對員工顧客及股東有利的人、事、物，藉由不斷的損來獲益，且不會妄加干預員工行為，員工反而能專心於專長發揮，創造競爭優勢。

【管理運用】

天地運作的道理，是取多餘的去補不足的。俗話說：「尺有所短，寸有所長。」世界上各種事物都是這樣，從不同的角度看，各有所長，又各有所短。唯有互相取長補短，才會互相取益，各顯其才。長處和短處每個人都有，關鍵在於如何看待。老子看待長處與短處這個對立統一辯證認為：「天之道，損有餘而補不足」，取人之長，補己之短，才是人生的處世之道。

第五章　剛與柔的平衡

「柔與剛」也是「有與無」的相互對立又相互依存且不斷變化的辯證思維之延伸。世人喜歡字面上所提的剛強，而對柔弱則為較負面的看法，因而帶來許多的煩惱。然而，《道德經》第四十三章卻說到：「天下之至柔，馳騁天下之至堅。無有入無間，吾是以知無為之有益。不言之教，無為之益，天下希能及之。」意指：天下最柔弱的東西，能夠駕馭和征服天下最堅硬的。沒有形體的東西，可以滲入沒有空隙的地方。不用言辭的教導，無所做為的益處，天下人很少能夠認識或者做到。

《道德經》在第五十二章提到：「守柔曰強」。意指，能秉守柔弱，才算是真正的堅強。也就是說，處柔守弱，不是消極無為，不是為柔弱而柔弱，不是以柔弱為目的；相反的，處柔守弱只是手段，是為實現真正的堅強以戰勝現實的「強者」之手段。

最堅強的東西阻擋不了最柔弱的東西，「堅強」不如「柔弱」，「有為」不如「無為」。因此說明守柔才是常勝之道。高明的管理者可理解為：柔能克剛——柔和的手段能夠戰勝強硬。「天下之至柔，馳騁天下之至堅」這看似不可能卻真實存在的真理，就是一個典型。有些時候，「柔」是一種手段，是一種大智慧。當事人以弱者的形象示人，以退為進，結果卻能全面得勝，這就是「柔」的奧妙所在了。「柔」並不是一味退讓，而是需要當事人審時度勢，見機行事，不去魯莽地以硬碰硬，這才是真正的「柔」，這一點表現在言行上，便是做事能方能圓，行動善擇時機。

《道德經》在第七十六章也提及：「之生也柔弱，其死也堅強。草木之生也柔脆，其死也枯槁。故堅強者死之徒，柔弱者生之徒。是以兵強則滅，木強則折。強大處下，柔弱處上。」意為：人活著的時候身體是柔軟的，死了以後身體就變得僵硬。草木生長時是柔軟脆弱的，死了以後就變得乾硬枯槁了。所以堅硬的東西屬於死亡的一類，柔弱的東西屬於生長的一類。因此，凡是強大的，總是處於下位，凡是柔弱的，反而居於上位。

《道德經》又在第七十八章提及：「天下莫柔弱於水，而攻堅強者莫之能勝，以其無以易之。弱之勝強，柔之勝剛，天下莫不知，莫能行。是以聖人云：受國之詬，是謂社稷主；受國不祥，是為天下王。正言若反。」意謂：世界上的事物沒有比水更柔弱的，但攻克堅硬的東西，沒有什麼能勝過它，任何東西也不能代替它。弱能勝強、柔能勝剛，天下的人沒有不懂這個道理的，但是沒有人照此去做。因此成功的人常說：承受得起他人屈辱的人，才能夠做企業的管理者者；承受得起企業災難的人，才配做企業的經營者。合乎「道」的話，往往和世俗人情截然相反。

老子用「水」做比喻說明柔弱勝剛強的道理，再三盛讚水柔弱、居下的德性。以企業經營而言，希望管理者能具備水一樣的德生，不僅尚柔、居下，而且能受垢、受不祥，這樣做才能有競爭力有發展。因為，世界上的事物沒有比水更柔弱的，但攻克堅硬的東西，沒有什麼能勝過它，任何東西也不能代替它。然而，弱能勝強、柔能勝剛，世人沒有不懂這個道理的，但是不管是國家執政者或企業管理者卻沒有人願意照此去做。

因此，處柔守弱只是一種手段，一種策略，其真正的目的是「強」。其實現今全球市場的企業也由「大就是好」轉向「小就是好」。可見「柔弱」與「剛強」雖然相對立，但卻也是相依存，柔中有剛，剛中有柔是一種「自然」的，必須順應「道」的規律來變動與調適。

【管理運用】

「唇亡齒寒」這個成語說明的是相互依存的哲理，而老子的老師講述的「齒亡舌存」故事則說明的是，柔弱的東西有更強的生命力，柔弱勝剛強，冷靜勝過暴躁，陰能勝陽。這個道理運用於管理實踐中就是「柔性管理」，或者稱之為「水的管理」。

老子認為，水雖然表面上看來是柔弱卑下的，但它能穿山透石，淹田毀捨，任何堅強的東西都阻止不了它戰勝不了它，因此，老子堅信柔弱的東西必能勝過剛強的東西。這裡，老子所說的柔弱，是柔中帶剛、弱中有強，堅韌無比。所以，對於老子柔弱似水的主張，應該加以深入理解，不能停留在字面上。由此推而言之，老子認為，體道的聖人就像水一樣，甘願處於卑下柔弱的位置，對國家和人民實行「無為而治」。

本章開頭的最後一段話，就說明本章的主要也是最重要的「平衡管理」觀點：處柔守弱只是一種手段，一種策略，其真正的目的是「強」。其實，現今全球市場的企業也由「大就是好」轉向「小才是好」。可見「柔弱」與「剛強」雖然相對立，但卻也是相依存，柔中有剛，剛中有柔是一種「自然」的，必須順應「道」的規律來變動與調適。

柔能克剛　戰勝強硬

春秋時期，晉國君主晉襄公死了，而太子夷皋年齡還小，正處於少不更事之際。因此朝內一片混亂，諸大臣都想立一個對自己有利的人為國君。當時，在大臣當中，有兩個人的勢力最大，一個是趙盾，一個是賈季。趙盾想立的是晉襄公的弟弟公子雍，而賈季想立襄公的另一個弟弟公子樂。眼看著年幼的兒子就要失去繼承君位的權利，夷皋的母親穆嬴十分憂心，終於她想出了以柔克剛之計。每逢群臣上朝議事之時，穆嬴就抱著小太子在朝堂痛哭流涕，說道：「先君到底有何過失？年幼的太子有何罪？太子雖還小，但也是先君親自冊立的，難道誰說廢就可以廢嗎？……先君啊，今日我們孤兒寡母任人欺凌，你就不能顯顯靈嗎？」穆嬴一邊哭一邊說，往往淚流滿面。太子見母后傷心流涕，雖不明白發生了什麼事，也跟著放聲大哭。每到傷心處，母子倆便抱成一團，場面甚是淒涼感人。如此一來，群臣們便有了做賊心虛的感覺。不僅如此，穆嬴還經常在散朝後抱著太子去趙盾家裡，以情動之，說：「先君倚重您，臨終之前抱著這個孩子把他托付給您。先君的殷殷叮囑，無盡的信賴、擔心而又滿懷希望的目光，妾身都還清清楚楚地記得，您難道忘了嗎？先君擔心太子年幼，因為您懇切地答應照顧太子，他也就放心的去了。而今您卻要廢黜太子，您難道不想想先君對您的厚待和重托嗎？丈夫豈可不忠君？丈夫豈可不守信？百年之後，您打算如何去見先君呢？」趙盾一面於情不忍，一面擔心這樣下去會鬧得人心惶惶，國內將不得安寧，也可能會導致自己失去人心，那樣豈不是得不償失？於是他與群臣商議，決定保留太子夷皋的太子之位，不再另立太子了。穆嬴以一個弱女子的身份，最終戰勝了各有居心的大臣們，使岌岌可危的兒子保住了太子之位，靠的就是「柔和的手段」，以水滴石穿的精神取得了勝利。

《道德經》第四十三章：「天下之至柔，馳騁天下之至堅。無有入無間，吾是以知無為之有益。不言之教，無為之益，天下希能及之。」意指：天下最柔弱的東西，能夠駕馭和征服天下最堅硬的。沒有形體的東西，可以滲入沒有空隙的地方。不用言辭的教導，無所做為的益處，天下人很少能夠認識或者做到。

最堅強的東西阻擋不了最柔弱的東西，「堅強」不如「柔弱」，「有為」不如「無為」。因此說明守柔才是常勝之道。高明的管理者可理解為：柔能克剛——柔和的手段能夠戰勝強硬。「天下之至柔，馳騁天下之至堅」這看似不可能卻真實存在的真理，就是一個典型。有些時候，「柔」是一種手段，是一種大智慧。當事人以弱者的形象示人，以退為進，結果卻能全面得勝，這就是「柔」的奧妙所在了。「柔」並不是一味退讓，而是需要當事人審時度勢，見機行事，不去魯莽地以硬碰硬，這才是真正的「柔」，這一點表現在言行上，便是做事能方能圓，行動善擇時機。

高明的管理者應知，以柔克剛的智慧為弱者所利用，可以博得人同情，很可能在危難之際得到救助。所以說，弱者之柔往往是最佳的一個護身符，穆嬴夫人就是靠了她的柔情而使趙盾等君臣放棄了廢棄太子另立國君的念頭。太剛就易折，柔和則有著不可比擬的韌性，它比強硬更有效，更易讓人接受。

【管理運用】

試想，如果把員工理解成水，管理者瞭解水性多少呢？水有許多特性，比如水往低處流，水性善變，水到了冰點就會結冰……這些特性本來就存在，而且會一直存在下去。人性，是中國人千百年來一直所關注的。儒家、道家與佛家，乃至諸子百家，無不是在強調一個「人」字。管理工作就是人的工作，所以，要達到良好的管理秩序，管理者要像禪宗宣揚的那樣，洞悉人的一切本性。

人性有一些共同的特點：人性喜歡獲得，不喜歡付出；人性喜歡自我表現，不喜歡被別人說服；人性喜歡被關心，被愛，被尊重；人性喜歡被讚美、認同、不喜歡被反對；人性天生就有好奇心；人性喜歡享受，不喜歡吃苦；人性安全感，不喜歡被騙；人性喜歡善良，討厭惡毒。如果將管理工作理解成治水的工作，那麼管理者就要好好學學大禹治水的智慧，堵水不如導水，疏通渠道讓它自然的流向大海，結果疏導之下，大獲成功。

同樣，管理者要學會根據人性的特點來確定管理思路與管理方法。人性有積極的因素，如自尊；也有消極的因素，如享受。人性化管理就是對人性特質的再培育、激發和利用，充分發揮人性的積極作用，剔除人性的消極作用，就是應用人性哲學思想教育員工學會做人，做一個積極的人。人性化管理就是「把人當人看」，管理者對員工的人性表示出極大的尊重。

不言之教　無為之益

管理的真諦在「理」不在「管」。管理者的主要職責就是建立一個象「輪流分粥，分者後取」那樣合理的遊戲規則，讓每個員工按照遊戲規則自我管理。遊戲規則要兼顧公司利益和個人利益，並且要讓個人利益與公司整體利益統一起來。責任、權利和利益是管理平臺的三根支柱，缺一不可。缺乏責任，公司就會產生腐敗，進而衰退；缺乏權利，管理者的執行就變成廢紙；缺乏利益，員工就會積極性下降，消極怠工。只有管理者把「責、權、利」的平臺搭建好，員工才能「八仙過海，各顯其能」。

《道德經》第四十三章曰：「不言之教，無為之益，天下希及之」。意指不言之教、自然無為的管理，普天下少有其它管理思想、模式能相媲美。老子把不言之教式的無為管理，提到「天下希及之」的高度，是由於在管理中實行不言之教，符合了管理的客觀規律，結果，是無物不化，無事不為。

《道德經》第二章也提及：「以聖人處無為之事，行不言之教。」意指：體「道」的聖人，以「自然無為」的態度去處事，以「不言之教」的方式去進行管理。什麼是「不言之教」？「教」是教化，引導。是要將被管理者的思想、行為，引導到組織所期望的軌道以達成目標。

一般而言，管理引導有兩大手段：一是依靠賞罰法制及西方的科學管理；另一是依靠教化，即當代的企業文化思潮如中國儒家的德治管理。老子則認為，實現引導這一管理功能，要靠「不言」。

老子所說的「不言」，決非指不說話，「言」是指政令、法規，包括企業中的制度，規章，紀律等。老子的「不言」中的「不」，不是絕對的「無」，而是主張「少」。「不言」，就是政令、法規、制度要少而精，要相對穩定。《道德經》第二十三章說：「希言自然」。意指：「希言」即「少言」才符合自然，順應自然，才能體現自然無為的管理。

故「不言之教」是尊重客觀規律、順應規律、按規律辦事的管理方式，是吻合自然無為的管理思想。是指不要重片面的法制管理，不要過於迷信法制管理的威力，不要沉醉於繁雜法規、制度、重賞重罰之中，而是要充分發揮精神、道德教化在管理中。

老子曾以「治大國，若烹小鮮」作為比喻。意思說：管理下屬若頻頻變動他們所從事的工作，他們就無法熟悉他們的工作，難以在不斷變換的工作中發揮才智，難以將工作做好，因而難以成功。烹煮小鮮魚，如果不斷攪動它，就會傷害它表面的光澤，以至破碎。韓非作了一個類比：管理一個大國，和「事大眾」、「藏大器」、「烹小鮮」一樣，如果頻繁地變更法規、政令，那麼，民眾就被害慘了。所以，掌握了管理之道的管理者，在政令、法規問題上，崇尚穩定，不追求經常變法。

管理有必要的規章制度，但規章制度過多，過濫，到了規章制度成災的地步，那麼，不是嚴重束縛了下屬的主動精神，使人成了規章制度的奴隸，就是規章制度不起作用，成了擺飾，同樣規章制度的頻繁變化，更是「多言數窮」了。

奧辛頓工業是一家鋼鐵公司，但公司無任何工作程式手冊或法規彙編。代替這些傳統管理程式、制度、規定的是僅有一段話的經營哲學，一條「黃金法則」——「照顧好你的顧客，照顧好你的職工，那麼市場就會對你倍加照顧」。

老子對不言之教式的管理，在《道德經》第五十六章的：「知者不言，言者不知」可歸納成結論。也就是說：高明的管理者，是實行希言、不言之教式的管理；與此相反，採多言式管理的人，就不是智者，是蹩腳的管理者。「知者不言」，值得從事現代管理的每一位管理者深思。

【管理運用】

為什麼我們的人生到處是煩惱，社會是人與人的社會，人生在世怎麼可能不和人發生摩擦呢？人生在世，總會遇到一些令自己看不上或者看不上自己的人。面對這些人，成熟的人應該選擇寬容，用「恕」去代替自己的計較之心，如此才能讓自己的生活更清淨。企業管理者不也應是如此？

人誰能沒有過錯呢？被人冒犯自然是不開心的，但也應該想到，對方的冒犯是否是無心之失呢？面對別人的過錯，成熟的選擇是不計較，寬恕待人。須知你今天寬恕了別人，明天別人就會將感恩的心回饋給你。

過分強調個人的感受，不能顧及別人的感受，這是很多問題的根源。換位思考，以同理心去進行溝通，強調的是站在對方的角度、站在對方的立場上看問題：假如你就是他的話，你會怎麼辦、怎麼想、怎麼做？如果我們能事事這樣想，相信工作中肯定會少了爭吵，多了和諧；少了矛盾，多了理解。如果可以客觀理智地與下屬相處，那麼領導的工作自然會事半功倍。

捨與顧客　得到市場

廣東威力集團從小農機廠，僅十年就一躍成為一九九四年銷售額超十一億元的大型企業集團，坐上國內洗衣機行業的第一把交椅。其成功的奧秘，就是靠「與」、「得」思維的落實。威力集團的「與」，集於兩方面：一是「與」社會。一九九一年與一九九四年，華東、華南遭受特大水災。威力兩次在企業界獨家打出賑災義修大旗，斥資四百萬元，頂風雨，踏泥濘，把企業對用戶的情義，送給飽受水患之苦的災民。二是「與」顧客。十年中，威力以數千萬元的鉅資，在全國建立了遍及全國的服務網路，方便使用者的維修。同時，為國內率先提供獨特的售後服務：只要用戶要求，可由企業先寄零配件，再通知收取成本費，不惜冒收不回款的風險以確保用戶的急需。在服務上，對使用者不斷地「與」，其結果，市場越來越大，效益越來越好，迅速壯大發展。

在今天網路化、全球化的競爭市場上，企業開始感受到行銷的壓力。傳統的廣告促銷等行銷組合已經無法有效激發消費者的消費需求，而價格戰、成本戰等惡性競爭已經將企業競爭推向更艱困的境地。科特勒說，在日益複雜的現代行銷作用下，新產品、新品牌迅速地推出；品牌數量劇增；產品生命週期大大縮短；更新比維修便宜；數位化技術引發市場的革命；市場極度細分；廣告飽和；新品推介越來越複雜，消費者越來越難以打動。毫無疑問，競爭加劇和產能過剩已經將企業再次推向了微利時代。那麼，陷於新的行銷困境和買方市場的現代企業又將如何尋求持續生存與發展？

《道德經》第八十一章》教導我們：「既以為人，已愈有；既以與人，己愈多。」既，是「盡」的意思；為，是「施」的意思。是指，什麼都毫無保留，盡其全力幫助別人，那麼，自己反而更充裕；傾其所有施給別人，那麼，自己反而更富有。這是一種偉大的愛的表現，是愛他人，愛社會，愛國家的體現。這種「為」、「與」所體現的愛，施於下屬，就獲得愛的回饋。若施於顧客，則贏得顧客，贏得市場。若施於社會，施於國家，就贏得知名度，美譽度。「與」和「得」之間，是一種矛盾對立辯證的關係。「與」，從表面看是付出，是「失」；但是，「與」帶來的卻是「得」，這個「得」大大超過了「與」之「失」。因此，「既以為人，必已愈有；既以與人，必已愈多」。

許多成功、有遠見的企業家，無不實踐著老子關於「與」、「得」這一相互轉化的哲理，且獲得令人羨慕的業績。例如，大陸廣東省健力寶集團有限公司在一九八三年設立時只是地處三水縣西南鎮的縣辦小酒廠，職工不足百人，產值僅百萬左右。經過十一年的發展，到一九九四年已達十七點二億元的全國最大五百家工業企業的第一百五十一位。健力寶的發跡，就是以贊助體育活動，傾全力施「與」社會。例如北京舉辦的亞運會，健力寶先後共贊助一千六百萬元，接近上年的企業利潤總和。然而，亞運會剛結束，在鄭州召開的全國秋季糖酒訂貨會上，健力寶一次獲得訂單達十五億元。一千六百萬元的「與」，一次就換來十五億元的「得」。健力寶的例子，不但證明，它的「與」，反而超過了年利潤額，可謂「既以為人、既以與人」。而且社會對它的回報更大，是極為典型的「己愈有、己愈多」。

口香糖在美國剛問世時，問津者寥寥無幾。他們採取二個措施：一，按電話簿上的位址，給所在地的每個家庭免費送上四塊口香糖。一共送了一百五十萬戶，六百萬塊口香糖。當孩子們吃完送去的口香糖後，吵著還要吃，家長只能去買，市場由此而打開了。二，實行回收口香糖紙的促銷方式：顧客每送回一定量的糖紙，可換得一份口香糖。於是，孩子們為了多得糖紙去換口香糖，動員家裡的大人也嚼口香糖。沒多久，口香糖成了暢銷的熱門貨，大人、孩子都樂於消費。在此例中，送口香糖，以糖紙換口香糖，是企業給顧客的「與」。而「與」的結果，是市場打開，由滯銷變成暢銷，消費者由孩子擴展到成人，這就是「得」。沒有「與」，也就不可能有「得」，市場也難以打開。由此，傑出的行銷者應該先以「與」滿足目標顧客需求，自然就會「得」顧客的回饋。老子「既以與人，己愈多」的道理，應該是行銷思維的最高指導原則。

【管理運用】

本篇所言，「既以為人，必己愈有；既以與人，必己愈多」。「與」和「得」之間，是一種矛盾對立辯證的關係。「與」，從表面看是付出，是「失」；但是，「與」帶來的卻是「得」，這個「得」大大超過了「與」之「失」。

其實，「與」和「得」也可解釋為「不計較」，因為不計較才能坦然面對他人。作為一個成熟的人，面對別人的缺陷和毛病，首先要做的是不計較，在內心裡不會因這些而不滿，其次是如果實在無法排遣不滿的心緒，也不要在行為和言語上表現出來，如此才不至於招人厭煩，才不至於成為眾矢之的。由此我們可見，不計較別人的缺陷和錯誤，這其實是在幫助自己。一個總是計較別人的人，就如同是把自己變成了一隻蠶，總是用厚重的煩惱絲把自己捆縛起來，永遠也得不到社交的快樂。當別人有缺點和毛病，你選擇計較而不是原諒，這對別人來說可能沒有什麼大礙，卻會讓你自己精疲力竭、未老先衰。這難道不是在別人讓你感到厭煩的基礎上又加大了對自己的懲罰嗎？

這不也是老子所言「既以與人，己愈多」的道理嗎？

以柔克剛　大智慧

有兩兄弟常闖禍，常遭到母親的責罰，總是使用藤條狂打兩兄弟，說也奇怪，鄰居每每聽到老大號淘大哭，大喊求饒，小弟悶住不吭聲；

但後來總是看見老大沒事而小弟遍體鱗傷，最後原來是老大在藤條還沒下來前先求饒，小弟卻是越打越做不服氣樣，母親是越看了惱怒，鞭子自然不會輕了。

此故事說到了人如果先示柔弱，不僅使他人失去戒心，也能減少己方的損失，反故意展現堅強不屈者所受之痛苦或阻力當然就倍增了。又一次證實了柔弱道之用的可行性。

《道德經》第七十六章提及：「之生也柔弱，其死也堅強。草木之生也柔脆，其死也枯槁。故堅強者死之徒，柔弱者生之徒。是以兵強則滅，木強則折。強大處下，柔弱處上。」意為：人活著的時候身體是柔軟的，死了以後身體就變得僵硬。草木生長時是柔軟脆弱的，死了以後就變得幹硬枯槁了。所以堅硬的東西屬於死亡的一類，柔弱的東西屬於生長的一類。因此，凡是強大的，總是處於下位，凡是柔弱的，反而居於上位。

老子從自然生存現象中，說明成長的東西都是柔弱的狀態，而死亡的東西都是堅硬的狀態。正如狂風吹刮，高大的樹木往往被摧折，小草由於它的柔軟，反而可以迎風招展；綿綿細雨可連下幾天，狂風暴雨只能一時，馬上就會雨過天晴。

水是最柔不過的東西，但滴水可穿破巨石；人的牙齒是硬的，舌頭是軟的，「齒堅易折，舌柔永存。」這顯示人不要逞能好強，因為剛硬的處世辦法並不是最好的，往往柔和的方式更能奏效。

人們往往重剛強而輕柔弱，其實真正的強者都懂得，以柔克剛才是大智慧的表現。《道德經》在第七十八章也說：「天下莫柔弱於水，而攻堅強者莫之能勝，以其無以易之。弱之勝強，柔之勝剛。」意指：天下的東西，沒有比水更柔弱的了。但攻堅克強的能力，沒有東西能勝過水的，因為沒有東西可以代替它。弱能勝強，柔能勝剛。

例如：在水中抽刀，無論費多大力氣，水永遠是不會被切斷的。洪水氾濫，淹沒田舍，沖毀橋涵，任何堅固的東西都無法阻擋它的洶湧勢頭。

這些例子都顯示「柔弱勝剛強」的哲理。

而老子所謂的柔弱，決不是軟弱無力，柔弱中含有似水一樣無堅不克的內涵，因此，柔弱決非消極，它本質上是積極的。俗話說：「四兩撥千斤」，講的就是以柔克剛的道理。

企業間的競爭，如果先示柔弱，不僅使對手失去戒心，也能減少己方的損失。反之，故意展現堅強不屈者所受之群起圍攻之苦或阻力當然就倍增了，此亦證實了柔弱道之用的可行性。

觀看歷史上各種成功的政治活動都是順應民心、處事柔和，以無為而無不為，受阻力也愈小，嚴苛的政令只會使阻力愈大而已。像大禹治水以疏導的方法，鯀則硬用阻擋其勢之法，後者終會失敗。故不可逆洪流而行，應避其鋒，以柔弱待之，才能達成目標。

企業經營也應如此。人們皆只見於肉眼可見的假像，對於其內在本源或是無窮的潛力未加分析，就會常錯估事情的趨勢和走向。強勝弱只是個人主觀意識在作祟，拋開這一切束縛，柔弱勝剛強就更容易理解了。最能持久的東西，不是剛強者，而是柔弱者。兵勢大，恃強而驕，驕兵必敗。

例如：淝水之戰，符堅統率百萬大軍，以投鞭可以斷江的實力，卻被五萬晉軍擊敗，就是一個典型的例子。其實現今全球市場的企業也由「大就是好」轉向「小就是好」，汽車以可「軟化」的塑鋼取代「堅硬」鋼鐵。這些變化，提醒企業管理者：老子「柔弱勝剛強」的哲理，在當今詭譎多變的競爭環境，應該充分發揮在管理中，進而突破重圍使企業邁向新的藍海。

老子向來主張貴柔、處弱，他看到了人初生之時，身體是柔弱的，死了以後就變得堅硬了，草木初生之時也是柔弱的，死了以後就變得枯槁。這種直觀的、經驗的認識，可以說是老子處弱、貴柔思想之根源。

【管理運用】

美國前總統威爾遜曾說過：「如果你握緊一雙拳頭來見我，」，「我想我可以保證，我的拳頭會握得比你的更緊。但是如果你來找我說：「我們坐下來，好好談談，看看彼此意見分歧的原因何在。我們就會發現，彼此的差距並不是那麼大，有分歧的觀點並不多，看法一致的地方反而居多；也會發現只要我們有彼此溝通的耐心、誠意和願望，我們就能夠溝通。」

同樣，企業無論生存還是發展，都不要脫離自己最適應、最擅長的領域。「柔和」就是溫和而不強烈。就像打太極拳一樣，用看似溫和的招數去迎戰對手，外表柔和，不咄咄逼人，而內核卻是剛柔相濟，抗壓性極強的。對於剛走過創業期的企業而言，企業家應開始做「減法」，將精力從不擅長的領域收回，發現自己的核心競爭力。

孔德之容　惟道是從

一個單位，如果真的要用人所長，就不要擔心職員們對崗位挑三挑四。只要他們能幹好，儘管讓他們去爭。爭的人越多，相信也幹得越好。對那些沒有本事搶到自認為合適的崗位，又幹不好的剩餘員工，不妨讓他待崗或下崗，或者乾脆考慮外聘。索尼公司的內部跳槽制度就是這樣，有能力的職員大都能找到自己比較滿意的崗位，那些沒有能力參與各種招聘的員工才會成為人事部門關注的對象，而且人事部門還可以從中發現一些部下頻頻「外流」的上司們所存在的問題，以便及時採取對策進行補救。這樣，公司內部各層次人員的積極性都被調動起來。當每個幹部職工都朝著「把自己最想幹的工作幹好，把本部門最想用的人才用好」的目標努力時，企業人事管理的效益也就發揮到了極致。內部候選人已經認同了本組織的一切，包括組織的目標、文化、缺陷，比外部候選人更不易辭職。

《道德經》第一章曰：「道可道，非常道。名可名，非常名」。以「道」作為其哲學思想體系的核心。第一個「道」是名詞，指的是事物發展的本原和實質，或說為原理、原則、真理、規律等。第二個「道」是動詞，指解說、表達的意思。老子「道」的思想對現代企業人力資源管理之道有重要意義。

現代企業人力資源管理是否有絕對、一成不變的管理規則或方法？顯然沒有。西方現代管理學家認為人在企業所扮演的角色，都在不斷變化，且至今無法證明基於那種的人性假設理論對企業人力資源管理更有效。管理理論發展，經歷了古典管理理論、行為科學理論到現代管理理論等三個階段，無論哪一種理論都無法硬套在企業實務人力資源管理之中。

自古有「性本善」及「性本惡」之爭，近幾年在企業人力資源管理上也有人力資源管理規律、經驗之爭。這些企業人力資源管理中的現象歸根究柢不是學誰、怎樣學的問題，而是如何對企業人力資源管理有益處。中國西交利物浦大學執行校長席酉民認為：管理的基本規律、原則、技術和方法具有一定的普遍性。

老子「道」的思想，只有正確把握企業人力資源管理的現狀，積極學習人力資源管理理論及先進企業管理經驗，借鑒其他企業人力資源管理失敗教訓，才能使企業人力資源管理達到一個新的水準。

企圖有一勞永逸、一成不變的人力資源管理方法，最終只能「東施效顰」，甚至一無所獲。所以，最佳的管理之道是遵循客觀規律，因時、因地、因人、因境而定的「道」，即「人法地，地法天，天法道，道法自然」。

《道德經》第二十一章曰：「孔德之容，惟道是從。」即說：大德的內容，就是遵循「道」而行動。歷代名家皆曰：「德者，道之功也。德者，道之用也。德者，道之見（現）也。」總結其含義，即：「德」是「道」的具體體現形式，而「道」則為「德」的內容。人力資源管理之「道」可解釋為：要遵循人力資源開發與管理客觀規律。而作為「道」的體現形式的「德」則為：人力資源開發與管理的外在表現形式。對企業而言，先有了建立和發展企業之「道」，通過「德」具體管理企業人力資源，最終就能實現企業的目標，所以萬物尊道而貴德。

由此可見「道」與「德」對企業人才培育的重要。怎樣的「德」對企業而言才算「貴德」呢？《道德經》第五十一章「生而弗有之，為而弗持之，長而弗宰之，此之謂玄德」，意指：創造他但不占有他，提高他但不認為是自己功勞，培養他但不去主宰他，這便是人力資源管理最高的「德」。

中華文化傳統道德觀念已沉澱於每位華人的靈魂深處。所以，對於現代企業管理者在管理過程中不能僅僅滿足於發號施令，監督控制，這種強制管理的功能是「治表不治裡」，應當在更加強調「德」的管理，運用撼人心靈的藝術手法實施管理，強調以理服人，以情感人，使每一項管理措施既合乎道理，又激發民情；理治於外，情感於內，充分鼓勵員工的工作主動性和創造性，最終達到無為而無以為，這才是現代企業人力資源管理藝術的精髓，也是合乎老子「大道」的「上德」。

【管理運用】

前面已再三提及：人們都知道「有」有用，卻不知道「無」更有用。無為之大道，是我們看不見的。但被「道」支配著的「德」卻是可以看見的。此外，關於道與德的關係問題，老子認為：「道」是無形的，它必須作用於物，透過物的媒介，而得以顯現它的功能。這裡，「道」之所顯現於物的功能，老子把它稱為「德」，「道」產生了萬事萬物，而且內在於萬事萬物，在一切事物中表現它的屬性，也就是表現了它的「德」，在人生現實問題上，「道」體現為「德」。

「德」對於我們而言，是品格，是德行，也是成功者所必須確立的內在標準。所以「德」就是我們的行為，「德」在人生現實問題上，「道」體現為「德」。品德的修養是人生的基礎，決定一個人一生行事是善是惡，是美是醜。一個人沒有好的品德，再好的學識或許不能有益於人，可能還會害人，而且知道越多，害人越深，權勢越大破壞愈廣。一個品行不端的人，很難在事業上有所成就，就是可能榮耀於一時，但終究會貪贓枉法、過於自私、誤國誤民，爬得高會摔得更重。所以成功的事業者必須德才兼備。

上善若水　致柔致剛

曾國藩九江一戰，被石達開打得大敗，苦心經營的水師全軍覆滅。曾國藩投湖自殺，被部下救起。恰逢他的父親去世，曾國藩回家守孝。從此他一蹶不振，骨瘦如柴。

他始終不能明白：為什麼自己一身正氣，兩袖清風，卻不能見容於湘贛官場？為什麼對皇上忠心耿耿，卻招來元老重臣的忌恨，甚至連皇上本人也不能完全放心？為什麼處處遵循國法、事事秉公辦理，實際上卻常常行不通？他心裡充滿著委屈，心情鬱結不解，日積月累，終於釀成大病。

通過細細地品味、慢慢地咀嚼，終於探得了這部道家經典的奧秘。老子認為「柔勝剛，弱勝強」，「天下之至柔，馳騁天下之至堅」。「江河所以為百谷王者，以其善下之。」說得多麼深刻！老子真是個把天下競爭之術揣摩得最為深透的大智者。

曾國藩想起在長沙與綠營的齟齬鬥法，與湖南官場的鑿枘不合，想起在南昌與陳啓邁、惲光宸的爭強鬥勝，都是採取儒家直接、法家強權的方式。結果呢？表面上勝利了，實則埋下了更大的隱患。又如參清德、參陳啓邁，越俎代庖、包攬干預種種情事，辦理之時，固然痛快乾脆，卻沒有想到鋒芒畢露、剛烈太甚，傷害了清德、陳啓邁的上上下下、左左右右，無形中給自己設置了許多障礙。它們對事業的損害，大大地超過了一時的風光和快意！

經過這番痛苦磨鍊，大徹大悟的曾國藩，展現的再也不是當年那個桀驁不馴、凶神惡煞的「曾剃頭」了。為使自己的學生李鴻章更好的發揮才幹，曾國藩寧願讓出自己的位置；為聯絡曠世奇才左宗棠，曾國藩情願把自己比作「雌」把左宗棠比作「雄」。曾國藩是用「心」一舉打敗了洪秀全。打敗洪秀全以後，曾國藩毅然解散了他苦心經營的軍隊。

後人都非常推崇曾國藩，曾國藩這個人是沒有什麼好推崇的，推崇的是他「上善若水」的心境。

《道德經》第八章：「上善若水。水善利萬物而不爭，處眾人之所惡，故幾於道」。意謂：最好的行善事像水那樣，水潤萬物卻從來不與萬物相爭。它總是從高處往低處流，所以水總是按照自然規律行事，水是萬物之靈，水能從高處流往低處，甘心自處在眾人所不願處的卑下之處，所以說水，幾乎和道很相近了。也在表述一個做人的道理，做人應該有進有，退才能更長遠。有的時候表面上是吃虧了，實際中卻是佔了便宜，就是所謂「**吃虧就是佔便宜。**」

老子用無形的水，來表達人的心境應該像水一樣。它柔和得可以始終從高處往低處流；可以隨著各種器物改變自己的形狀；可以變成甘露潤萬物而無聲。它剛強得可以滴水穿石、無堅不摧、無孔不入。它強大得可以推動巨石、掀翻巨輪。人的思維也要像水一樣衝破有形的禁錮，達到無形的境界。這就是所謂的「致陰致陽，致柔致剛」的道理。

「上善若水」水總是按照自然規律行事。人有生命週期，產品也有壽命週期，這就是規律。人的不同年齡階段有不同的特點。青年人敢想敢幹少保守，中年人穩重成熟年富力強，老年人見多識廣。因此，企業管理者應當充分發揮青年人的創造力、中年人的決策和組織能力、老年人的智慧和經驗。產品在不同的階段也有不同的特點，認識這些特點，就是認識規律，有益於延長產品的市場壽命，增加企業利潤。認識到產品壽命週期的規律，就能使推廣的費用用得其所；不認識週期規律，則可能花了大錢，卻辦不成大事。有人以為，廣告做得越大，廣告投入越多，企業獲利率也將越高，似乎廣告投入與獲利率呈正比的線性關係，其實不然。

【管理運用】

老子用水性來比喻有高尚品德者的人格，認為他們的品格像水那樣，一是柔，二是處在卑下的地方，三是滋潤萬物而不與之爭。最完善的人格也應該具有這樣的心態與行為，不但做有利於眾人的事情而不與之爭，而且還願意去眾人不願去的地方，願意做別人不願做的事情。還可以忍辱負重，任勞任怨，能盡其所能地貢獻自己的力量去幫助別人，而不會與別人爭功、爭名、爭利，這就是老子「善利萬物而不爭」的著名思想。

但我們如果把老子說的「不爭」，簡單地理解為謙讓、大度，或者是一種雷鋒式的全然施予精神，顯然也是不對的。難道我們就要無限地退讓，該拿的也不拿，有好的也要拿不好的嗎？那這不是不爭，是虛偽。水能「處眾人之所惡」，是說水能待在人們所厭惡的低下地方，而不是說水必須永遠待在那個低下的地方。水無處不去，它沒有選擇，只要是它需要去的地方，它都沒有選擇地去，而沒有自己的好惡。所以，上善若水，它的德和善，不在於它能融匯，而在於其能讓所溶之物彰顯它自己。

以水的七善 提升管理效能

《明史》記載，有一次明武宗朱厚照南巡，提督江彬隨行護駕。江彬素有謀反之心，他率領的將士，都是西北地方的壯漢，身材魁偉，虎背熊腰，力大如牛。兵部尚書喬宇看出他圖謀不軌，從江南挑選了一百多個矮小精悍的武林高手隨行。

喬宇和江彬相約，讓這批江南拳師與西北籍壯漢比武。江彬從京都南下，原本驕橫跋扈，不可一世。但因手下與江南拳師較量，屢戰屢敗，氣焰頓時消滅，樣子十分沮喪，蓄謀篡位的企圖也打了折扣。喬宇所用的是「以柔克剛」的策略。

在企業管理中，「以柔克剛」的策略也是非常有用的。人的性格千奇百怪，這個世界上什麼人都有，如果你是一個管理者，而你的團隊裡恰好就有一些不好管理的人，軟硬不吃，你該怎麼辦呢？其實，以柔克剛就是一個很好的方法。

任何人的不合作態度都是有原因的，或者是因為待遇太低，或者不公平，或者是工作量的分配不勻，或者是在對員工的各項政策上有所誤解，而這些都是與你這個作決策的管理者有關。也許你不是決策者，而只是個執行者，那你又應該怎麼面對下屬的這種不滿情緒呢？也許有的人會說，不聽指揮的我就辭掉他！這真的是最好的辦法嗎？

要知道一個企業解聘一個員工很容易，如果不是太差的企業招進一個員工也不難，可是要找到一個適合的員工就真的非常難，如果因為這樣的原因失去了一些好的員工，對企業就是相當大的損失，而且會直接影響整個集體的戰鬥力。

這時候就需要管理者發揮以柔克剛的本領了，首先承認錯誤在自己，讓他的氣有地方撒，然後再施以緩兵之計，調查清楚事情的原委，再有的放矢，不是很好嗎？孫子兵法也是強調柔能制剛，弱能制強。

西方的管理理論提及：企業管理就是管理者如何經由管理功能(規劃組織管理者用人控制)使員工將企業(生產、行銷、人力資源、研發、財物及信息)等活動能發揮效能與效率進而達企業發展目標。由此定義可知企業管理不外乎就是在「管人」及「管事」。企業各種活動是「事」，而執行管理功能則是「人」，換言之，企業的「事」能否竟其功是在管理者能否讓「人」貫徹管理的各種功能。因此，我們可以說企業功能就是管理者的「做人處事」是否成功。

「做人」在西方就是指管理者統御。管理者是以卓越之影響力，啟發員工的智慧與能力，培養其責任心與榮譽感，鼓舞向上向善的蓬勃朝氣，與激勵其努力奮鬥發揮潛能，使大家齊一心志，統一步調，為實現共同理想與目標而奮鬥、創造。統禦是以嚴明之約束力，指導員工行動，督導員工工作，責成負責任與守紀律，節制及糾正其怠慢及偏差之傾向之謂也。統禦者借著客觀的組織、制度、法紀，加上主觀的優越條件，把自己的意志加諸別人，使別人對他的意志，轉為服從、信仰、敬重與忠誠合作。換言之統禦是嚴肅的約束力，經過靈活的運用，而轉變為指揮員工的藝術，使之趨於一定目標之謂。然而，許多企業管理者都受過西方管理哲學的薰陶與教育，為何企業經營成功的例子遠少於失敗的企業？

《道德經》第八章提及：「上善若水。水善利萬物而不爭，處眾人之所惡，故幾於道。居善地，心善淵，與善仁，言善信，政善治，事善能，動善時。夫唯不爭，故無尤。」。意思是：真正的完善，就如同水一樣。水善於恩澤萬物而不與萬物其爭；停留在大家所厭惡的地方，因此，水是最接近於道的。居住善於選擇位置，思考善於保持沉靜，交往善於給予愛心，言談善於遵守信用，為政善於精簡管理，處事善於發揮所長，行動關於掌握時機。正是因為水的「不爭」，所以才沒有過失和怨悔。

老子認為，水常常處於低窪、陰晦的地方，而正是由於水處於這樣低下的、為常物所不願意處的位置，才使萬物皆受其恩澤，也正是因為水與世無爭，甘於處下的特性，使其不知不覺地成就了自我——萬物沒有一樣是能夠離開水的恩澤的。所以水是大自然中最接近「道」之本性的實體物質。在此，老子提供了水的七種寶貴特性，——「居善地，心善淵，與善仁，言善信，政善治，事善能，動善時」，或許可做為管理者的核心氣質。

一、「處位」：要善於像水一樣居低處惡，只有管理者處於低位，虛懷若谷，員工才會接近他，願意暢所欲言，員工才能夠各盡其能地來幫助他。

二、「思考」，要善於像水一樣沉靜內斂，常把自己放在清澈如水的心境，不執著於己見，更不執著於外物，看問題才能更透徹，也才能解決各種複雜問題。

三、「待人」，要善於像水對待萬物一樣恩澤遍佈，而這種恩澤不是出自於私心的偏愛，而是一種博愛之心。對員工一視同仁，公平對待，培育才能。

四、「說話」，要善於像水一樣內影照形，無所偏離，講求信用。以善言代替責罵，言行一致。

五、「為政」，要善於像水一樣虛靜持恒，處中持正。鼓勵員工參與目標訂定與決策、策略規劃、團隊合作並做到賞罰分明，使所有員工信服。

六、「處事」，要善於像水一樣能方能圓，隨機處變，盡其效能。具有凝聚員工向心力，自動自發的發揮所長達成目標的能力

七、「行動」，要善於像水一樣夏散而冬凝，應期而發，充分掌握住事物發展的時機，以自身優勢發展超越競爭者進而滿足消費者需求的各種活動。

西方管理思維強調，管理者要具卓越之影響力，要指揮、監督員工，要訂定規章、制度使員工負責任與守紀律，糾正其怠慢及偏差之傾向，主觀的把自己的意志加諸別人，使別人對他的意志，轉為服從、信仰、敬重與忠誠合作。問題是管理者個人能力過於「突出」會限制人才能力的表現，進而引起人才的不滿與怨恨，最終忿然選擇離開，這與企業求才若渴的願望背道而馳，管理者也會陷入事倍功半、吃力不討好的尷尬境地。又管理工作的核心在於「獲取人心」，而不能僅僅只指望對事不對人的冷酷規章制度。冷冰冰的法規缺乏人情味，員工長期在高壓的管理方法之下，很難指望員工在誠惶誠恐、忐忑不安的畏懼心境下，還能夠激發全部潛能和熱情產生無限創造力。

如果管理者做到了如上「七善」，就叫做「不爭」。管理，就像水一樣，絕不和環境做無謂的對立，亦絕不放過環境所給予的一切機會，水是與世無爭的，正是因為無所爭，所以管理者又怎麼會受員工的抱怨呢？老子《道德經》第二十二章，更提及「不自見，故明；不自是，故彰；不自伐，故有功；不自矜，故長。夫唯不爭，故天下莫能與之爭。」。意旨：不自我吹噓，反能顯明；不主觀臆斷，反能是非彰明；不惡意吹捧，反能得到功勞；不驕矜自負，所以才能出人頭地。正因為不帶著貪念，所以全天下沒有人能與他爭。若能做到水一般的「七善」，管理者就是一個完善的人、有道的人。所以管理者應常常用「七善」來衡量自己的管理行為吧。

【管理運用】

人與人之間總可以以各種理由來爭個你上我下，分個三六九等。人與人之間機關算盡，爭金錢富貴；人與人之間刀兵相見，爭城池屬地……可是爭到什麼時候呢？佛陀曾說：「我不與世間爭，世間則不與我爭。」世間的一切不過都是假象而已，我們留不住任何事物，也佔據不了任何事物。

就算是房子、父母、朋友，我們也不會永遠擁有他們，只不過是因為佔有的時間長了，習慣了，感覺就好像永遠擁有著，不會失去一樣。但天下之大，是非之多就如牛毛，金錢之多如山川，疆土易主連年轉，人不過是枉做了一場好夢而已，何必為爭一個是非而誤了自己寶貴的清靜呢？

「不爭，則無所失。」這句話還體現了另一層深意，就是人的胸懷是有差異的。凡與人爭的不過都是因為自己的不自信，總是擔心，怕別人會拿走，怕自己得不到別人的肯定，所以要爭。這不是真正的自信，真正的自信是：人取我予，人予我取。你想要是嗎？好，那我就給你，你想拿走什麼就拿走什麼，反正我知道我還會得到更好的。與別人錯開鋒芒，別人爭左我就爭右，別人爭上我就爭下，別人爭眼下我就爭來日方長。這是最大的不爭，也是最大的遠見。做人是這樣，企業經營亦復如是。

弱之勝強　弱勢降服強勢

唐太宗李世民未稱帝時，曾經成功地以絕對的弱勢降服了佔優勢的敵人，救了隋煬帝一命。那時，李世民年僅十六歲，隋煬帝在雁門關被突厥圍困。隋煬帝將詔書綁在木頭上放進河水中，募兵救援。李世民知道後馬上應募，到將軍雲定興的部下服役。李世民向雲定興獻策說：「突厥敢圍困我們的皇帝，就因為外邊沒有兵馬救援，現在應該派人在幾十裡外虛張旗幟，讓突厥人白天看到漫山遍野都是我軍的旗幟，夜裡聽到鼓鑼聲響不斷，他們肯定會認為我們的救援大軍到了，這樣一來，不傷一兵一卒就可以化解了雁門關之圍」。

雲定興按照李世民的計策行事。果然，突厥偵察兵看見周圍幾十里都旗幟飄揚，軍隊更是來往不斷，急忙報告給了可汗。突厥可汗說：「肯定是隋軍的大隊救兵趕到了。」當即就下令撤了兵。正如李世民的預想，隋軍沒費一兵一卒就使突厥退了兵，證明瞭「弱勢的能夠降服強勢」的。只要弱勢的不甘心「弱」，能夠積極地努力改變弱勢，那麼，就極有可能趕超過本來強勢的對手，由「弱」而變「強」，勝過對方。

《道德經》第七十八章曰：「天下莫柔弱於水，而攻堅強者莫之能勝，以其無以易之。弱之勝強，柔之勝剛，天下莫不知，莫能行。是以聖人雲：受國之詬，是謂社稷主；受國不祥，是為天下王。正言若反。」

意謂：世界上的事物沒有比水更柔弱的，但攻克堅硬的東西，沒有什麼能勝過它，任何東西也不能代替它。弱能勝強、柔能勝剛，天下的人沒有不懂這個道理的，但是沒有人照此去做。因此聖人說：承受得起國家屈辱的人，才能夠做國家的君主；承受得起國家災難的人，才配做天下的君王。合乎「道」的話，往往和世俗人情截然相反。

老子用「水」做比喻說明柔弱勝剛強的道理，老子再三盛讚水柔弱、居下的德性，希望執政者能具備水一樣的德生，不僅尚柔、居下，而且能受垢、受不祥，這樣做才能有國、有天下。世界上的事物沒有比水更柔弱的，但攻克堅硬的東西，沒有什麼能勝過它，任何東西也不能代替它。弱能勝強、柔能勝剛，天下的人沒有不懂這個道理的，但是沒有人照此去做。

以企業管理而言，就是「弱之勝強——弱勢的能降服強勢的」。老子用他那深邃的目光，看到了「物極必反」的規律。歷史上，有過不少弱國戰勝強國、小國戰勝大國的例子，所以說，在特定的條件下，「弱勢」的可以降服「強勢」的。老子認為，強與弱在一定條件下可以相互轉化。當然，這種轉化是有條件的，只能在一定的環境中才會起變化。要做到這一點，「柔弱」必須是充滿生氣的，生氣會使有些看上去柔弱的事物，向著強大的方向發展、變化，從而達到「弱勢的降服強勢的」的結果。所謂的「弱勢」，是表面看似較弱，但實際上往往並不弱。

高明的管理者須知，如果遇到強大的競爭者，適當的示弱以麻痺對手，也是處於弱勢者保全自身的好方法，在某些特殊時候，弱者只有盡可能地示其「弱」，才能在強敵面前安然無恙，這就勝利了。而強者懂得利用「守弱」的行事哲學，則能夠讓競爭者疏於防範，自曝其短。就能達到以最少的資源達到目的，成為勝利者。

所謂商場如戰場，競爭之中的險惡自不必說，但總有些企業可以百年屹立不搖，他們無論朝代如何更換、無論處境多麼複雜，總是能夠遇難不死、逢凶化吉，好像有永生不死的法寶一樣。其實，他們不過是懂得做人、處事的奧妙而已，示「弱」勝「強」就是一個很高超的辦法之一。

【管理運用】

「弱」勝「強」另外的意思就是「不爭」。有句話說，「不與人言亦不畏人言」，我們永遠不能左右他人的想法，而只要去聽自己內心的聲音，你何曾看見水因為別人的眼光而改變流向的呢？爭與不爭，只是一種選擇罷了。因為別人爭我就必須要爭嗎？不是的，生命是你自己的生命，爭與不爭都是你自己的選擇。

在我們的生活中，到處都有矛盾，有矛盾的地方就有爭鬥。但面對矛盾，我們不是要把矛盾擴大化，而是要爭取一種雙贏，用最小的成本解決最大的問題。愚笨的人解決問題，讓自己不高興，讓別人更不高興。聰明的人解決問題，讓自己高興也讓別人高興，這就是境界。

不爭，可以無所失；因為無所失，我們就能感受到生命中的永恆和平安；因為平安，我們的心就會變得更加平靜；因為平靜，我們才更容易看清生命的美麗，感受到生命的可貴。因為你已經瞭解了這個充滿苦難和貪婪的世界，因而你的內心再也不隨著世界的變化而變化，你就能成為真實的你自己。可見處若、不爭都是「平衡」的衡量準則啊！

處柔守弱　戰勝剛強

在日本家電行業中，三洋公司與松下、日立相比，是起步晚的小兄弟。此時的松下、日立、索尼等名牌早已牢牢佔據了市場。三洋公司卻是運用「柔弱勝剛強」在這名牌林立的市場上佔有一席之地，迅速發展壯大。

五十年代初，三洋決定生產洗衣機。為此，總經理辦公室裡擺放著各種各樣的洗衣機。總經理井植歲男每天測試著各種不同型號的洗衣機洗衣服，找競爭對手的「瑕」。當時，日本市場生產的均為攪拌式的「揉擠」，這種方式，不僅去汙性能差，且雜訊大，水珠飛濺。找到了對手的「瑕」後，三洋公司決定以渦輪噴流「漂洗」式洗衣機，通過機內渦輪旋轉所產生的強烈的渦卷狀水流來清洗衣物上的污垢。顯然，去汙力和其它性能都比前者好。

三洋生產的洗衣機由於總體性能大大優於攪拌式洗衣機，又具有占地面積小、洗滌時間短、省電、省水等明顯的優點，零售價格比攪拌式洗衣機的售價低了一半。因此，一亮相就引起了不小轟動。在八個月內，銷量已超過一萬台，其規模在當時已是首屈一指了。三洋的競爭謀略贏得了成功，弱者戰勝了強者。

自古以來吾人皆知，剛強勝柔弱，這個常理。因此，重剛強而輕柔弱已形成人們思維定勢。然而《道德經》第七十八章卻說：「天下莫柔弱於水，而攻堅強者莫之能勝，以其無以易之。弱之勝強，柔之勝剛。」意指：天下的東西，沒有比水更柔弱的了。但攻堅克強的能力，沒有東西能勝過水的，因為沒有東西可以代替它。弱能勝強，柔能勝剛。例如：在水中抽刀，無論費多大力氣，水永遠是不會被切斷的。洪水氾濫，淹沒田舍，沖毀橋涵，任何堅固的東西都無法阻擋它的洶湧勢頭。從這些例子，可以感受到「柔弱勝剛強」的哲理。老子所謂的柔弱，決不是軟弱無力，柔弱中含有似水一樣無堅不克的內含，因此，柔弱決非消極的含義，它本質上是積極的。

《道德經》第四十章提及：「反者道之動，弱者道之用」。與「反者道之動」相對應叫做「弱者道之用」。弱，是柔弱，代表著所有負面的概念，如：弱，柔，雌，卑，謙，下，虛，靜，曲，枉，窪，敝，辱等等。「弱者道之用」，是說柔弱是「道」的作用所在；也可說：「道」的作用是柔弱。柔弱是「道」的根本屬性；成為保持事物符合「道」的最妙的手段，是「自然無為」的主要體現。而處柔守弱，目的是為了戰勝剛強，贏得主動，這是出乎常理的逆向思維。

「柔弱勝剛強」是運用「反者道之動」的原理：剛強和柔弱的矛盾對立雙方互相轉化的結果，必然是柔弱轉化為「剛強」，剛強轉化為「柔弱」，從而柔弱必然戰勝剛強。在競爭中，攻擊對手的強處，則對手就十分頑強，難以取勝；攻擊對手的薄弱環節，對手就被輕易戰勝。處於弱勢的企業，在制訂競爭謀略時，必須堅持比自己過去、比競爭對手更能滿足顧客需要的前提下，如《管子》所提：「以己之堅，攻彼之瑕」。指以自己的

「堅」，去攻擊對手的「瑕」，這樣的競爭謀略，才有取勝的可能，才能實現「柔弱勝剛強」。

剛強者，顯露突出，當外力衝擊時，首當其衝，很容易折毀。而柔弱者，反倒難以摧折。所以，最能持久的東西，不是剛強者，而是柔弱者。兵勢大，恃強而驕，驕兵必敗。例如：淝水之戰，符堅統率百萬大軍，以投鞭可以斷江的實力，卻被五萬晉軍所擊敗的例子，就是一個突出的典型。莊子在《莊子．山木》中的故事：一日，莊子行走於山中，看見一棵大樹枝葉十分茂盛，而伐木的人停留在它旁邊卻不去動手砍伐。莊子問為什麼不砍伐它。伐木的人說：「砍伐了它也沒有什麼用處」。莊子感歎：「此木以不材得終其天年」，也就是說，這棵樹就是因為它不成材而能夠終享天年！相反，那些成材之木，卻落了反遭砍伐的下場。

《道德經》五十二章提到：「守柔曰強」。意指，能秉守柔弱，才算是真正的堅強。也就是說，處柔守弱，不是消極無為，不是為柔弱而柔弱，不是以柔弱為目的；相反的，處柔守弱只是手段，是為實現真正的堅強以戰勝現實的「強者」之手段。因此，處柔守弱只是一種手段，一種策略，其真正的目的是「強」。其實現今全球市場的企業也由「大就是好」轉向「小就是好」。這一變化，可提醒企業管理者：老子「柔弱勝剛強」、「守柔曰強」、「弱者道之用」的哲理，在當今詭譎多變的管理問題上具相當的啟發性。應該不斷開拓它的運用領域，充分發揮它在管理中的作用，進而突破重圍使企業邁向新的藍海。

【管理運用】

此篇的另外涵義是蘊含著堅強的東西已經失去了生機，柔弱的東西則充滿著生機。老子以自然和社會現象形象地向人們提出奉告，希望人們不要處處顯露突出，不要時時爭強好勝。事實上，在現實生活當中，有不少這樣的人，這種例子不勝枚舉。當然，這也符合老子一貫的思想主張。卡萊爾曾經說過：最弱的人，集中精力於單一目標，也能有所成就；反之，最強的人，分心於太多事務，也可能一事無成。

另外，「柔弱勝剛強」、「守柔日強」、「弱者道之用」的應用可思考為：向相反的方向轉化，是「道」運動的規律。事物發展總是向自己的對立面轉化。因此，管理者就必須具備一種逆向思維，從相反的方向去思考、觀察問題，前門不通走後門，就能發現事物發生的動因。當決策面對困境，如果擺脫不了固有程序或流程的干擾，不如將這個程序或流程倒轉過來，從後向前地思考問題。

例如，對許多剛走過創業期的企業而言，面對企業內外無法避免的風險，最好的應對之道就是根據企業發展的實際情況進行策略調整。以逆向思維從什麼賺錢就做什麼的多品種、小批量、低水平的「多元化」競爭中解放出來，根據顧客尚未滿足的需求，選擇行業與專業定位，走專業化經營的道路；圍繞著企業如何擴大規模，如何發揮資源的集中優勢，實現在品種上、價格上、成本上、服務上勝於對手的競爭優勢，使企業在某一個行業或者某一個細分市場上佔據絕對優勢。此時企業往往需要做減法，剝離利潤較低、發展過慢或者企業不佔優勢的業務，專心致志地從事主營業務，將其做大、做強、做精，形成局部優勢，從而確立企業的核心競爭力。

第六章　近與遠的平衡

談到此章，讀者應有一種陰陽的思維，也就是凡事不能只看一面。文字也是一樣，不能只看到表面的意思，其實在不同的場合，他代表著不同的意義。本章「近與遠的平衡」中的遠和近不是只是指的地理上距離，而是在談人際關係之間的距離，尤其是上下層級的關係，是否受到寵愛或侮辱，關係近可能是受寵，反之則可能易受辱。但寵辱也是對立統一辯證關係，沒有所謂的好或壞，而是相互對立又相互依存，重點在如何「平衡」，也是老子所提要能「寵辱不驚」。

以競爭劇烈的商場而言，成功的管理者對一切事物的態度是無可無不可，寵辱不驚，一切都不過是過眼煙雲，榮譽已成為過去時，不值得誇耀，更不足以留戀。另有一種管理者，也肯辛勤耕耘，卻經不起玫瑰花的誘惑，有了點榮譽、地位，就沾沾自喜，飄飄欲仙，甚至以此為資本，爭這要那，不能自恃。這些人往往被名譽地位沖昏了頭腦，忘乎所以，最終的下場令人惋習。管理者要能上能下，寵辱不計，一切以企業整體利益為主，只要事事順心即可。這樣既可以在條件允許的情況下做點事，又不至於為爭寵爭祿而勞心勞神。去留無意，亦可全身遠禍。有時在利害與人格發生矛盾時，則以保全人格為最高原則，不以物而失性、失人格，如果放棄人格而趨利避害，即使一時得意，卻要長久地受良心譴責。

《道德經》第十三章曰：「寵辱若驚，貴大患若身。何謂寵辱若驚？寵為上，辱為下。得之若驚，失之若驚，是謂寵辱若驚。何謂貴大患若身？吾所以有大患者，為吾有身，及吾無身，吾有何患？故貴以身為天下，若可寄天下；愛以身為天下，若可托天下。」

意謂：世人得失名利的心太重，得到名利益會驚恐，失去名利也會驚恐。天下皆知寵為上，受到寵愛都很高興，特別是受到獎勵、表揚，如果受到崇拜，更有高人一等之感。「得之若驚，失之若驚」，寵辱與得失關聯，寵是得，辱是失。我們之所以有大的禍患，那是因為我們常想到「自己」的關係。假設我們都能忘掉「自己」，待人親熱敦厚，樂於義助他人，那麼還有什麼禍患呢。此給管理者另外的啓示：激勵的本質是寵辱，而不僅僅是金錢。

人們一般不會因為事情的變化而被動的受影響，往往是受自己對事物變化的看法所影響，所以要想不受影響，首先要學會寵辱不驚。寵，是得意的總表相。辱，是失意的總代號。

《道德經》第十三章曰：「吾所以有大患者，為吾有身，及吾無身，吾有何患？」意指：人們之所以會有憂患，是因為人們有自我的存在。如果我們忘掉自我，我們還有什麼憂患的呢？老子所說的「無身」，也就是「無我」。老子認為，人一旦達到「無我」的境界，就沒有什麼憂患了。

所以，在第二十二章提及：「不自見，故明；不自是，故彰；不自伐，故有功；不自矜，故長。」意指：不自我表現、固執己見，就能把事物看得分明；不自以為是，是非就能判斷清楚；不自我吹噓、誇耀，事業才有成效；不自高自大、盛氣淩人，管理者才能久長。在此，「不自見」、「不自是」、「不自伐」、「不自矜」，這「四不」，是柔弱的表現。只要你說得對，做得正確，做得好，對人有益，對事業有益，那麼，即使自己不去抬自己的轎子，人家也自然會來顯明你的好處，肯定你的績效。

因此，如「寵與辱」，「得與失」，「繁與簡」，也都是老子哲學中「有與無」的相對轉化，相互依存的辯證思維，值得管理者省思。

【管理運用】

一個人受到寵愛和侮辱都會感到驚喜或驚恐，重視大憂患就像重視自身一樣，這種人不可能成為「上德若穀」的管理者。只有能做到「無私」、「忘我」，能忍辱負重時，就不會有「寵辱若驚，貴大患若身」，能夠「寵辱不驚」，才是傑出的管理者。

所謂寵與辱，得與失，化繁為簡，是老子哲學中「有與無」的相對轉化。但是，管理者如果得意之後因重視私利怕失去既得之物、害怕不再復得，甚至於到了將這些身外的「得失」看得比自己的生命還重要，不惜去以「命」相搏去挽留當下之寵。那麼，心靈必被外物所束縛。所以，老子認為，管理者應該真正看重的是我們內在的「身」，而不是那些外在的「患」。

寵辱不驚　管理者修煉之道

現代人的生活很累，時常不堪重負。為什麼社會不斷發展，而人的負荷卻更重，精神愈空虛，思想異常浮躁？社會發展的一個缺點就是造成人與自然的日益分離，人類以犧牲自然為代價，其結果便是陷於世俗的泥淖而無法自拔，追逐於外在的禮法與物慾而不知麼是真正的美。

企業的競爭，除了外部也包含內部。內部同仁間，金錢的誘惑、權力的紛爭、宦海的沉浮讓人殫心竭慮。企業外部競爭則為了滿足消費者需求，想盡各種策略或方案。然而，各種是非、成敗、得失都讓人或喜、或悲、或驚、或憂、或懼，一旦所欲難以實現、所想難以成功，就會感到失落、抑鬱。

世人認為受到別人的寵敬、稱羨等都屬樂事，因此受到上層的器重、提拔或別人的讚賞的時候，會心情愉快。至於受到侮辱、降調，降級、誣蔑、甚至人身攻訐等對待，則令人失意不快，感覺丟臉。所以世人莫不趨高而避下，求寵而遠辱。

由於這種得失心的作祟，於是得之也驚，失之也驚，都會造成心理上的波動。聖人則「受其寵，不以得之為喜。加其辱，不以失之為憂」。這就叫做寵辱不驚。

道德經：「寵為上，辱為下；得之若驚，失之若驚，是為寵辱若驚」。管理者者如何能修到寵辱不驚？

首先要明因識果：凡事必有因，苦因得苦果，甜因得甜果。受辱、受寵皆有因。有今因，有前因。受辱時，若明因識果，心不動盪，就能平靜。得寵時，若明因果，更要謙虛慈心，反省檢討，做好本分。

其次是明世間虛幻：人生如戲，瞬刻消逝，有如水中月，鏡中花。寵與辱也隨時變幻，無常不實，得之不足喜，失之不足憂。失寵時想想，因為有得才有失，如無得也就無失了。因此得與失，非在事相上，乃在心境上。

接著要保持平常心：既知寵與辱，乃因果，就能明白上天的造就、磨煉，並參悟其中道理，時刻觀照自己的內心世界。遇到寵辱時的起心動念，留意己之七情，喜怒哀樂憂恐驚，要保持中庸，保持平常心。對於得失順逆，要以真理化渡，順逆由心。

最後則要去除我相：眾生因對自己看得太重，故受寵也驚，受辱也驚。為何受寵時會歡喜，受辱時會難受？因有我，若別人受寵，則不歡喜，若別人受辱，也不覺難受。為何我受寵受罵，則有大反應？只因有我。

因此，寵辱不驚，是傑出的管理者起碼的素質要求，要時時修練，要注意不被外物累身，不要在外物的誘惑下胡作妄為。

此外，了解真正困擾我們的往往是患得患失的內心之憂，寵辱、得失，都不過是如同日升月落一般的自然法則，這正是「為無為」做到無妄為的前提和基礎，也是身處競爭劇烈變化莫測的環境中，企業管理者必須修練的課題。

只要說得對，做得正確，做得好，對人有益，對事業有益，那麼，即使自己不去抬自己的轎子，人家也自然會來顯明你的好處，肯定你的績效。

【管理運用】

在市場經濟條件下，價值導向容易使人們急功近利，追求表面的外在的東西。而兩極對立的思維方式又容易使人們往往簡單地理解矛盾的兩個方面。《中庸》上說：「喜怒哀樂之未發，謂之中；發而皆中節，謂之和。中也者，天下之大本也；和也者，天下之達道也。致中和，天地位焉，萬物育焉。」意思是說，人的歡喜、憤怒、哀傷、快樂的情感還沒有表現出來，就是「中」；即使表現出來但是都合乎時宜和禮節，就是「和」。

「中」是天下人的根本，就是老子所言的「道」；「和」是天下人所遵從的原則就是老子所言的「德」。達到了「中和」的境界，天與地也就各在其位了，萬事萬物也就生長髮育了。由此我們得知，倘若一個人沒有表現出喜、怒、哀、樂的情感時，心中就會平靜淡然，這就叫作「中」。喜、怒、哀、樂都是人們的正常反應，是人們受到外界事物的刺激後產生的自然情感，之所以說喜、怒、哀、樂的情感沒有表現出來的時候叫作「中」，是因為在這種情況下這些情感是被控制的，內心保持著平靜和均衡，這是合乎正道的。

然而，人的感情無法正常宣洩是不可能的，因此宣洩需要有個尺度，這個尺度就是：不要看到好的事物就喜形於色，遇到不高興的事情就勃然大怒，極度悲哀或是過度高興都是不合理的，情感表現得合常理、合時宜、有節度，這就是「和」，也就是「德行」。

寵辱不驚 得與失的智慧

曹操是三國時的英雄。當時，眾人中論文韜、武略首推曹操。連智慧過人的諸葛亮也不得不承認：「曹操智計，殊絕於人，其用兵也，仿佛孫吳。」可就是這樣一位聲名顯赫、手握百萬雄師的曹丞相，卻也有失意之時。

曹操在赤壁之戰中一再中計，導致幾乎全軍覆沒的失敗。然而，曹操畢竟是真英雄，即使敗得如此之慘，依然極有風度。他在烏林、葫蘆口、華容道三次中埋伏之前，不是「仰面大笑」，就是「揚鞭大笑」，還有心境指點一番、評論一番，顯示出作為一個統帥的鎮定自若。華容道遇關羽斷路，曹操軍隊人困馬乏，已無力再戰。這時曹操又機智地說動關羽放行，在生死關頭再次顯示出臨危不亂、遇險不餒的英雄本色。

曹操最終能一統天下，成為改朝換代的真正奠基人，絕非僥倖。他對戰爭的勝負能用平常心來看待，這是一個管理者者必須具備的素質。

只有內心不受外界事物的牽制，才能時刻保持清醒和全力去實現抱負的激情，有此兩點，哪還有辦不到的事情呢？對於一個人來說，能夠擁有榮辱不驚的氣度，是多麼的重要。即使是受到不公正的待遇，也不能因此失去理智。此時應調整好自己的心態，這樣才能心平氣和地做事，才能坦坦蕩蕩地做人。

企業是否成功，不僅依賴於管理者的能力，而且依賴於企業外部的環境、企業內部的條件以及整個社會發展的規律。企業的發展，對管理者來說，只有不斷提高認清客觀規律的能力，提高管理思想的修養，不斷更新自己的管理技巧才能適應競爭劇烈環境中企業發展的需要，滿足社會發展對企業的要求。

《道德經》第十三章說到：「寵辱若驚，貴大患若身。身為天下，若可寄天下；愛以身為天下，若可托天下。」寵辱若驚，意指：一個人受到寵愛和侮辱都會感到驚喜或驚恐，重視大憂患就像重視自身一樣，這種人不可能成為「上德若穀」的管理者。只有能做到「無私」、「忘我」，能忍辱負重時，就不會有「寵辱若驚，貴大患若身」，能夠「寵辱不驚」，才是傑出的管理者。

所謂寵與辱，得與失，化繁為簡，是老子哲學中「有與無」的相對轉化。但是，管理者如果得意之後因重視私利怕失去既得之物、害怕不再復得，甚至於到了將這些身外的「得失」看得比自己的生命還重要，不惜去以「命」相搏去挽留當下之寵。那麼，心靈必被外物所束縛。所以，老子認為，管理者應該真正看重的是我們內在的「身」，而不是那些外在的「患」。

如果將企業本身也當做一個「身」來看，更需要管理者能夠時常站在「寵辱不驚」的思想高度去看待企業發展過程中所必然面臨的種種「寵」和「辱」，無論是順境與逆境，患得或患失的心態都將是導致真正企業大患的「殺身」之毒藥。管理者在對待「有無」「榮辱」「得失」「是非」等諸多矛盾時，應該以相反相成的觀念去詮釋矛盾的一體兩面性。對於矛盾的兩面性，只有相對意義上的輕重之別，沒有絕對意義上的取捨傾向。

《道德經》第八章提到：上善若水。水善利萬物而不爭，處眾人之所惡，故幾於道。意指：管理者要像水一樣專挑一些別人不想做的事，別人覺得困難的事，而且不搶功勞，不為私利也不要求任何回報。如此就能做到老子所提「夫唯不爭，故無尤」。因為不帶著貪念去處事，所以沒有多餘的憂慮，員工也更願意為他效勞。

因此，寵辱不驚，是傑出的管理者起碼的素質要求，要修練「貴身」，要時時注意不要被外物累身，不要在外物的誘惑下胡作妄為。而更要體驗真正困擾我們的往往是患得患失的內心之憂，寵辱、得失，都不過是如同日升月落一般的樸素自然法則，這正是「為無為」做到無妄為的前提和基礎，也是身處競爭劇烈變化莫測的環境中，企業如何脫穎而出的每位管理者必須修練的課題。

《道德經》第二十二章：「不自見，故明；不自是，故彰；不自伐，故有功；不自矜，故長。」意指：不自我表現、固執己見，就能把事物看得分明；不自以為是，是非就能判斷清楚；不自我吹噓、誇耀，事業才有成效；不自高自大、盛氣淩人，管理者才能久長。在此，「不自見」、「不自是」、「不自伐」、「不自矜」，這「四不」，是柔弱的表現。只要你說得對，做得正確，做得好，對人有益，對事業有益，那麼，即使自己不去抬自己的轎子，人家也自然會來顯明你的好處，肯定你的績效。

【管理運用】

管理者要能心懷坦蕩，寬容他人，就必須做到在任何情況下，都保持平和的心境。不計較個人輸贏得失，淡薄名利，摒棄私心雜念，始終要以團隊整體利益為重。

須知，儒家、道家與佛家，乃至諸子百家，無不是在強調一個「人」字。管理工作就是人的工作，所以，要達到良好的管理秩序，管理者要像禪宗宣揚的那樣，洞悉人的一切本性。人性有一些共同的特點：人性喜歡獲得，不喜歡付出；人性喜歡自我表現，不喜歡被別人說服；人性喜歡被關心，被愛，被尊重；人性喜歡被讚美、認同、不喜歡被反對；人性天生就有好奇心；人性喜歡享受，不喜歡吃苦；人性安全感，不喜歡被騙；人性喜歡善良，討厭惡毒。

因此，作為一個管理者，面對別人的缺陷和毛病，首先要做的是不計較，在內心裡不會因這些而不滿，其次是如果實在無法排遣不滿的心緒，也不要在行為和言語上表現出來，如此才不至於招人厭煩，才不至於成為眾矢之的。由此我們可見，不計較別人的缺陷和錯誤，這其實是在幫助自己。因為自己的不計較，才能看淡得失，寵辱不驚，永保身心安寧。

激勵的本質是寵辱

夏朝有一位叫后羿的神射手，練得一身百步穿楊的好本領，從來沒有失手過。人們爭相傳頌他的射技高超，對他非常敬佩。夏王聽說了這位神射手的本領，也目睹過他的表演，十分欣賞。有一天，夏王想把后羿召入宮中來表演他的射技。於是，命人把后羿找來，並帶他到御花園裏的開闊地帶，叫人拿來了一塊一尺見方，靶心直徑大約一寸的箭靶，用手指著說：「今天請先生來，是想請你展示一下您精湛的本領，這個箭靶就是你的目標。為了使這次表演不至於沉悶乏味，我給你定個賞罰規則：如果射中了的話，就賞賜給你黃金萬兩；如果射不中，那就要削減你一千戶的封地。」。后羿聽了夏王的話，面色變得凝重起來。他慢慢走到離箭靶一百步的地方，腳步顯得相當沉重。然後開弓開始瞄準。想到這一箭出去可能發生的結果，呼吸變得急促起來，拉弓的手也微微發抖，瞄了幾次都沒有把箭射出去。終於下定決心鬆開了弦，箭應聲而出，「啪」地一下射在離靶心足有幾寸遠的地方。後羿臉色一下子白了，他再次彎弓搭箭，精神卻更加不集中了，因此射出的箭也偏得更加離譜。后羿收拾弓箭，勉強陪笑向夏王告辭，悻悻地離開了王宮。夏王在失望的同時掩飾不住心頭的疑惑，就問手下道：「這位神箭手后羿平時射起箭來百發百中，為什麼今天大失水準了呢？」

《道德經》第十三章曰：「寵辱若驚，貴大患若身。何謂寵辱若驚？寵為上，辱為下。得之若驚，失之若驚，是謂寵辱若驚。何謂貴大患若身？吾所以有大患者，為吾有身，及吾無身，吾有何患？故貴以身為天下，若可寄天下；愛以身為天下，若可托天下。」

意謂：世人得失名利的心太重，得到名利益會驚恐，失去名利也會驚恐。天下皆知寵為上，受到寵愛都很高興，特別是受到獎勵、表揚，如果受到崇拜，更有高人一等之感。「得之若驚，失之若驚」，寵辱與得失關聯，寵是得，辱是失。我們之所以有大的禍患，那是因為我們常想到「自己」的關係。假設我們都能忘掉「自己」，待人親熱敦厚，樂於義助他人，那麼還有什麼禍患呢。此給管理者另外的啓示：激勵的本質是寵辱，而不僅僅是金錢。

吾人皆知，凡是看太重的，內心就會特別在乎，而內如果能順自己的心意，就會很高興。如果有違自己的心意，就會出現沮喪甚至憤恨的心情。這就是人心。例如現代社會名次與榮譽，是從小就被教導要去追求的。可是其出發點跟結果，卻完全相反，有能力的，得到了名次與榮譽，便一直往上鑽。結果往往鑽入牛角尖，反而害慘了自己。而沒能力的，卻自我放逐，放牛吃草，更是有自甘墮落的人。進入社會之後，名次與榮譽卻換成了比薪水高低與房子大小，甚至孩子的成就等等，卻沒有人在比誰比較快樂呢？如果用錯思考的方式，身體對人心來說會是個禍患。因為身體有眼、耳、鼻、舌，能感受到外界物慾的影響。一但掉入物慾的陷阱，貪求的慾望便源源不斷的產生。沒有克制的話，身體的確會是個健康的禍患。而如果能以無私奉獻的心，來善用個人這個有形身體，他便是成功的關鍵，頂天的棟樑。所以，克制慾望與調整內心，才能讓自己回復到平靜的正常心態。

由上述故事可知，貴大患是過分計較自己的利益，將會成為我們獲得成功的大礙。如果名利當前還能保持平常心，不為所動。此人將不為名利所羈絆，當可無入而不自得了。聰明的管理者應當積極以身作則，管理者全體員工建立無私、利他的心，克制慾望與調整內心，才能持有寵辱不驚的平常心，以整個企業利益為重，以求永續發展。解決問題的辦法最好是將個人—寵辱與報酬掛鉤。應當讓員工清楚，真正努力的員工才會得到大家的尊重與崇敬的無形長久報酬，而非僅是金錢或物質的報酬。須知激勵的本質是寵辱，而不僅僅是金錢！

【管理運用】

老子的「得與失」也是辯證法思想，告訴我們應該站在一個什麼樣的立場上看得失的問題。也許一個人可以做到虛懷若谷，大智若愚，但是一旦吃虧，總覺得自己在遭受損失，漸漸地就會心理不平衡，於是就會計較自己的得失，再也不肯忍氣吞聲地吃虧，一定要分辨個明明白白，結果朋友之間、同事之間是非不斷，而所想得到的也照樣沒有得到，這是失的多還是得的多呢？

每一種生活都有它的得與失，正如俗話所說：「醒著，有得有失；睡下，有失有得。」所以我們要知道世間之物本來就是來去無常，所以得到的時候要懂得珍惜，失去的時候也不必無所適從。

月亮即使有缺，也依然皎潔；人生即使有憾，也依然美麗。不捨棄別人都有的，便得不到別人都沒有的。會生活的人失去的多，得到的更多，只要這樣一想，就會有一種釋然頓悟的感覺。人在大的得意中常會遭遇小的失意，後者與前者比起來，可能微不足道，但是人們卻往往會怨嘆那小小的失，而不去想既有的得。

其實得到固然令人欣喜，失去卻也使人傷心。得到的時候，渴望就不再是渴望了，於是得到了滿足，卻失去了期盼；失去的時候，擁有就不再是擁有了，於是失去了所有，卻得到了懷念。連上帝都會在關了一扇門的同時又打開一扇窗，得與失本身就是無法分離：

得中有失，失中又有得。

慈愛的力量無窮

有一次，秦穆公外出，半路上車子壞了，在修車時，拉車的馬中有一匹跑丟了，原來是被當地鄉民牽走了。秦穆公一路追尋而來，看見自己拉車的馬已經民被這批鄉民殺了，正在吃馬肉。他不僅沒對他們發火，反而上前對他們說：「吃了駿馬的肉，一定要再喝一點酒，不然的話會傷身體的。我趕來就是為了告訴你們這些，恐怕傷了你們的身體。」他看著所有的人都喝了酒，然後才離開。

一年之後，秦穆公和晉惠公在韓原打仗。晉軍包圍了秦穆公的車子，拉車的馬匹也被晉將牽住，形勢非常危急。在這緊要關頭，那些吃過馬肉的鄉民，共三百多人，個個奮勇當先，圍著秦穆公的車子拼命殺敵，不僅解了秦穆公的圍，還使秦軍大勝而回。秦穆公之所以能夠死裡逃生，是因為有這三百多人為他死力拼殺。而他們之所以肯這樣賣命，是因為一年前他們殺了秦穆公的馬、分吃了馬肉而秦穆公不追究。不僅不追究，還送個順水人情，要他們吃了駿馬的肉，再喝一點酒，以免傷了身體。就是這份寬大、這份慈愛，把三百多個鄉民的心收攏了，他們知恩必圖報，才有了一年後拼死救秦穆公的那一幕。

《道德經》第六十七章提及：「我有三寶，持而保之。一曰慈，二曰儉，三曰不敢為天下先。慈，故能勇；儉，故能廣；不敢為天下先，故能成器長。今捨慈且勇；捨儉且廣；捨後且先，死矣！夫慈，以戰則勝，以守則固。天將救之，以慈衛之。」

意謂：道有三件寶貝，掌握並保持著它們。第一件叫做慈愛，第二件叫做節儉，第三件叫做不敢處在天下人的前邊。因為慈愛，所以能讓將士勇敢；因為節儉，所以能富裕；因為不敢處在天下人的前邊，所以能做萬物的領袖。現在，捨棄慈愛但要將士勇敢，捨棄節儉但要富裕，捨棄謙讓但要成為領袖，結果只有滅亡！慈愛，運用它去作戰就能獲勝，運用它去守衛就能鞏固。上天要幫助誰，就用慈愛去保衛誰。

「天將救之，以慈衛之」原意是：慈愛，運用它去作戰就能獲勝，運用它去守衛就能鞏固。上天要幫助誰，就用慈愛去保衛誰。在這裡，老子教導管理者：「慈愛的力量無窮」。上天要幫助誰，就用慈愛去保衛誰，可見「慈愛」非常重要。人活在世上，要想得到愛，就首先去愛別人，學會了愛別人，就能贏得他人的幫助了。因為，一個愛他人的人，不僅能夠贏得他人的尊重和關愛，能夠變惡為善，有時候還能夠為自己帶來意想不到的好運。

秦穆公的例子顯示：「滴水之恩，當湧泉相報」，道出了施恩者與受恩者之間的相互關係。只要是善待了他人，施予了慈愛，必將能到多倍的回報。企業的管理亦是如此，管理者無論是對內部員工、股東或是顧客，都應以慈愛對待之，這樣在企業內部不僅能夠贏得他人的尊重和關愛，能夠變惡為善，全力為企業發展而努力奉獻；對顧客的關愛，不僅能滿足其需求，更能因長期再惠顧而成為忠誠顧客並不斷推薦新顧客。所以，有智慧的管理者須知，慈愛的力量在某些時候是無可比擬的。懂得運用它的人，就能夠得人心、成就自己事。

【管理運用】

「慈」，包含有柔和、愛惜之意。老子在四十章講「弱者道之用」；四十三章講「天下之至柔，馳騁天下之至堅」，五十二章講「守柔曰強」；四十五章講「清靜為天下正」，五十五章的「和」，六十一章的「牝常以靜勝牡」等內容，都可以包括在「慈」的範圍之內。「無為」是老子政治思想的最高概括，而「慈」的另一個名詞則是「無為」。「慈」是三寶的首要原則，用慈進攻可以得勝，退守則可以堅固。如果上天要救護誰，就用慈來保衛他。

「慈」是老子對於「道」和「德」的社會實踐意義。「慈」包含仁和慈愛，就是要對天下的萬物及他人都保持著一種仁和慈祥的態度，像愛自己一樣的去愛萬物和他人，所以只要我們擁有一個仁和寬厚的慈愛之心，那我們一定會擁有幸福和快樂，而且無形之中我們也能得到我們所想要的。

莊子的「齊物」就是「物」「我」兩忘，其實也是對老子「及吾無身，吾有何患」的繼承和發展。老子的「無我」，不僅是指四肢肉體會「無我」，連精神也要「無我」。按照老子的「無我」哲學，我們還可以得出這樣的結論：世間的其他動物或植物本身並不卑賤，人自身也並不高貴。大家都是平等無二，合二為一的。認識到這一點。才能達到「無我」的人生最高境界。

人本經營　培養經營者人格

初到沃爾瑪的員工都被諄諄告誡：你不是為經理或者主管工作，你和經理以及主管都只共同擁有一個「經營者」，就是顧客。顧客是沃爾瑪員工工資的發放者，是沃爾瑪員工的衣食父母！顧客的消費才使沃爾瑪員工有能力買房、買車，讓後代接受良好教育。因此，沃爾瑪員工要用友好、禮貌和對顧客需求的充分關注，讓顧客真正享受一些從未享受過的關愛，讓他們每天都有賓至如歸的感覺，乘興而來，滿意而歸。沃爾瑪強調要提供「可能的最佳服務」，「要為顧客提供比滿意更滿意的服務」。

在沃爾瑪的辦公室裡，儉樸得不能再儉樸的辦公桌，沒有豪華的裝修、昂貴的傢具或者厚厚的地毯。沃爾瑪明文規定，職員因工外出時，要住廉價的旅館，雖然西方管理人員習慣於住單間，規定必須住雙人標準間，不准住單間。這樣做就是要將消耗降到最低限度。商店裡諸如照明設施、空調設備等出於節約能源和降低成本的考慮，也實行統一管理。沃爾瑪的全體工作人員，自上而下都要為降低消耗、反對損耗努力，從而使得沃爾瑪的經營成本大大低於其它同行業競爭者。沃爾瑪公司無論在國內國外，都盡最大可能在本地採購。

供應商處在沃爾瑪供應鏈的始端，對企業的經營效益有舉輕若重的作用。沃爾瑪始終把建立同供貨商利益共享、共生共榮的關係放在重要位置，努力成為唇齒相依的戰略夥伴。沃爾瑪通過網絡和數據交換系統與供應商共享信息，有時在店內安排適當的空間，讓供貨商自行設計佈置自己商品的展示區，以在店內營造更具吸引力和更專業化的購物環境。零售商與供貨商之間的關係從互相制約、互有所圖的關係向新型的互相合作、共生共榮的雙贏夥伴關係發展。

《道德經》第六十七章曰：「我有三寶，持而保之。一曰慈，二曰儉，三曰不敢為天下先。慈故能勇；儉故能廣；不敢為天下先，故能成器長。今捨慈且勇；捨儉且廣；捨後且先；死矣！夫慈以戰則勝，以守則固。天將救之，以慈衛之。」

意指：我有三個法寶，我掌握並珍視它們：第一是慈愛，第二是節儉，第三是謙讓。老子認為，「慈」、「儉」和「謙讓」三者是治理國家的三個法寶。也就是他理想的執政者必須具備的三個條件。企業經營而言，此可提供經營者一重大的啟示：企業人本經營培養管理者的人格。

「慈，故能勇」。「慈」其根本含義是「以人為本，無為而治」。老子認為，管理者只要能體現自然「無為」的精神，讓員工自由發展，便是真正的慈愛。他說：「我無為而民自化，我好靜而民自正，我無事而民自富，我無欲而民自樸。」老子所謂的慈，對管理者來說，含有以身作則的感化與模範作用。

「儉，故能廣。」管理者節約財物，企業就富裕。老子認為，高明的管理者，在生活上必須做到「儉」。就是在生活上，首先必須重視自我內在的精神生活，把外在自我的物質慾望放在次要地位。

「謙讓」即不憑自我主觀意志辦事，才能成為企業的管理者。這包含不爭、客觀、無私等思想在內。「謙讓」還包含有大公無私的意思。所以高明管理者應當後其身而身先（把自己放在後面，反而能贏得愛戴），外其身而身存（把自己置於事外，反而能看清本質而得到生存），這就是因無私反而能成其私。老子用天地的運行不為自己來比喻，理想的管理者的行為應該具無私的念頭，不先考慮自己的利害。這種大公無私的精神，對於管理者，是尤其重要的。沃爾瑪的成功，正是做到了老子的三寶。沃爾瑪對待顧客關係的哲學是：顧客是員工的「經營者」和「上司」。

【管理運用】

「儉」的內涵有二層，一是節儉、吝惜；二是收斂、克制。五十九章講「治人事天，莫若嗇」，與這裡的「儉」是相同的含義。儉即是嗇。他要求人們不僅要節約人力物力，還要聚斂精神，積蓄能量，等待時機。即在生活中抱有一種勤儉節省的態度，決不貪婪且放縱自己。勤儉樸素，就是在生活中秉持著勤儉節省的原則，決不為外界的任何珠寶美食所誘惑，這樣就不會滋長自己的貪欲，也就能更好的享受生活！

別把自己太當一回事，在匆匆人生行程中，你只不過是一個過客。在人類歷史長河中，甚至還比不上一粒沙石的份量。既然如此，就把自己當成一粒塵埃，飄浮在空氣中，當太陽出來的時候，為它反射那麼一丁點兒可以忽略不計的光芒。足夠了！不要把自己太當回事，說到底是一種生活態度，一種對待自己的態度，把自己看得輕一點再輕一點，還會有那麼多的寵與辱嗎？把自己放得輕鬆點就能解決很多問題，而不是陷入無盡的煩惱與痛苦之中。

凡事相對　善於應用

從前有一人在山中迷路了，已有兩天兩夜沒有喝到水，一天天要黑了，遠遠地看見有一戶人家亮著燈，就急忙地向燈光跑去，終於跑到了，上氣不接下氣地跟主人說：給我一口水吧，我要渴死了。

女主人於是給他舀了一瓢水，並且在水裡放一點馬草，這個人邊喝邊吹漂在水上的草，同時想：我這麼渴，給水喝還放草，喝完後，與主人說了一會話，得知他會看風水，女主人就請求他在山裡給找一風水寶地在此生活。

這人心想：給水喝還放草，把水弄髒，就隨便地選了一個地方，告訴女主人說：這裡挺好，就在這裡吧。女主人很感激，說了聲謝謝。

於是女主人就在那個地方住了下來，不知過了多久，有一天這人又經過了那個地方，看見這家人生活得很是興旺，一大家人充滿歡笑，其樂融融。心中好奇：這樣一個磁場一般的地方，她們怎麼過得這麼好。心中不解，這樣的磁場只有是有德行的人家，才能過好，她們心好，為什麼會在給我的水裡放草呢？

於是就走進屋裡，女主人見到他很高興，並且很感謝為她選了個風水寶地。這人更加不解，於是就問道：以前我向你討水喝，你為什麼往水裡放草？

女主人笑了笑說：我看你來到我家時，上氣不接下氣，怕你喝急了，那樣會喝炸肺的，所以往水裡放點草，好使你慢慢喝。

這人聽後很是感動，更加堅信：風水在人心啊！

人心善是可以改變風水的，人心不善，即使是生活在好的風水地，也會因為心術不正，而使風水轉變，為自己招來災禍。

《道德經》第六十七章曰：「天下皆謂我：道大，似不肖。夫唯大，故似不肖。若肖，久矣其細也夫。」天下人都說我的道太大，正是因為大，所以不像任何東西。但如果像某種東西，早就渺小的很了！這說明，只有「道」才是絕對的大；其他都是小，如果「大」也只是相對的。就如上述故事所提，風水在人心，風水有如「道」，人心善是可以改變風水的，人心不善，即使是生活在好的風水地，也會因為心術不正，而使風水轉變，為自己招來災禍。對管理者的啓示是只要一心向「道」，就知凡事相對，就看如何應用。

一個企業競爭力很強，許多人可能會想，該企業的技術實力一定很強，或者擁有較高的員工素質，或者管理體制比較先進，資金流量比較充足，銷售體系比較完備等，諸如此類。這些想法無疑都有一定的道理。但是，如果我們換一種更加簡單明瞭的說法，那就是—這個企業的資源控制力很優秀。

尤其是作為現代化的企業，效益已經不僅取決於生產與銷售的業績，能夠善用節能降耗來實現和創造利潤的相對性，是企業效益的重要組成部分。

勤儉節約是企業發展進步的內在動力，是企業持續發展之本。只有節儉，企業才能生存。在微利時代，是否能夠節儉降低成本，是企業面臨的必然課題。在市場競爭日益激烈的今天，節儉已經不僅僅是一種美德，更是一種成功的資本，是企業的一種競爭力。但是要使競爭力轉變成企業的利潤，卻必須能在追求降低成本的同時，產生顧客所需的高品質產品或服務。這就是如何在相對矛盾下取得平衡，使競爭力成為競爭優勢。

企業的生存與發展要依靠競爭力。可是一旦產業發展成熟，企業之間的競爭會日趨激烈，企業都會採取擠壓利潤也就是降價來換取市場空間；大家能提供的產品越來越同質化，沒有誰能在市場取得壟斷地位。在這種情況下，企業要想在市場上取得競爭力變得越來越困難，惟有轉向內部挖潛，通過降低內部生產成本來增加競爭力。

提高競爭力一靠創新產品，二靠節約成本以節儉、約束、高效為價值取向，從而達到降低成本、高效管理，進而使企業集中核心力量於超越所有競爭者達成滿足目標顧客的價值，獲得可持續競爭的優勢。

中小企業管理者必須知道，凡事相對，如何善用；例如，既然是小船，就不要到大海中去同大船爭著捕小魚，而要在小河裡捕大魚。與其在一個很大的市場佔有很小的市場份額，賺取較少的利潤，遠不如在一個較小的市場佔有很大的市場份額，賺取較多的利潤，這也是公司的生存之道。能力有大小，實力有強弱，不能做老虎，做一隻猴子也行。因為猴子的優勢是靈活，靈活經營也能獲利。小有小的靈活優勢，當企業規模尚小，善於利用小的優勢就是獲得成功的關鍵。

【管理運用】

世間所有萬物都是對立統一的。沒有黑就無所謂白，沒有陰也就無所謂陽，當然沒有善也就無所謂惡。其實黑與白、陰與陽、善與惡、美與醜、長和短、高和下等看似矛盾對立的事物，本質上都是對立統一的。

就如每一企業都要面對創新與成本控制這兩項工作，它們就像陰陽、善惡、黑白、美醜、長短一樣對立，但如何在這種矛盾中找到出路，找到方法，這是每個企業都需面對的現實。

「平衡管理」就是以「道」的「合適、中和、良心、公正」來使創新與成本的管理達到既創新又降低成本的「平衡」，若能近一步做到「利他」的精神呈現「吃虧」的表象，就能佔到長期的「便宜」。

我無為而民自化 管理的藝術

春秋晉國有一名叫李離的獄官，他在審理一件案子時，由於聽從了下屬的一面之辭，致使一個人冤死。真相大白後，李離準備以死贖罪，晉文公說：官有貴賤，罰有輕重，況且這件案子主要錯在下面的辦事人員，又不是你的罪過。李離說：「我平常沒有跟下面的人說我們一起來當這個官，拿的俸祿也沒有與下面的人一起分享。現在犯了錯誤，如果將責任推到下面的辦事人員身上，我又怎麼做得出來」。他拒絕聽從晉文公的勸說，伏劍而死。

《道德經》第五十七章提及：「我無為而民自化，我好靜而民自正，我無事而民自富，我無欲而民自樸」，真正有大智慧的人會以「我無為而民自化」來做事。我無為就是什麼事都不做，老百姓全部都會變好，是不是？不是！聖人無為是指不妄為。自己做好榜樣，不妄為，自己遵紀守法。自古說上梁不正下梁歪，自己是執法者都亂來，那百姓知道你都可以亂來，我們也可以躲在背後跟著你亂來，那不是都全亂了嗎？所以聖人是以身教，自己帶好頭，我無為就是我不妄為，就是遵紀守法。而民自化，古代有一句話就是天子犯法與庶民同罪，如果真能這麼做，老百姓很佩服的，他們想違法亂紀也不敢。化就是教化，就是都向好的方向轉化。

從老子的哲學來看，管理的本質，就是「無為而無不為」。如何看似清靜「無為」，卻能順乎自然發展而達到「無不為」，正是管理的最勝義。「無為」在老子心目中是一個重要概念，老子雖主張「無為」，卻並非消極的一無所求、一無所為。所以「我無為而民自化」簡言之，就是管理者要正人先正己，做事先做人。管理者要想管好下屬必須以身作則。示範的力量是驚人的。不但要勇於替下屬承擔責任，而且要事事為先、嚴格要求自己，做到「己所不欲，勿施於人」。一旦通過表率樹立起在員工中的威望，將會上下同心，大大提高團隊的整體戰鬥力。得人心者得天下，做下屬敬佩的管理者將使管理事半功倍。可視此為一種難得掌握的管理藝術。

很多人講管理，總認為應該用一大堆規定來加以掌握、控制，政令繁苛的結果，往往是扼殺了創造性、堵塞了潛力。所以老子主張要簡單、自然的方式，讓員工自行激發潛力。不必用機心，不必勾心鬥角，只要用誠心即可管理。

日本大企業家松下幸之助便是以「順其自然」為其人生哲學，而這也是他經營成功之道。松下以使命感激發員工潛能，促使大家自動自發，達到所謂「民自化」的效果，這也是松下電器能夠迅速成長的主要動力之一。

以治水為例，老子並不是說洪水不需治理，只是他主張疏導，而不贊同圍堵；因為圍堵違反水性，疏導才是順乎水性。治人也一是一樣，老子並不是說百姓不需治理，只是他主張教化，而不贊同強行規範；因為強行規範往往會違反人性。因此，管理者的管理者智慧就是要「我無為而民自化」，正人先正己，做事先做人。必須以身作則，而且要事事為先、嚴格要求自己，做到「己所不欲，勿施於人」。自然會提高團隊的整體戰鬥力，使管理事半功倍。

【管理運用】

一個管理者，如果心裡沒有太多自我表現的衝動，沒有太多非分的貪求，忠實於自己的理念，專注於既定的目標，就能達到「以無事取天下」的美好結果。管理者「多事」，也能搞好管理，但境界卻不如「無事」高明，效果也不如「無事」好。

鐵釘能夠釘進牆壁，就是因為力量都集中在一點上。聰明的管理者都深深懂得，要有所為就要有所不為，不會事事都關注，樣樣都深入。道不離於日常生活，管理也一樣，不必於平常之事外用功夫，只須專注於日常工作中，心無旁騖，順任自然。久而久之，必定頗見成效。經營管理企業，轟轟烈烈的慶典、兼併等大事並非每天都發生的。惟有持平常心態，才能全神貫注且樂此不疲。

自然界最普遍的東西就是平常的東西，異常只是偶爾、暫時的東西。有道是水滴石穿、繩鋸木斷，管理者如果能摒棄一切雜念，將全部身心投入日常工作中，就算天資差點，一樣能將公司收拾得井井有條，管理得生機盎然。專一化是一個企業的競爭戰略，是一種避免全面出擊，平均使用力量的發展戰略，就是把有限的人力，財力，物力，管理者的觀注力，企業的潛在力，集聚在某一方面，力求在某一行業中形成獨特的優勢，爭得競爭中的領先位置。

走出自己的成功模式

有個以湖蟹聞名的酒店，需要招聘一名廚師長。湖蟹在進蒸籠前需要用麻繩綁起來，這是道很繁瑣的工序，所有的廚房員工都不喜歡這道工序，所以每次綁湖蟹都是由廚師長帶頭。

有兩位廚師同時來應聘，試工。第一位廚師每次都帶頭綁湖蟹，還經常與其他廚師進行「綁湖蟹比賽」。每次比賽，大家都盡最大的努力，可就是比不上他，所有人都為他嫻熟的技術折服，他五分鐘綁二十隻湖蟹，其他廚師最多綁十二隻。

另一位應聘者也號召大家來比賽，但是他不用表掐時間，光是手腳比劃，數個數，這位廚師的手腳並不快，雖然他的喊聲最大，但是每次一開賽，別的廚師一認真起來就能超過他，他幾乎成了大家的笑料。儘管如此，那位廚師反而用更大的聲音喊著一定要追上其他廚師，他拼命追，其他員工自然也就拼命地不讓他追上。直到試工結束，他捆綁湖蟹的效率依舊落在其他廚師後面。

試工結束了，經營者竟然聘用了第二個廚師。經營者的理由：作為一名廚師長，幹活效率竟然比職工還慢，怎麼服眾？第一位應聘者雖然手腳很快，但他總贏，讓大家缺乏自信和動力，雖然大家都響應了比賽，但實際上都覺得這是個不能贏的比賽，反正都是輸，還能拿出真正的實力和積極性嗎？第二個廚師手腳雖然慢，但他的「步步緊逼」逼迫大家既興奮又緊張地拼命加快速度，不讓他追上，就在這追與逃之間，每個人都在無意識中提高了勞動效率，他們竟然每五分鐘綁了十八隻湖蟹。

員工們沒有想到的是，剛才在經營者辦公室，第二個廚師已經當著經營者的面綁過一次湖蟹，他的成績是每五分鐘綁二十五隻。他說：我一個人少綁十隻，但其餘十人每人多綁六隻，總效率相當於每五分鐘提高了五十隻。高手，不是讓所有人都輸給你，而是讓所有人都想贏你！

《道德經》第五十七章曰：「以正治國，以奇用兵，以無事取天下。吾何以知其然哉？以此：天下多忌諱，而民彌貧；人多利器，國家滋昏；人多伎巧，奇物滋起；法令滋彰，盜賊多有。故聖人雲：我無為，而民自化；我好靜，而民自正；我無事，而民自富；我無欲，而民自樸。」意思是：要以「正道」來治理國家，要以「奇謀」來用兵，要以「不擾民」的方式去取天下。這些結論是從何而來的呢？請看實例：當天下越多「忌諱」，人民就越來越貧窮。當人們「利器」越多的時候，國家就越來越混亂了。當人們都懂得用「伎倆」（虛偽狡詐）以智取巧的時候，天下怪事奇出。當國家「法律越森嚴」的時候，盜賊就越多。所以聖人說：我「無為」，而民「自化」；我「好靜」，而民「自正」；我「無事」而民「自富」，我「無欲」而民「自樸」。

在現代信息發展神速，無所不用其極的競爭，企業想要脫穎而出是任何管理者的主要課題。但老子給管理者的啟示是：走出自己的成功模式。

當競爭者越多方式越複雜，企業獲利就越來越少。當競爭工具越多的時候，企業經營就越來越混亂了。當企業競爭者都懂得用「伎倆」（虛偽狡詐）以智取巧的時候，各種環境污染、食安、經濟詐騙怪事都會出線。就如國家法律越森嚴，盜賊就越多一樣。此時，只有如老子提要以「正道」來治理企業，要用要以「奇謀」來管理者員工，要放手讓員工以「顧客導向」的方式去取競爭已佔有市場。這樣，就可達到我「無為」，而民「自化」；我「好靜」，而民「自正」；我「無事」而民「自富」，我「無欲」而民「自樸」的的成功模式。

別人走過的路，也許對於他們來說是捷徑，但對於自己來講就未必合適。正如大象可以邁過一條小溪，而螞蟻只能繞道而行。古人邯鄲學步，而今天我們卻依舊走在這樣的迷思中。在這個迷思中，我們應該正視並且不斷地瞭解自己，目的只有一個，走自己的成功模式。

世界上沒有兩個完全一樣的企業，不同的文化傳統、不同國家或地區的企業不可能用完全一樣的生成、成長模式。因為管理本身就是一種沒有終結答案可尋的理論，還因為沒有什麼理論一旦獲得就可以保證放之四海而皆準，更沒有完美有效的公式或方法。所以，在企業發展過程中，必須充分認識自己，進而瞭解目標顧客的需求，才可以發揮自身的優勢，滿足顧客並壯大自己。

【管理運用】

成功的經營者從不靠權威居高臨下迫使他人服從。相反，他靠知識，靠經營藝術，靠個人魅力，靠素質來讓人服從和敬佩。一個優秀的管理者必須以自己的模範行動凝聚著員工；反之，就會軍心渙散，甚至眾叛親離。哪一個部門官風不正，哪個地方的士氣一定不會高。因此，要實現「無為而治」，企業經營者要提升個人的道德修養和對員工的道德教化，用正派的作為形成良好的環境，讓員工在榜樣的感召下統一步調，實現「不管之管」而達到無為而治的「自我管理」。

「自我管理」要激發員工的自導行為，即理性指導下的自覺行為；自我管理激發人力的自動化，即為實現既定目標而自覺自動的行動；自我管理實現自導式管理，即是自己幹、自己管；自我管理不是不要管理，不是不負責任的放任，而是教育、啟發、誘導人的自警、自勉、自控、自強、自愛、自尊、自動、自導的精神，覺悟到自主權與效益成正比，認識到只有實現組織目標才能實現自我。管得少，但做得多，這正是「無為而無不為」思想精髓的回歸。

推己及人　見微知著

《商君書》記載，商鞅準備在秦國變法，制定了新的法律。為了使百姓相信新法是能夠堅決執行的，他便在京城南門口樹了一根大木，對圍觀者說：「誰要能將這跟木頭從南門搬到北門，就賞他五十兩銀子！」大多數人都不相信有這等好事，恐怕商鞅的許諾不能兌現。

就在大家猶豫不決時，有一個人卻扛起木頭，從南門一直走到北門，商鞅當場兌現，賞給他五十兩銀子。這樣一來，人們都相信商鞅說的話是算數的，在推行他所立的新法的時候人們就遵守了。

我國古人很講究言不在多，在於誠信，因為誠信就能得到人們的信任。一般老百姓講不講信用，只是關係到人際關係；企業管理者講不講信用；關係到企業存亡；而政治家、軍事家講不講信用，則關係到治國、治軍的大事。

在今天，誠信更成為事業成功的重要因素。雖然說誠信人人皆知，但是總有些人會由於一些特殊的原因而不能遵守他的諾言。有的管理者者，當下屬做了一件很令自己高興的事的時候，總會脫口而出許下一個什麼諾言。而他們的許諾大多和升職、加薪有關，這就讓下屬引頸期盼。可由於工作繁忙，他也許說過之後就忘記了，這樣的結果會極大地挫傷下屬工作的積極性。將使下屬產生對上司的不信任感，得不到下屬信任的上司怎麼可能帶領自己的團隊做出優秀的成績呢？

《道德經》第五十四章曰：「修之於身，其德乃真；修之於家，其德乃餘；修之於鄉，其德乃長；修之於國，其德乃豐；修之於天下，其德乃普。故以身觀身，以家觀家，以鄉觀鄉，以邦觀邦，以天下觀天下」。意指：侯王若能建立事業，又能保持事業，子孫就因而祭祀不絕了。此二善何來呢？在於修德。修德於一身，他的德就純真。修德於一家，他的德就有餘。修德於一鄉，他的德就加長。修德於一國，他的德就廣大。修德於天下，他的德就普遍。修德要推己及人，見微知著。從個人本身的利益，看到別人的切身利益；從個人一家的利益，看到別人家的利益；從自己一鄉的利益，看到其他各鄉的利益；從自己國家人民的願望，看到別國人民的願望；從今日天下的傾向，看到來日天下的傾向。

許多成功的公司與顧客進行協作，大都是以誠為合作夥伴關係。「雙贏」是當今的流行法則，而要實現「雙贏」。必須雙方一同努力實現以顧客為中心的共同目標。顧客至上是市場經濟的要求，商機很少去敲以自我為中心的人的門，沒有哪位顧客僅僅為了取悅店主而去他的商店。

優秀的管理者須知，公司如果以尊重顧客為重。要達到誠信的最高境界，必須以感情與情緒為重。企業向顧客展示的情緒與感情才能使他們相信真正受到尊重，並認為公司是值得信任的。單有言語還不能達到這一目標。沒有感情的語言在企業與顧客的關係中所起作用不大。

表現出誠信以及使企業的顧客真正相信企業尊重他們的最好方法是：從管理者修德開始，並推己及人，全公司上下向他們作出承諾，並履行企業的承諾。企業作出的承諾應有策略性，在日常生活中又具有可操作性，這樣的承諾越多越好。成功的公司可以與顧客形成一條感情的鎖鏈，並通過這一鎖鏈傳遞他們尊重顧客的信息，這將使顧客長期感覺滿意。

【管理運用】

其實，「誠信」含義是相當廣泛的，都是人們人格因素中那些美好的東西，包括遵守諾言、實踐成約、老老實實、誠實可信、講真話、不虛飾、辦實事、不撒謊、守信用、不食言等等。賺錢是企業家的「本性」，但是賺錢與誠信並不矛盾，而是相輔相成又相互制約的。有時為了賺錢首先可能需要賠錢，如果昧著良心賺錢，最終肯定是賠。在我們的記憶中，既有「捨不得孩子套不到狼」的老話，又有「賠了夫人又折兵」的典故，這充分說明瞭賺與賠是辯證的。

管理者的誠信理念及其發展出來的經營行為，必定會給企業樹立起無形的金字招牌和良好口碑，這比任何其他的裝飾或者廣告都更能贏得顧客與合作夥伴的信賴。很多世界著名品牌在某個營業年度會出現巨額虧損，但最終都會咸魚翻生，其根本原因也在於此。企業經營如此，平常的做人處事不也如此？

心無其心　綜觀全局

一個和尚出家多年，依然沒有開悟長進，他自認為不是出家人的料，便想下山返回塵世。和尚去向禪師辭行，言道：「師父，我天生愚鈍，我的腦袋像一塊頑固不化的石頭，不是悟道的料，我只好下山還俗了。」禪師並未言語，而是帶他來到寺裡一尊佛祖像前。

禪師問道：「你面前的是誰？」和尚回答道：「神聖的佛祖。」禪師悄悄地走到佛祖像跟前，他用手輕輕地撫摸著佛祖像問道：「這尊佛祖像是什麼做成的呢？」和尚回答道：「它是石頭做成的。」禪師說道：「連石頭都能做成神聖的佛祖，這可是天下的奇蹟了。」

和尚聽了禪師這番話，恍然大悟。他立即打消了下山還俗的念頭，立志安心修身養性悟道。日後和尚成了一代著名的大師。相信自己，挖掘自己，定能成就自己。

《道德經》第四十七章曰：「不出戶，知天下；不窺牖，見天道。其出彌遠，其知彌少。是以聖人不行而知，不見而明，不為而成。」意指：萬事萬物是有一定的法則的，法則並不在遙不可及的地方，就在人們心中。所以人們應該去除私慾，順天道。天人合一，便可不出戶，知天下，就像做生意一樣有興衰時期，這就是規律。「不窺牖，見天道。」不需要打開窗戶向外看，即可知道大自然運行法則。做到內觀其心，心無其心，外觀其形，形無其形，遠觀其物，物無其物，唯見於空。走出去越遠，知道得越少。所以聖人可以「不出戶，知天下」，不見而知來龍去脈，不為而順勢而成。此提供管理者一個啓示：成功管理者應該做到心無其心，運籌帷幄，目光長遠，從全局考慮問題。

一個目光短淺的人一旦被細小的「樹葉」蒙蔽了眼睛，就會看不到全局。如果一個企業管理者受到短期行為的影響，也不會有更長遠的發展。所謂的企業短期行為，是指企業只注重近期和眼前利益，而忽視甚至犧牲長遠利益的行為。它主要包括經營戰略短期化、經營策略短期化、盈利分配短期化等。近年來，短期行為隨著全球經濟詭譎多變的發展，導致許多企業紛紛以追求短期利益為目標的心態，就像傳染病一樣蔓延開來。

有智的管理者應學習順從大自然法則，順「道」而行，做到不斷內省自己的內心，是否合乎「天道」的無私，不斷努力的去除對物質奢望，進而能抵抗外遇的各種誘惑，時常考慮顧客需求的變化並全力滿足及企業長期的發展，而處處為員工及顧客的利益著想。在運籌帷幄中，去私慾，順天道，見微知著，目光長遠，從全局考慮問題，才能在多變且競爭的環境中脫穎而出，邁向藍海使基業長青。

【管理運用】

人類運用哲學的抽象思維，可以抓住世界上許多規律性的東西，認識了事物的客觀規律，也就把握了事物的發展進程，不但可知其現在，也能推算其過去，還能預測其未來。事物有各性也有共性，共性的東西被稱為一般規律。

在無常的變化中人應持什麼樣的態度是和自己的修養有關，一個修養深厚的人應時時保持一種超然的心態，如雨過天晴，保持一種穩定狀態一樣，這樣才能處變不驚，理智處事。

智者能夠自覺地遵循自然規律的原則，責無旁貸地傳揚「無為」的思想，讓越來越多的人認識到，只有跳出自己才能解放自己、跳出人類才能解放人類，從而使人們自覺地放棄地球主宰者的地位，徹底地回歸到純樸率真的本色上來。當我們回歸於大道的狀態以後，自然也會像大道一樣與萬物融為一體，那時我們即是萬物，萬物即是我們，我們還何愁不知與不能呢？

不幸的事，人們總認為我們是萬物之靈，是不同於其他事物而自成一體的，是不可能與萬物相等同的，因此就一直在想如何能戰勝自然，擺脫自然對我們的束縛。其結果就像口渴了就要喝水，肚餓了一定要吃飯一樣，是不可能違逆的，因為我們人類也是自然的一員，口渴和肚餓也屬於自然規律。

其實自然規律根本就沒想約束我們，它的一切都是自然而為的，就像我們長了眼睛是用來看東西的，而長了耳朵是用來聽聲音的一樣，都是自然而然的。只是我們自己有了分別心，認為自然規律在控制我們，拼命想甩掉這個包袱，但是又甩不掉，就像我們不可能讓眼睛聽聲音，讓耳朵看東西一樣，是不可能改變的事實，為此人們就在自尋煩惱，自找痛苦。

第七章　大與小的平衡

「道」是天地的開創者，從無極變成太極就是「道」生一，一生二則是太極生兩儀，兩儀就是指陰陽，因為有陰陽的結合則天地萬物就產生了。為了使大家能辨識萬物，於是便有人為其命名，所以才有了現在各種名稱出來，因為命了名才有萬物故稱「有名萬物之母」。然而，有名是一件好事，應為有名稱，大家才能溝通，但缺點是命了名往往就變成標準，不能變更。導致大家就只著重在看得見的名稱，而忽視了物質本身的內涵和意義會因情境不同而有變化。

而且只要發現一種物種未命名，發現者就直接命名，甚至已命了命名的也會因情境不同，大家看法不同而自行命名，導致同一件事物卻有許多不同名稱，不同事物卻有相同的名稱，使得後人永遠學也學不完。就如本章的「大」與「小」，什麼是大？什麼是小？那要看和誰比。大就是好？小就是好？並無定數。「大」與「小」只是事和物的比較？本章的「大」與「小」卻是指心境的「大」與「小」，當然也可引申為「難」與「易」的「大」與「小」。這些在在都是對立統一的辯證關係，只有以「道」來作為「平衡」的判別，才能避免獲釋解決各種問題。

所以，本章借用《道德經》的某些章節為例，作為「平衡管理」應用的說明：例如第六十三章說到：「天下難事，必作於易」這是說：天下的困難問題，在開始的時候並非是困難的；天下的重大問題，在其初期，也不是一下就是重大的。這就是老子一在強調的對立統一辯證思維，因人們都被「有名」制約，尤其是強調背誦，考試用選擇題的我們，更是影響深刻。其實「難」並非真的難，「易」也非真的容易。因為當遇到難解的問題時，

只要知道「難」是如何形成的，著重於注意解決「其易」、「其細」即可解決。所謂「天下無難事，只怕有心人」，

另外《道德經》第六十三章提到：「夫輕諾必寡信，多易多難。是以聖人猶難之，故終無難矣。」意指：有「道」的聖人始終不貪圖大貢獻，所以才能做成大事。那些輕易發出諾言的，必定很少能夠兌現，把事情看得太容易，勢必遭受很多困難。因此，有道的聖人總是看重困難，所以就終於沒有困難了。管理者須知，企業管理所面臨的難事、大事，並非一開始就難、就大。在其開始時，往往是「易事」、「細事」。此時的問題極易解決，也就不會釀成日後的難事、大事。這就是我們日常所說的要「防患於未然」、「防微杜漸」的道理。

老子在第六十三章又提出：「合抱之木，生於毫末；九層之臺起於累土；千里之行始於足下」。意指：合抱的大樹，生長於細小的萌芽；九層的高臺，築起於每一堆泥土；千里的遠行，是從腳下第一步開始走出來的。其中，「千里之行始於足下」從管理角度看，反映出事物變化的過程。走一千里路，是從邁第一步開始的。比喻事情的成功，是從小到大逐漸積累起來的。

老子在第六十四章更進一步提出解決之道：「其安易持，其未兆易謀；其脆易泮，其微易散。為之於未有，治之於未亂。」意謂：局面安定時容易保持和維護，事變沒有出現蹟象時容易圖謀；事物脆弱時容易消解；事物細微時容易散失；做事情要在它尚未發生以前就處理妥當；治理國政，要在禍亂沒有產生以前就早做準備。因此，有道的管理者要追

求他人所不追求的，不稀罕難以得到的貨物，學習別人所不學習的，補救眾人所經常犯的過錯。這樣遵循萬物的自然本性而不妄加干預。進而能慎微、慎初，防微杜漸，居安思危，待時而發。否則，往往會「差之毫釐，失之千里」、「一招不慎，滿盤皆輸」。

《道德經》第六十四章提及：「是以聖人無為，故無敗；無執，故無失。民之從事，常於幾成而敗之。慎終如始，則無敗事」。意為：因此有「道」的聖人無為而治，所以不會失敗。不拿東西，所以不會失去。人們做事情，常常在快要成功的時候失敗。如果在事情要完成的時候也能像事情開始時那樣謹慎，就不會有失敗的事情了。

因為，事物在安定的時候容易維持，還沒有出現變化的跡象時，容易對付。脆弱時容易分解，還微小時，容易分散。要在事情還沒有發生變化時就把它做好，要在混亂還沒有產生時就把它治理好。就如需要合抱的大樹，是從細小的萌芽長成；九層的高台，是從一筐筐土開始堆積而成的；千里的遠行，是從腳下第一步開始的。

【管理運用】

老子強調大是由小積累而成的，做大事應由做小事開始。就是提醒管理者：天下大事、必作於細——細節能成就大局。做大事情要從細小的地方入手。天下的難事，要從容易做起；天下的大事，必定由小事開始。換言之，「細節能成就大局」。困難與容易、大事與小事都是對立統一的關係，克服困難要從容易的地方入手，大事要先從小事、細節開始努力。

其實，環境的變化有其「先兆」，如能及時發現這個先兆，並及時著手準備應變叫預應。預應是先發制人，是「圖難於其易，為大於其細」的，因而「能成其大」！老子強調：「為之於未有，治之幹未亂」。解決問題只有把隱患消滅在萌芽之中，才能避免事物向相反方向的轉化，才能防患於未然。因此，處理事故、解決問題，最好在尚未發生時，預先加以處理；治亂，要在變亂發生之前就要作好預防。防患於未然，是防火；而待事故、問題業已釀成後再解決，是救火。防火，省力，省時，省財又容易。救火，費力，費時，費財，既難又有重大損失。高明的管理者應是防火者，而不宜甘當救火者。最後，「慎終如始」，是辦成任何事情所必須遵循的原則，管理工作也不例外。

如果遇到環境已明顯變化，企業原有的經營方式已不適應時，多數企業出於無奈，被迫應變，這叫後應。其原因是「圖難」而不「圖易」，「為大」而不「為細」。以企業而言，「圖難」而不「圖易」就是執著於追求創新而且最好是破壞性創新，以便一舉獨占市場。然而，破壞性創新是可遇不可求，誰也沒把握。反而追求改善的連續性創新或是市場區隔、通路、流程或行銷創新的「圖易」還較容易。

老子告誡管理者：想有作為就有失敗的可能，拿著的東西就有失掉的危險。因此必須學習「道」的無為而治。因為無欲無求，所以不會失去。身處高位管理者須知「辦事謹慎是成功的保障」。督導所有員工辦事要「慎終如始」，腳踏實地的行進，事情才會穩穩當當而沒有風險，疏忽大意常常是失敗的根源。即使在事情就要成功的時候，也要像剛剛開始時那樣謹慎認真，否則，就有功虧一簣的危險，因為世間之事常常失敗於即將成功之際。

千里之行　始於足下

據聞，某個山上，曾經住著兩個貧富懸殊的和尚：一個和尚非常有錢，每天過著舒舒服服的日子；另一個和尚卻很窮，每天除了念經時間之外，就必須去外地化緣，日子過得十分艱苦。有一天，窮和尚對有錢的和尚說：「我很想到印度去拜佛，求取佛經，你看如何？」有錢的和尚回答說：「路途這麼遙遠，你要怎麼去？」窮和尚說：「我只要一個缽、一個水瓶、兩條腿就夠了。」有錢的和尚聽了之後哈哈大笑說：「我想去印度也想了好幾年了，一直沒成行的原因就是路途太遙遠了。我都去不成了，你怎麼可能去得成？別做夢啦！」

然而，一年之後窮和尚徒步萬里從印度回來了，並且還帶回一本印度的佛經送給有錢的和尚。有錢的和尚看到窮和尚果真達成了自己的願望，慚愧得面紅耳赤，一句話也說不出來。

《道德經》第六十四章曰：「其安易持，其未兆易謀。其脆易判，其微易散。為之於其未有，治之於其未亂。合抱之木，生於毫末；九層之台，起於累土；千里之行，始於足下。」意思是：安定的局面容易持守，沒有跡象的事物容易圖謀；脆弱的東西容易分解，細微的東西容易散失；所以要在事情尚未萌芽之時，就預先處理好。亂事在尚未形成的時候就要預防以免發生之時難以處理。合抱的大數要從嫩芽開始生長（好比樹的成長過程）；九層高台是由一筐筐的泥土壘起來的（好比高樓搭建的過程）；千里之行是一步步走出來的。逞強者必敗，貪婪者必失，聖人無為不貪，因此，不敗，不執著，所以不會有失。人們經常做一些事情，眼看就要成功了，可是卻在最後管他失敗了。這是由於沒有把握好最後，如果在最後也能像開始那樣謹慎小心，就不會失敗了。

上述故事說明了，千里的路程，是從邁第一步開始的。任何事情如果只是停留在口頭上、想像中，是沒有任何實際意義的，最重要的就是要把心中的理想付諸於實施、使夢想成真。就如上述的窮和尚，只要堅持，一步一腳印，終會達到目的。事情的成功，是從小到大逐漸積累起來的。管理者一旦認準方向後，只要堅持不停朝著目標努力，從小處做起，一步一步地走下去，持續積累著，就必能走向成功。

企業置身於詭譎多變的商海中，沈浮不定，無時無刻都面臨著競爭對手的擠壓，已經夠艱苦了。在這種情況下，企業將很容易面臨內部人員因外界壓力所帶來的相互爭鬥。如果內部人員發生因一時情緒失控而陷入爭鬥時，企業要及時出面調解，讓他們化干戈為玉帛。在此時刻，有智的管理者就能知道老子所提的「其安易持，其未兆易謀」的重要。必須提前防範未然，事先做好所有員工面對各種變革的心理準備，建立順暢的溝通管道，提供必要的教育訓練及相關的激勵措施。

俗話說：「天下無難事，只怕有心人。」面對困境，對於一般人來講是非常艱難的事，但是只要誠心進取、不畏困苦地跨出第一步，並以堅持不懈的恒心和毅力向所定的目標邁進，相信世間再難的事也會變得比較容易，最終就能達成願望，此實為管理者的重要啟示之一。

【管理運用】

千里遠行，始於第一步。硬做，必失敗；硬搶，必喪失。所以，聖人無主觀私慾，因而無喪敗無執著，因而無所喪失，人們做事情，常常失敗於將要成功之際。所以必須慎始慎終！就不會敗事了。所以聖者之慾望就是無慾望不貴重難得的寶貨，學人之所不學，受教於別人的過錯，順應於萬物的自然——絕不把主觀強加於世界。

中國古代有這樣一個故事：臨近黃河岸邊有一片村莊，經常遭受水患。為了防止水患，農民們聯合築起了巍峨的長堤。一天，有個老農偶爾發現螞蟻窩一下子猛增了許多，心想：這些螞蟻窩究竟會不會影響大堤的安全呢？他要回村去報告，路上遇見了他的兒子。兒子聽後不以為然地說：那麼堅固的長堤，還害怕幾隻小小螞蟻嗎？隨即拉著老農一起下田了。當天晚上風雨交加，黃河水暴漲。咆哮的河水從螞蟻窩開始向外滲透，繼而噴射，終於衝決長堤，淹沒了沿岸的大片村莊和田野。這就是「千里之堤，潰於蟻穴」這個成語的來歷。

可見，事情的成功，是從小到大逐漸積累起來的，再難的事也是因小事的累積而成。管理者一旦認準方向後，只要堅持不停朝著目標努力，從小處做起，一步一步地走下去，持續積累著，就必能走向成功。

慎終如始　謹慎是成功的保障

一頭勤勞的牛病倒了，主人很同情，也很難過。病牛在主人的細心照料下，病情逐漸好轉，備受感動！但是，看著主人的勞繁疲憊與萬分辛苦，病牛實在於心不忍，於是鼓足了全身的力氣，拼命拉了一天的犁。病牛的突然「康復」讓主人歡喜萬分。但事實上，病情卻惡化了許多，然而為了主人高興，也為給主人分擔辛苦，病牛第二天又堅持著拉了一天犁。

這主人竟沒半點歡喜，反而有些懷疑：病牛其實很懶惰，裝病，逃避工作，還白白讓我照顧它？為了證實自己的想法，主人決定讓病牛繼續拉犁。儘管病情又惡化了許多，病牛想：我是頭勤勞的牛，如果今天不堅持下去，主人肯定會認為我不願吃苦，懶惰，豈不是勤勞一生所得之美名毀於一旦嗎？所以一定要堅持住！

僥倖，第三天堅持過去了！主人欣慰地想：這傢伙果然是裝病！幸好我聰明，早早識破了！這下可要狠狠地懲罰他。於是，病牛拉的犁更重了。然而病情卻非常嚴重了，但是病牛想：主人也太不理解我了！唉，我只好再堅持下去，用行動來證明我的清白。第四天，堅持！第五天，堅持！第六天，終於，病牛堅持不住了，再次倒下了！

這次徹底病入膏肓了！讓妄為的牛悲哀的是：主人不再同情他也不再難過，還說，「像這種東西，死了才好！」

《道德經》第六十四章提及：「是以聖人無為，故無敗；無執，故無失。民之從事，常於幾成而敗之。慎終如始，則無敗事」。意為：因此有「道」的聖人無為而治，所以不會失敗。不拿東西，所以不會失去。人們做事情，常常在快要成功的時候失敗。如果在事情要完成的時候也能像事情開始時那樣謹慎，就不會有失敗的事情了。

因為，事物在安定的時候容易維持，還沒有出現變化的跡象時，容易對付。脆弱時容易分解，還微小時，容易分散。要在事情還沒有發生變化時就把它做好，要在混亂還沒有產生時就把它治理好。就如需要合抱的大樹，是從細小的萌芽長成；九層的高台，是從一筐筐土開始堆積而成的；千里的遠行，是從腳下第一步開始的。想有作為就有失敗的可能，拿著的東西就有失掉的危險。問題就在，慎終如始，則無敗事。辦事謹慎才是成功的保障。就如故事中的牛一樣，如果牛一開始身體有病不舒服就讓主人知道，並安心養病，則結果可能是雙贏。而主人也因未能在一開始就謹慎體察牛的實際狀況，反而誤認牛在偷懶，導致雙方都輸的不幸局面。所以任何事都要謹慎才是成功的保障啊！

老子告誡管理者：想有作為就有失敗的可能，拿著的東西就有失掉的危險。因此必須學習有「道」聖人的無為而治。因為無欲無求，所以不會失去。身處高位管理者須知「辦事謹慎是成功的保障」。督導所有員工辦事要「慎終如始」，腳踏實地的行進，事情才會穩穩當當而沒有風險，疏忽大意常常是失敗的根源。即使在事情就要成功的時候，也要像剛剛開始時那樣謹慎認真，否則，就有功虧一簣的危險，因為世間之事常常失敗於即將成功之際。

真正有智慧的人，不但會在事情開始的時候小心謹慎，而且會始終如一、認真規劃全局，這樣才能做到萬無一失。否則，就可能「一招棋走錯，滿盤皆是空」。面對詭譎複雜多變的環境，事情將會愈加繁雜，絕不可冒然行事，只有謹慎周全，才會理順錯綜複雜的頭緒。遇事要多加考慮，盡量將一切都想得更周全一些，才能降低失敗的可能性。如果將各種情況都考慮到了，那麼當意外發生的時候，也就不會驚慌失措，手忙腳亂了。

在某些時候管理者就要順應形勢，隨機應變，不可固執莽撞。遇事要看清問題的癥結，謀求最好，慮及最差，這樣才能控制衝動，掌握出手的最佳時機。這樣才能保證自己進可以成功，退可以安全。否則，很可能一著不慎，而導致滿盤皆輸。

【管理運用】

人們做事情，常常在快要成功的時候就失敗。所以，老子告誡我們，如果人們在事情快要完成的時候，也能像開始的時候一樣謹慎，那麼事情就不會失敗。所謂「行百里者半九十」，做一件事要善始善終，切勿在最後關頭疏忽大意，否則稍一鬆勁，就前功盡廢。

在人的感情長發現，喜新厭舊，「這山望著那山高，不知哪山有柴燒。」很多男人熱戀時甜言蜜語獻殷勤，無所不用其極，一旦結了婚便失去了新鮮感、神秘感，一變而冷若冰霜，面目猙獰，動輒打罵，再也找不到婚前的如膠似漆、溫情脈脈了。雙方感情都不能慎終如始、始終如一，都發現對方變成了另一個極為討厭的人，因而都把目光轉向新的獵取目標，相去日遠，最終分手。當今時代，物慾橫流，世風日下，離婚率一天比一天升高，都是由於人心日漸浮躁了，感情上不能始終如一。

在工作中也常發現，有頭無尾、虎頭蛇尾的事也常常遇到。一些已佈置的工作，沒有反饋；有的事，只有出去的指令，沒有「做得如何」、「結果如何」的回音。例如，很多工作，其實在年初就已列入計劃目標。對於一個部門、一個單位來說，也已經有了先後順序的安排。問題在於，進入了第四季時，這些事、這些任務完成的如何？哪些已經完成了？哪些還沒有完成？更重要的在於，離目標值還有多少距離？該如何接近目標，最終達標？正確的觀念應當是，任何方針目標，都要有頭有尾，有始有終。因此，我們一定要充分重視在每年的最後一個時候更要加倍努力。面對激烈競爭、面對全面預算目標、面對完成年終任務的壓力，我們只能善始善終、認認真真、扎扎實實地把今年的方針目標全面、有效地實施好，為明年、為今後幾年的工作打下一個堅實的基礎，虎頭蛇尾只會使工作越來越難做。

慎終如始　無敗事

《道德經》第六十四章：「民之從事，常於幾成而敗之。慎終如始，則無敗事。是以聖人欲不欲，不貴難得之貨，學不學，復眾人之所過，以輔萬物之自然而不敢為。」

其中，「慎終如始，則無敗事」意思是：當事情快要完成的時候，只要仍像開始時那樣慎重，就沒有辦不好的事情。因為萬事萬物都不斷的在變動，所以在過程中難免會發生與預期相違背之事，如果沒有在過程中保持像開始那樣的慎重，則難保會有預期的好結果。

吾人皆知，「萬事起頭難」，「好的開端是事業成功的一半」，這是我們熟知的格言，我們因而特別重視開頭。但結果呢？很多人往往忽視結尾，所以就有了「虎頭蛇尾」的說法。老子幾千年前就發現了這個問題，如今，我們依然容易犯這個毛病。

老子講的道理，從深處看，其實是說人的意志品質。一個人能否善始善終，不是靠人的才幹，虎頭蛇尾者往往是聰明人。堅持到最後的，常是一些看起來有些愚笨者，然而他們是有大智慧的，他們的思想品質，他們的意志品質是領先的。

老子整段話的意思是：人們做事情，總是在快要成功時失敗，所以當事情快要完成的時候，也要像開始時那樣慎重，就沒有辦不成的事情。因此，有道的聖人追求一般人不追求的，不稀罕難以得到的貨物，學習別人不學習的，補救眾人所經常犯的過錯。這樣遵循萬物的自然本性而不會妄加干預。

現代西方管理也漸漸了解我國古老《易經》、《道德經》的管理智慧，開始重視「變易」對企業管理的重要。最近就提出「專案管理」來因應老子所提「慎終如始」，導致各企業立刻一窩蜂的展開專案管理師的訓練。「專案管理」強調「如時、如質、如成本」自始至終，在過程中明訂里程碑，排程且不斷追蹤、檢討、改進以期能如預期的時間、預期的成本達成顧客預期的品質成果。

然而，西方科學只注意到變易的部分，而不知《易經》有三易：變易、不易及簡易。每個易都含有陰和陽，陰中有陽，陽中有陰，陰陽是互動的。如果專案實施過程中注意

「變易」的部分而忽略「不易」的部分，在執行過程中勢必會遭遇許多問題。

因為，從專案起始至專案結束，除了對事物及時間的管理外，真正的執行是在「人」，而人的特性就是善變，情緒容易受到外在環境的影響，而不同的人各有個性、整合不易，必須建立一些「規範」和「共識」。而「規範」和「共識」就是易經「不易」的部分。

「不易」才能使專案成員都能具備「慎終如始」的意志，使每個環節都能堅持開始時的慎重。所以人們常說堅持就是勝利，其道理是一樣的。但是，做壞事就不要堅持了，最好改邪歸正；做好事又能堅持做完，「慎終如始」把好事做到底，那才叫做好事。

【管理運用】

本篇仍然是談事物發展變化的對立統一辯證法。大的事物總是始於小的東西而發展起來的，任何事物的出現，總有自身生成、變化和發展的過程，人們應該瞭解這個過程，對於在這個過程中事物有可能發生禍患的環節給予特別注意，杜絕它的出現。從「大生於小」的觀點出發，老子進一步闡述事物發展變化的規律，說明遠大事情，都是從「生於毫末」、「起於累土」、「始於足下」為開端的，抽象地證明了大的東西無不從細小的東西發展而來的。同時也告誡人們，無論做什麼事情，都必須具有堅強的毅力，從小事做起，才可能成就大事業。無論做世界上最容易的事情，還是做世界上最難的事情，都少不了「堅持」二字。沒有堅持不懈的精神，最容易的事情就會變難；有了堅持不懈的精神，最困難的事情就會變容易。

許多人不能持之以恆，總是在事情快要成功的時候失敗了。出現這種情況的原因是什麼？老子認為，主要原因在於將成之時，人們不夠謹慎，開始懈怠，沒有保持事情初始時的那種熱情，缺乏韌性，如果能夠做到「慎終如始，則無敗事」。老子認為，一個人應發揮智能或技能的最佳狀態，只有在心理平靜的自然狀態下才能做到。總之，在最後關頭要像一開始的時候那樣謹慎從事，就不會出現失敗的事情了。只有「無為」、「無執」，是讓人們依照自然規律辦事，樹立必勝的信心和堅強的毅力，耐心地一點一滴去完成，稍有鬆懈，常會造成前功盡棄、功虧一簣的結局。

豪利定律「為之於未有　治之於未亂」

大陸某城市的地鐵一號線是由德國人設計的，看上去並沒有什麼特別的地方，直到中國人自己設計的二號線投入營運才知道其中有那麼多的細節被忽略了。結果成本遠遠高於一號線，似乎至今仍未實現收支平衡。經研究發現問題如下：

三級臺階。地鐵一號線的每一個室外出口都不是和地面齊平的，要進入地鐵口，必須要踏上三級臺階，然後再往下進入地鐵站。不要小看這三級臺階，在下雨天它可以阻擋雨水倒灌，從而減輕地鐵的防洪壓力。事實上一號線內的那些防汛設施幾乎從來沒有動用過，與之相較地鐵二號線曾發生過雨天被淹的慘劇。

轉彎。地鐵一號線的每一個出口都會轉一個彎，不會直接通到室外，而二號線顯然沒有注意到這一點。這一個轉彎大大減少了地鐵月臺和外部的熱量交換，從而減輕了空調的壓力，使得一號線的電費大大小於二號線。

地面裝飾線。一號線的月臺最外邊採用金屬裝飾，裡面又用黑色大理石嵌了一條邊，在裡面鋪設同一色彩地磚。這樣的裝飾，給予乘客心理上暗示，從而使所有的人都會下意識地站在地磚所在的範圍內，和地鐵保持了大約五十釐米的距離，保證了乘客的安全。而二號線地面全部用同色的地磚鋪成，稍不注意就會過於靠近軌道，使得地鐵公司不得不安排專門的人員來提醒乘客。

美國管理學家H．豪利提出「豪利定律」，意指：每一個問題裡，都有一個小問題竭力露面。換言之，小小的問題往往會決定整體的成敗。

老子《道德經》第六十四章提及「為之於未有，治之於未亂。合抱之木生於毫末；九層之臺起於累土；千里之行始於足下。」老子主要是在告誡管理者要注重營運活動中細微的變化，遵循事物發展規律，順應自然，以達「無為」而治之目的。「千里之行始於足下」與「合抱之木生於毫末；九層之台起於累土」都是同一類意思是：成就任何事情都必須從點點滴滴開始，這種變化是自然而然的，毫無做作的「無為」而治思想。

管理者應知道：事情還沒有發生之前應該先有準備，事情沒有變亂以前應該要能事先防止。合抱的大樹都從小樹苗開始生長，九層的高塔是由泥土堆積起來，旅行千里是從腳下第一步的跨出開始；萬物的發展必然依照其自然的特性而發展。管理者如果任意依自己想法行事，一定會失敗。所以，只要遵循事物自然的本質，不執著作為，就不會失敗；管理者行事會功敗垂成，往往是因為有主見，因而不能審慎針對每一環節逐步的循序漸進妥善處理。因此，一位高明的管理者必須修練自己達到在慾望中沒有自己的私欲，不追求稀有的物質享受；指導員工由錯誤中複返正道，輔助萬物依照本性自然發展，不能有私心作為。

千里之行，開始於腳下的第一步也有積少成多，萬事開頭難的意思。最困難的是邁出第一步。無論你的速度快慢，只要邁出第一步，或遲或早，總能到達目標。遺憾是，很多人只是打算開始，卻從未採取行動；或者幾步不順利，馬上退回到原來的地方。千里馬雖然迅捷，如果呆立不動，到不了任何地方；老牛破車雖然遲緩，若用功不捨，也能周遊天下。成功沒有固定的模式，只有不變的定律：勇敢邁出第一步，然後一步一步地往前走。失敗的管理者並不缺少機會和智商，他們缺少的只是行動。

【管理運用】

安定的狀況容易維持，事情尚未發生變故之前容易防範。太脆弱的物品容易破裂；太小的東西容易遺失。事情還沒有發生之前應該先有準備，事情沒有變亂以前應該要能事先防止。「未雨綢繆」的確要比「亡羊補牢」要強得多，至少不會丟掉「亡羊補牢」中的那隻羊。這雖然是調侃，但卻是事實。歷朝歷代都不乏那些未雨綢繆，預測能力非凡的智者，這些智者中，最重要的一位非諸葛孔明莫數了，他的預測能力簡直達到了一種神乎其神的地步——如果說赤壁之戰借東風是觀天象而得的結論；那麼在讓孫權「賠了夫人又折兵」的較量中，不能不說明他的預測之神了。

「為之於未有，治之於未亂。」就是在提醒人們在沒有發生危險之前，能夠進行全面的謀劃，提高對危險的預測能力，達到防患於未然、減少損失的目的。事情未發生之前，要運用發散性思維，全方位地思考問題，將各種可能發生的情況都納入考慮的範疇，採取排除法，最終確定一種或幾種最有可能發生的情況，然後針對情況準備，那樣便能將危險於損失降到最低。

「欲善終　當慎始」

有一個故事：明代御史張瀚初上任，前去參見都台長官王廷相，王廷相跟他說起有一次乘轎進城遇雨，一名轎夫穿了雙新鞋，開始時小心翼翼地循著幹淨的路面走，擇地而行，後來轎夫一不小心踩進泥水坑裡，由此便不復顧惜了。王廷相說：居身之道，亦猶是耳，倘一失足，將無所不至矣！張瀚聽了這些話，退而佩服公言，終身不敢。這個歷史故事告訴我們，人一旦「踩進泥水坑」，心裏往往就放鬆了戒備。反正「鞋已經髒了」，一次是髒，兩次也是髒，於是便有了慣性，從此便「不再顧惜」了。

老子也說：「慎終如始，則無敗事。」一日得失看黃昏，一生成敗看晚節。有些官員或企業經營者或幹部，起先在工作中兢兢業業，廉潔奉公，偶然一不小心踩進「泥坑」，經不住各種的誘惑，便從此放棄了自己的操守。自古以來，從不少腐敗分子腐化變質的經歷中，可以發現一個值得注意的現象，就是第一道防線守不住，往往導致在腐敗的泥潭中越陷越深，最終身敗名裂，這是一種警示。

那些人初幹壞事時，並非就膽大妄為。或許也曾猶豫過、心虛過、自責過，但終究沒能戰勝自己。有的還以「一次就好」為託詞放任自己。還有一些人，開始時並不認為事情很嚴重，覺得只是佔點小便宜，撈點小外快，小事一樁，不足掛齒。殊不知，就慢慢地放鬆了警惕，在錯誤的道路上越走越遠，一旦醒悟，卻已養成習慣不能自拔。「欲善終，當慎始」就是告訴我們，一個人要想清正廉潔，永保本性，不能不把好第一關，守住第一道防線。

以企業經營而言，企業的聲譽是長期確保品質與服務的許多顧客滿意累積而來，是企業最大的資產。如何維護確保永久的良好聲譽，是全體員工要努力的課題。然而，在追求全球化的趨勢下，競爭日愈劇烈，有些企業為了因應價格競爭，就只會想辦法降低成本而非創新產品。而降低成本最簡單的方法就是尋求更低成本的原物料或官商勾結偷工減料，最終導致品質有問題，甚至還傷害顧客與社會大眾。今年最流行的字就是「假」，黑心食品、排放有毒廢棄物汙染河川、公共建設官商勾結圖利財團等事件，層出不窮，至今尚未解決。令人驚訝的這些黑心企業，過去都是具有良好的聲譽，實在可惜！相信這些企業負責人，他們也曾猶豫過、心虛過、自責過，但終究沒能戰勝自己，未能「欲善終，當慎始」。

在物慾橫流，各種媒體興盛的時代，人們遇到的誘惑和考驗很多，無論什麼情況下都要自重、自省、自警、自勵。把好第一關、守住第一道防線，嚴格自律是最強大的力量。一定要牢記「控制自己」，始終保持堅定的人格和清晰的思想，不斷加強自身修養、人性鍛鍊、知識學習，提高辨別是非的能力。抑制自性的浮躁，心常懷敬畏，時刻敲響自警的暮鼓晨鐘。就能視名利淡如水，視企業聲譽和顧客的滿意重於泰山，只賺合理的利潤，就能基業長青，永保競爭優勢。

【管理運用】

莊子用許多寓言故事告訴我們：一個人境界的大小決定了對事物的判斷，也可以完全改變一個人的命運。站在大境界上，就會看到天生我材必有用。而站在小境界上，只能一生碌碌無為。那麼，我們應該怎樣區別境界的大小？又如何才能達到那個大境界？在莊子的《逍遙游》篇中，有一個核心的命題，就是，什麼是大？什麼是小？就如企業追求短期小利重要還是長期的聲譽重要？相信決論不言而諭。然而只追求長期聲譽就不顧短期當下的生存與發展所需的利潤？有智慧的管理者應該是二者並行吧！

《逍遙游》莊子告訴我們，世間的大，遠遠超乎我們的想象；世間的小，也同樣遠遠超乎我們的想象。因為真正的大與小不僅僅在眼界之中，還在人的心智之中；它絕不單純是一種文字描寫中的境界，更多的時候，它表現為生活裡面很多實用的規則。也就是說，人的這一生，如小大、嚴鬆、難易、始終之境應用不同，會帶給你不同的效果、不同的人生。大家都知道惠施和莊子是好朋友，兩人之間有很多對話。如一個葫蘆如果長得小，可以當瓢，它是有用的。一棵樹長得小，它可以去做桌子、椅子，它是有用的。一個葫蘆長到最大，不必把它破開，可以把它當游泳圈一樣浮於江海，它還是有用的。一棵樹長到最大，可以為人遮風避雨，它也是有用的。

當我們以世俗的小境界去觀察事物時，常常會以眼前的有用和無用來進行判斷。當你具有大境界時，才能夠理解什麼叫作「天生我材必有用」。可見，老子的「慎終如始」亦是如此，要慎始也要慎終，不能偏頗一方。

損之而益　益之而損

東漢時，劉秀愛將之一的馮異，是一個處處謙讓他人的人，因此，他得到了眾人的尊重，受到大家的擁戴，地位也節節高昇。馮異本人不僅驍勇善戰，戰功赫赫，而且治軍有方。以馮異的功勞和地位來說，他頗有可供誇耀的本錢。但是，他卻從不因此而驕傲自滿、狂妄自大，相反，他居功而不自傲，為人特別謙虛，處處謙讓他人。與其他將領相處，馮異總是主動退讓，態度非常恭謹有禮。每次戰鬥結束，紮營休息時，其他將領們總是習慣聚集在一起，互相擺功爭賞，馮異卻從不參與其中，而是單獨退避到一棵樹下，思考行軍打仗的辦法，因而獲得一個「大樹將軍」的稱號。

「大樹將軍」馮異不僅治軍有條理，而且為人謙遜，所以深得軍中將士的擁戴。當劉秀攻破邯鄲以後，開始整編隊伍、重新安排眾將之時，要給每個人都配備從屬人員，幾乎軍中的所有官員都願意分到馮異的部下。劉秀特別器重馮異，他最終成為劉秀的佐命功臣。

《道德經》第四十二章提及：「人之所惡，唯孤、寡、不穀，而王侯以自稱也。故物或損之而益，或益之而損。人之所教，我亦教之。強梁者不得其死，吾將以為教父。」意謂：人們所厭惡的，就是「孤」、「寡」、「不穀」，但王侯們卻用這些字眼稱呼自己。所以，一切事物，有時減損它，反而會增益；有時增益它，反而會減損。人們教導我的話，我也用來教導人，橫行霸道的人不會有好結果，我要把這句話作為教人的頭一條。

《道德經》中的「故物或損之而益，或益之而損」原意是：所以，一切事物，有時減損它，反而會增益；有時增益它，反而會減損。在這裡，我們可以引用、理解為：「謙讓他人成就自己」。老子看透了事物間的相互作用，因而得出「損之而益、益之而損」的結論，並以此告誡世人。如果應用到官場之中的做人處世當中，那麼，你謙讓他人，結果往往成就了自己。你恭敬他人而貶損自己，你謙讓他人而委屈自己，你忍讓他人而克制自己……這些行為看起來都是有損於自己的，但卻往往給自身帶來無盡的益處。正所謂「損之而益、益之而損」。

上述故事中的馮異不爭功、不居功的做法，不但沒有令其功勞埋沒，反而為其贏得了讚譽，贏得了功勳。他懂得謙讓他人的道理，所以最終成就了自己。即使現代企業的管理者也應如此才是明智之舉。懂得謙讓他人，不事事與人針鋒相對，這是與人相處的大智慧，有時候可能成為職場中人明哲保身的救命之道。適度、適時的謙讓是為人之道，也是身處職場之人的全身之道、進取之道。只有與他人和平共處，才能使自己的地位更加穩固，所以只要我們多一些謙讓，便不僅襯托了別人，更成就了自己，在付出中收穫雙贏。

當然，謙讓並非就是凡事忍讓，凡事退卻，有時候，謙讓恰恰是有技巧的爭取最後的成功。謙讓，是一切從長遠考慮、以大局為重，不著重於眼前的勝敗，不執著於無足輕重的得與失、進與退。老子教導所有身在競爭愈來愈劇烈的職場中的人：柔弱、退守是處事的最高原則，只有守柔、抑強，才符合「道」的原則，才能有益無損。謙受益，滿招損。

【管理運用】

謙讓二字，是損與益之間的「平衡」準則。但是，要想真正感悟謙讓的境界，就一定要能夠超越謙讓。而有一個平靜淡泊的心態，才是超越謙讓的基礎。那麼，怎樣才能做到謙讓？怎樣才能感悟世間的道理？怎樣才能超越自我，達到一個理想的境界？超越這個話題，我們在生活中經常談到。什麼是真正的超越？超越基於現實世界的認知，辨別在紛雜的現實生活中，什麼是恆定不變的？本質是什麼？謙讓，就是一切從長遠考慮、以大局為重，不著重於眼前的勝敗，不執著於無足輕重的得與失、進與退的心態。

其實這很像我們今天的生活。我們在行走，我們在奔波，我們終日忙忙碌碌，但是我們忘記了為什麼而出發。很多時候，我們會置身於這樣的茫然中。生活的大道理，人生的大境界，有的時候，都是從生活中的最細微處去發現、去感悟的。那麼，怎麼樣才能從細微處見出大境界呢？有的時候，大境界是從眼前的小對象上看出來的。也就是說，要看到大境界，在於我們有沒有安靜的心靈，有沒有智慧的眼睛。只要我們可以讓心靜下來，真正擁有了空靈之境，讓我們眼睛敏銳起來，我們就會看到在不經意處，有很多至極的道理。

圖難於其易　為大於其細

美國美林證券公司約創始人查理斯・梅里爾，雖然出身貧窮，卻靠個人奮鬥擠身華爾街。梅里爾對股票投資有著驚人的洞察力，在一九二九年美國大蕭條來臨之前他預測到股市將會遭受重創，幾乎所有的人都對他的意見嗤之以鼻。但是梅里爾卻及時將公司的大部分股票兌成現款，從而讓美林證券公司逃過了那場大劫難，梅里爾明智之舉而永載美國金融界史冊。通過信息分析產生判斷，相信自己的判斷從而確定未來的方向，這就是梅里爾的「先知先覺」。

聯合國教科文組織分析和預測辦公室主任熱羅姆・班德提出：班德定理：不會辨別方向的海員找不到順風的路。換言之，就是看風使舵舵穩，順水行舟舟輕的意思。然而，「禍兮福之所倚，福兮禍之所伏。」《道德經》第五十八章在現代管理領域，禍、福的事例到處可見。比如，暢銷和滯銷、景氣和不景氣、良機和危機。管理的重要任務，是創造條件使這些矛盾將「禍」轉成「福」，同時避免使「福」變成「禍」。管理者認清禍福相倚、轉化的規律後，就能在困難中見到光明，在光明時見到潛在的危機。

當遇到難解的問題時，《道德經》第六十三章也說到：「圖難於其易，為大於其細。天下難事，必作於易；天下大事，必作於細。」這是說：解決困難的問題，要在尚處於容易解決的時候入手，不要等到問題難以解決時才去解決；解決重大的問題，要在尚處於細微時就開始，不要等到問題變大後再去解決。天下的困難問題，在開始的時候並非是困難的；天下的重大問題，在其初期，也不是一下就是重大的。所以，管理者必須著重於注意解決「其易」、「其細」。

管理所面臨的難事、大事，並非一開始就難、就大。在其開始時，往往是「易事」、「細事」。此時的問題極易解決，也就不會釀成日後的難事、大事。這就是我們日常所說的要「防患於未然」、「防微杜漸」的道理。

如果環境已明顯變化，企業原有的經營方式已不適應時，多數企業出於無奈，被迫應變，這叫後應。其原因是「圖難」而不「圖易」，「為大」而不「為細」。

以企業而言，「圖難」而不「圖易」就是執著於追求創新而且最好是破壞性創新，以便一舉獨占市場。然而，破壞性創新是可遇不可求，誰也沒把握。反而追求改善的連續性創新或是市場區隔、通路、流程或行銷創新的「圖易」還較容易。

「為大」則指不斷擴大企業或市場規模以追求佔有大眾市場為目標以圖利潤最大化。而環境變化快速，除競爭者眾外企業資源也有限，怎能使大眾市場所有顧客都滿意？倒不如「為細」，選擇利基目標市場，用心耕耘瞭解顧客需求建立長期良好關係，行有餘力再增加新的目標市場，以擁有長期競爭優勢。

其實，環境的變化有其「先兆」，如能及時發現這個先兆，並及時著手準備應變叫預應。預應是先發制人，是「圖難於其易，為大於其細」的，因而「能成其大」！老子強調：「為之於未有，治之於未亂」。解決問題只有把隱患消滅在萌芽之中，才能防患於未然。因此，解決問題，最好在尚未發生時，預先加以處理；治亂，要在變亂發生之前就要作好預防。防患於未然，是防火；而待問題已釀成後再解決，是救火。防火，省力，省時，省財又容易。救火，費力，費時，費財，既難又有重大損失。高明的管理者應是防火者，而不宜甘當救火者。

【管理運用】

人們可以從不經意的地方，從最小的細微處，看出精妙的大道理。關鍵在於你是不是用心，是不是能夠從這些細節裡面，真正獲得你自己需要的知識和感悟。我們有什麼樣的眼界，就有什麼樣的生活。有很多人一生追逐成功，渴望輝煌。別說辭讓天下了，連一個小位子，甚至一個小小的兼職機會都不肯放棄。因為我們耐不住寂寞，我們需要這種外在的輝煌，來證明我們自己的能力。

我們都會騎自行車。自行車如果靜止擺在那兒的時候是立不住的。但是騎起來以後，兩個輪子就可以行進，為什麼呢？因為它在動態中保持了平衡。這在靜態中做不到。在我們今天的生活中，有太多人應對挑戰的時候，感到失去了心理的平衡，那是因為世界在動，而你不動。時代在變遷，一個人真的能做到與時俱進，真的能做到取捨自如，以一種清楚的眼界給自己確定準則，並且以心游萬仞的心態去調整自己的生活秩序，永遠保持動態中的平衡，你就永遠不會倒。只有當你靜止下來，你才會真正倒下。你倒下來是沒有外力可以拯救的。

其安易持　其未兆易謀蝴蝶效應

在西方，一九七九年十二月，洛倫茲在華盛頓的美國科學促進會的一次講演中提出：一隻蝴蝶在巴西扇動翅膀，有可能會在美國的德克薩斯州引起一場龍捲風。他的演講和結論給人們留下了極其深刻的印象。從此以後，所謂「蝴蝶效應」之說就不脛而走紅，名聲遠揚了。「蝴蝶效應」之所以深受全球注目、令人激動、發人深省，不但在於其大膽的想像力和深刻的科學哲學魅力。以科學的角度來看，「蝴蝶效應」反映了混沌運動的一個重要特徵：任何事務的長期行為深受初始條件的影響。就如老子所提，合抱之木生於毫末；九層之臺起於累土；千里之行始於足下。比喻任何事物的發展，是從小到大逐漸積累起來的。

經典動力學的傳統觀點認為：事物的長期發展對初始的因子是不敏感的，即初始因子的微小變化對未來狀態所造成的差別也是很微小的。可混沌理論向傳統觀點提出了挑戰。混沌理論認為在混沌系統中，初始條件的十分微小的變化經過不斷放大，對其未來狀態會造成極其巨大的差別。我們可以用在西方流傳的一首民謠對此作形象的說明。這首民謠說：

丟失一個釘子，壞了一隻蹄鐵；壞了一隻蹄鐵，折了一匹戰馬；折了一匹戰馬，傷了一位騎士；傷了一位騎士，輸了一場戰鬥；輸了一場戰鬥，亡了一個帝國。馬蹄鐵上一個釘子是否會丟失，本是初始條件的十分微小的變化，但其「長期」效應卻是一個帝國存與亡的根本差別。這就是軍事和政治領域中的所謂「蝴蝶效應」。

這是西方有名的「蝴蝶效應」，但企業在面臨詭譎多變競爭劇烈的國際環境中，大家一窩蜂的學習西方的管理思想，殊不知，我國古老的聖哲如易經或老子在數千年前早已提出這個觀點，只是我們日用而不知，捨進而求遠。

《道德經》第六十三章提出：「合抱之木，生於毫末；九層之臺起於累土；千里之行始於足下」。意指：合抱的大樹，生長於細小的萌芽；九層的高臺，築起於每一堆泥土；千里的遠行，是從腳下第一步開始走出來的。其中，「千里之行始於足下」從管理角度看，反映出事物變化的過程。走一千里路，是從邁第一步開始的。比喻事情的成功，是從小到大逐漸積累起來的。

老子《道德經》第六十四章更進一步提出解決之道：「其安易持，其未兆易謀；其脆易泮，其微易散。為之於未有，治之於未亂。意謂：局面安定時容易保持和維護，事變沒有出現蹟象時容易圖謀；事物脆弱時容易消解；事物細微時容易散失；做事情要在它尚未發生以前就處理妥當；治理國政，要在禍亂沒有產生以前就早做準備。因此，有道的管理者要追求人所不追求的，不稀罕難以得到的貨物，學習別人所不學習的，補救眾人所經常犯的過錯。這樣遵循萬物的自然本性而不妄加干預。進而能慎微、慎初，防微杜漸，居安思危，待時而發。否則，往往會「差之毫釐，失之千里」、「一招不慎，滿盤皆輸」。

「蝴蝶效應」看起來似乎有點不可思議，但是確實能夠造成這樣的惡果。一個明智的管理者人一定要懂得防微杜漸，看似一些極微小的事情卻有可能造成集體內部的分崩離析，那時豈不是悔之晚矣？任何一座橫過深谷的吊橋，常從一根細線拴個小石頭開始。同理，任何組織的競爭優勢，也是要經由各單位一點一滴的建立單位個別優勢，若能將「千里之行始於足下」的概念建立成企業文化的一部分，有智慧的管理者在詭譎多變競爭劇烈的環境中，無論在策略擬定或人事管理上應引以為戒！才有可能整合成超越競爭者進而滿足顧客價值的競爭優勢，使企業基業長青。

【管理運用】

這個世界上的道理，只要是一種精妙的、能夠貼近人心的道理，人的參悟都會有深有淺，有遠有近，都會根據人心智的不同、閱歷的不同、價值取向的不同、理想境界的不同而有高下之分。這個世界永遠沒有一個標準規則或是完整事件。真正的道理，不會像一加一等於二那樣精確無誤，人人明白。

就如老子所提：局面安定時容易保持和維護，事變沒有出現蹟象時容易圖謀；事物脆弱時容易消解；事物細微時容易散失；做事情要在它尚未發生以前就處理妥當；治理國政，要在禍亂沒有產生以前就早做準備。但是，事情不是如文字描述的這麼簡單，如果是，那麼讀書人都能解決天下事了。我們需近一步思考，不同人對於局面安定，是變未限，事務脆弱，禍亂程度的看法不同，做法也會不同，是沒有準則的。因此，要永遠保持動態中的平衡，需要先開闊自己的眼界、心界。道法自然，就是讓我們的心感受天地之氣。天地無處不在，所以道無所不在。道法自然，就是鼓勵每一個人用自己的腳步去丈量你的歷程，用自己的體驗去開啟你的心智。道法自然，就是讓你無處不看見。

天下大事　必作於細

東漢末年時，天下大亂。為了統一天下，平定不服從統治的諸侯，曹操長年領兵討伐諸侯。這一年，曹操統兵十五萬討伐張繡。當時正是盛夏三伏天，驕陽如火，天氣乾燥，而行軍路上都是遠離了水源的荒山野嶺，根本找不到一滴水。因為長途跋涉和乾渴難耐，兵士們一個個都顯得有氣無力、垂頭喪氣的，以致隊伍漸漸七零八落，行軍速度越來越慢。曹操騎在馬上，看到這幅情景，心中十分焦慮。他皺著眉頭，苦思良策，走著走著，他忽然心生一計。只聽他拿令旗指著前方說：「將士們，堅持一會兒，再往前面走一段路，就有一大片梅子林了！綠蔭蔭的樹上結滿了青梅，又甜又酸，吃到嘴裡可以解渴。快點走啊！」曹操手下的兵士們一聽，腮幫子都酸了，嘴裡立刻湧出了唾沫，頓時個個精神抖擻，走得飛快，最後及時到達了戰場。

曹操「望梅止渴鼓士氣」的良策，一方面固然是來自於他敏捷的思維，另一方面又與他對細節的注重有著重要的關係。他能敏銳判斷出士氣低落的根本原因，然後迅速作出反應，這才能用一個小小的細節解決了一個大問題。否則，在當時的情況下，兵士們能不能如期到達戰場就很難說了。兩軍相爭之時，一般情況下都看重雙方將領的能力高低，雙方兵力的強弱差距，孰不知，如果能夠對細節加以重視，也是交戰取勝的籌碼呢！

《道德經》第六十三章提及：「圖難於其易，為大於其細；天下難事，必作於易；天下大事，必作於細。是以聖人終不為大，故能成其大。夫輕諾必寡信，多易必多難。是以聖人猶難之，故終無難矣。」

意為：以「解決困難的事要從容易的地方著手，做大事情要從細小的地方入手。天下的難事，要從容易做起；天下的大事，必定由小事開始。聖人看上去好像不在做大事，所以最終能夠做成大事。輕易應諾別人的要求，一定很少遵守信約；把事情看得太容易，遇到的困難就一定多。因此有「道」的聖人遇到事情都把它看得艱難，所以才永遠沒有困難。

老子強調大是由小積累而成的，做大事應由做小事開始。管理者應解讀為：天下大事、必作於細——細節能成就大局。做大事情要從細小的地方入手。天下的難事，要從容易做起；天下的大事，必定由小事開始。聖人看上去好像不在做大事，所以最終能夠做成大事。換言之，「細節能成就大局」。困難與容易、大事與小事都是二面的關係，克服困難要從容易的地方入手，大事要先從小事、細節開始努力。

事實上，很多至關重要的大事情，成與敗往往是由細節決定大局的。因此，做大事不能不重視細節，成就大業不能不重視小事。所以說，有做小事、重細節的精神，才能夠產生做大事的氣魄。每一件大事都是由無數個細節積累而成的，而某些細節則能夠直接決定了大局的成與敗。在很多關鍵時刻，如果能夠在問題的細節上下功夫，那麼，就極有可能扭轉大局，使事情峰迴路轉，向著好的方向發展，因為，細節往往影響和決定著大局。

管理者須知，之所以會出現混亂的局面，影響了大局，都是因為細節處理得不周全，才給他人可乘之機。如果在細節上把握好了，就會有效地杜絕問題的發生。有些問題，只要在細節上下功夫，就完能夠彌補失誤，杜絕後患，而保全大局了。有的事情看起來很難辦，但是一旦能夠找到問題的根源，處理好關鍵處的細節，那麼，問題就很容易解決了。

【管理運用】

要想成就大事，必先從小事做起，一件件地去做，一步步地去走，步步為營，逐步前進。只要管理者堅持不懈地把每一個細節做好，天下就沒有做不成的大事。傑出人士都知道，在技術與服務能夠被迅速複製的今天，競爭取勝的要點，就是在細節方面高人一籌。

傑出的管理者都知道，「優良品」與「次品」之間，相差也許僅僅是一個小小的缺陷，無論在大的方面如何成功，一旦存在細節上的漏洞，可能使所有的工作前功盡棄。所以，必須把工作做到盡善盡美。在這個世界上，最難完成的事情和最容易完成的事情都是同一件事，那就是簡單細微的事情。把所有簡單細微的事情做好了，大功也就告成了。細節就像人體細胞一樣舉足輕重，而且無處不在，只有認識它、注意它的人，才能把握住成功的機會。那些成就非凡的人，著眼於大處，卻在細微之處用心、在細微之處著力，日積月累，終於漸入佳境，出神入化。這才是真正的成功管理之道。

解決問題 別等到代誌大條

在網路化、全球化的競爭環境中，企業若欲在眾多競爭中異軍突起，管理者面對的是如何不斷創造新顧客與留住老顧客的問題。而這些問題是詭譎多變、非線性且無法量化，甚至現代的管理理論也無法提出適當的解決之道。因此，如何提升解決問題的能力是當今企業的重大課題。古代聖哲的智慧可以參考之。

《道德經》第六十三章說：「圖難於其易，為大於其細。天下難事，必作於易；天下大事，必作於細。是以聖人終不為大，故能成其大。」這是說：解決困難的問題，要在尚處於容易解決的時候入手，不要等到問題難以解決時才去解決；解決重大的問題，要在尚處於細微時就開始，不要等到問題變大後再去解決。天下的困難問題，在開始的時候並非是困難的；天下的重大問題，在其初期，也不是一下就是重大的。所以，掌握事物發展規律的聖人，總是注意解決「其易」、「其細」。

管理所面臨的難事、大事，並非一開始就難、就大。在其開始時，往往是「易事」、「細事」。在這個時候，問題極易解決，也就不會釀成日後的難事、大事。因此，「自易而往，則難者亦易；自細而行，則大者亦細」。這就是我們日常所說的要「防患於未然」、「防微杜漸」的道理。

如何提高應變能力，不斷適應變化的環境，得以持續、穩定的發展是企業的重要課題。如果環境已明顯變化，企業原有的經營方式已不相適應時，多數企業出於無奈，被迫應變，這叫後應。其原因是「圖難」而不「圖易」，「為大」而不「為細」。

以企業而言，「圖難」而不「圖易」就是執著於追求創新而且最好是破壞性創新，以便一舉獨占市場。然而，破壞性創新是可遇不可求，誰也沒把握。反而追求改善的連續性創新或是市場區隔、通路、流程或行銷創新的「圖易」還較容易。

「為大」則指不斷擴大企業或市場規模以追求占有大眾市場為目標以圖利潤最大化。而環境變化快速，除競爭者眾外企業資源也有限，怎能使大眾市場所有顧客都滿意？倒不如「為細」，選擇利基目標市場，用心耕耘了解顧客需求建立長期良好關係，行有餘力再增加新的目標市場，以擁有長期競爭優勢。

其實，環境的變化有其「先兆」，如能及時發現這個先兆，並及時著手準備應變叫預應。預應是先發制人，是「圖難於其易，為大於其細」的，因而「能成其大」！老子強調：「為之於未有，治之幹未亂」。解決問題只有把隱患消滅在萌芽之中，才能避免事物向相反方向的轉化，才能防患於未然。因此，處理事故、解決問題，最好在尚未發生時，預先加以處理；治亂，要在變亂發生之前就要作好預防。防患於未然，是防火；而待事故、問題業已釀成後再解決，是救火。防火，省力，省時，省財又容易。救火，費力，費時，費財，既難又有重大損失。高明的管理者應是防火者，而不宜甘當救火者。最後，「慎終如始」，是辦成任何事情所必須遵循的原則，管理工作也不例外。

【管理運用】

做難事要從易處做起；做大事要從小處做起。老子強調做「易事」不做「難事」，做「小事」不做「大事」，暗合兵法之理。天下事都是如此：你懂得了如何把難事變成易事，把大事變成小事，你就懂得了成功之道。成就一番事業，是人生大事，也是難事。無論是誰，無論天資多麼聰穎，想在兩三年內成為大管理者、大政治家或大學者，太難了！假如你有這樣的志向，就有必要知道如何把大事變成小事，把難事變成易事。

彼得。杜拉克在《卓有成效的管理者》一書中說：管理好的企業，總是單調無味，沒有任何激動人心的事件。那是因為凡是可能發生的危機早已被預見，並已將它們轉化為例行作業了。對企業來說，沒有激動人心的事發生，說明企業的運行時時都處於正常態勢，而這只有通過每天、每個瞬間嚴格地對細小的問題加以控制才有可能實現。

一些卓有成效的管理者，都是善於處理小問題的人，忽略每一個細小的問題，就意味著整體的放棄。從某種意義上說，管理者的管理能力就是處理細小問題的執行能力。

聖人常善救人　故無棄人

有一個小和尚擔任撞鐘一職，半年下來，覺得無聊之極，「做一天和尚撞一天鐘」而已。有一天，主持宣佈調他到後院劈柴挑水，原因是他不能勝任撞鐘一職。小和尚很不服氣地問：「我撞的鐘難道不準時、不響亮？」老主持耐心地告訴他：「你撞的鐘雖然很準時、也很響亮，但鐘聲空泛、疲軟，沒有感召力。鐘聲是要喚醒沉迷的眾生，因此，撞出的鐘聲不僅要洪亮，而且要圓潤、渾厚、深沉、悠遠。」

故事中的主持犯了一個常識性管理錯誤，「做一天和尚撞一天鐘」是由於主持沒有提前公佈工作標準造成的。如果小和尚進入寺院的當天就明白撞鐘的標準和重要性，我想他也不會因怠工而被撤職。工作標準是員工的行為指南和考核依據。缺乏工作標準，往往導致員工的努力方向與公司整體發展方向不統一，造成大量的人力和物力資源浪費。因為缺乏參照物，時間久了員工容易形成自滿情緒，導致工作懈怠。制定工作標準儘量做到數字化，要與考核聯繫起來，注意可操作性。

企業每位員工會進入公司本來就是有緣，才會千里來相會。古言：天生我才必有用，每位員工當初應徵時，必是公司看中他某些特質才會錄用他。如果往後發生績效不佳甚或離職，那可能是公司的問題而非員工本身。

美國國際農機商用公司董事長西洛斯・梅考克提出梅考克法則：管理是一種嚴肅的愛。

《道德經》第二十七章提到：「聖人常善救人，故無棄人」，是說聖人經常挽救人，所以沒有被遺棄的人。管理者應善於應用本身的經驗與聰明智慧，建立目標、規範與教育訓練制度。視員工為企業資產，用心的栽培與投資，使他能發揮所長為企業創造價值，就等於是在救人也就沒有被遺棄的人了。

另外，《道德經》第四十九章更提出：「聖人常無心，以百姓心為心。善者，吾善之；不善者，吾亦善之；德善。信者，吾信之；不信者，吾亦信之；德信」。意指：聖人常常是沒有私心的，以百姓的心為自己的心。對於善良的人，我善待於他；對於不善良的人，我也相對地善待他，這樣就可以得到善良的品德，從而使人人向善。對於守信的人，我講信用；對不守信的人，我也相對的講信用，這樣可以得到誠信的品德，從而使人人守信。

這更是提供現代管理者如何管理者部屬的智慧，管理者應該具無私的心，以員工、的心為心。對於表現良好的員工，要熱誠關心善待；而對於表現有待加強的員工也是熱誠關心的善待之，就可得到良善的品德，進而影響員工的效法追隨。對於守信的員工，管理者也講信用；對不守信的人，管理者也相對的講信用，這樣可以得到誠信的品德，從而使人人守信。高明的管理者在其位，收斂自己的貪念，為公司利益的心一片赤誠。

梅考克法則所提管理是一種嚴肅的愛。就是管理者要先具備一顆無私的心，真誠的善待員工，指導員工。也就是用謙虛、處下與無私的心，根據員工的需求訂定工作目標與工作標準，作為員工的行為指南和考核依據以避免導致員工的努力方向與公司整體發展方向不統一，造成大量的人力和物力資源浪費，如此自然就沒有不能用的員工，達到老子所言「聖人常善救人，故無棄人」、「聖人常無心，以百姓心為心」。

【管理運用】

人才是公司發展的雄厚資本，一個成功的管理者要懂得挖掘人才。大量的人力資源來源於管理者有效發現下屬的才智，使其各盡所能。但是由於有些領導經常使用自己信得過的下屬，而疏遠那些尚待發現的人才，致使某些工作難以展開。若先看一個人的長處，就能使其充分施展才能，實現他的價值；若先看一個人的短處，長處和優勢就容易被掩蓋和忽視。因此，看人應首先看他能勝任什麼工作，而不應千方百計挑其毛病。即使是毛病很多的人，也要看到他的長處，才能充分利用他的才幹。

同時，在管理中，所謂的平等，不僅是指經營者和管理人員對所有員工一視同仁，使員工們在同等的情況下感受的待遇相同，而且還指經營者、管理人員與員工之間相「平等」。對員工的尊重和信任是企業管理的核心內容，而這核心內容之首就是要求平等。

善結無繩　攏絡人心

古時候有一個鄉里的秀才進京考上了狀元，封了大官。鄉里有個孤寡老頭，進城找到狀元，請求給口飯吃。狀元的官雖做大了，人情尚未泯滅，看在同鄉的情分上，給老頭在自己的官邸後面租了間破房子，又給了一些銀兩讓他自己謀生。老頭沒有其他本領，也只能沿街撿些破爛，艱難度日。

一天，老頭看到這家官邸圍牆的下水道裡有許多白花花的東西，低頭一看原來是吃剩的大米飯。他極為心疼，口念罪過罪過，就把米飯拾攏起來，用清水洗淨，放在太陽底下曬乾後保存起來。日復一日，年復一年，竟然收集了很多。

這位當官的由於好日子過得多了，終因貪贓枉法，被罷官入獄。原來親近討好他的人都離他遠了，只有這位老頭子想到他收留自己的恩德，還每天去看他，並用每天收集的棄米做成一餐餐飯給他送去。這位狀元早就把家鄉的老頭給忘了，想不到還會有人給自己天天送飯，非常感激。每天吃著這樣的飯，竟然也是香甜可口。

有一天，他終於忍不住問老頭何來這麼多的錢給他買米做飯。老頭說了實話。這位狀元仰天長嘆，感慨自己枉讀詩書萬卷，今日方知《道德經》中所說「聖人善於救人，故無棄人，善於救物，故無棄物。」的道理。

《道德經》第二十七章曰：「善行，無轍跡；善言，無瑕謫；善數，不用籌策；善閉，無關楗而不可開；善結，無繩約而不可解。是以聖人常善救人，而無棄人；常善救物，而無棄物。是謂襲明。故善人者，不善人之師；不善人者，善人之資。不貴其師，不愛其資，雖智，大迷，是謂要妙。」意為：善於行走的，路上不留痕跡；善於說話的，不會說錯話；善於計算的，不用籌碼；善於關門的人，不用門栓而又打不開；善於捆縛的，不用繩索卻使人不能解除。因此，聖人總是善於做到人盡其才，沒有被遺棄的人。總是善於做到物盡其用，沒有被廢棄的東西。這就叫做超出一般人的高明所以善人是不善人的老師，不善人是善人的借鑒。不尊重自己的老師，不珍惜自己的借鑒，雖然自以為聰明，其實是糊塗人。這就是深妙的道理。

《道德經》中的「善結，無繩約而不可解」原意為：善於捆縛的，不用繩索卻使人不能解除。在企業經營而言，管理者應將其可以理解為：「善結無繩——攏絡人心勝過約束人」。其實，要想真正地約束人，實在是沒有比攏絡他的心更好的辦法了。用行為感動他、用語言溫暖他，比用武力制約他更有效果。帝王收買人心，可以用高官厚祿，也可以用嚴罰重賞，但要讓自己的屬下從心底裡服從自己，還要靠一顆真正關懷他們的誠心。有了這樣的誠心，便可用最少的「付出」，得到最豐厚的回報。而企業管理者則應善用影響他人的五種權力，法定、獎賞、嚴罰、專家及認同權，但只有善用專家及認同權才能善結無繩——攏絡人心勝過嚴罰重賞。

同樣是一束麻線，如果你給人以罰立威的印象，別人會認為你要捆束他們，他們就會因為畏懼而遠離你。而如果你給別人寬厚、真誠的感覺，他們就會向你靠攏，眾人一起才能把麻線擰成一股繩。因此，管理者應該明白，籠絡人心勝過約束人！凝聚人心才人建立共識，誠心追隨邁向目標而努力。

【管理運用】

管理者發掘人才，既需要眼光，也需要耐心，二者缺一不可。一個不善於發掘人才的管理者，只能埋沒人才，給公司帶來損失。因此，發掘人才是體現管理人眼力和能力的標準之一，不應漠視。管理者不應該以「雞蛋裡挑骨頭」的方法去識別人才，而應該以「矮子中拔將軍」的眼光發現人才，因為金無足赤，人無完人。人各有所長，亦各有所短，只要能揚長避短，天下到處是人才，所以用人的簡單道理就是用人長而避其短。

老子此篇是用打結比喻對下屬的管理。意思是說，用「道」約束人，不用嚴格的管理制度和嚴厲的制裁手段，也沒有人會違背。真正的管理，要依賴被管理者的自動自發，如果需要頻繁動用嚴厲的制裁手段，往往是失敗的開始。因此，一個優秀的領導必須牢記：不光要善於把握和運用權力，更要善於溫和運用魅力；只有將權力和魅力兩者結合起來，領導才能實現對下屬的真正領導！有人說領導藝術就是一種智慧，就是精心運用和實現手中的權力。他們通過發動他人按照他們的意願行動來達到目標。他們讓事情發生，使事情完成。

不貴其師　不愛其資

美國有一段禁酒法令實施的歷史，當時的阿曼德．哈曼沒有被表面的法令局限自己的思維，而是多方觀察、積極思考，從而獲得了豐厚的商業利潤。阿曼德．哈曼看到，在禁酒法令頒布後，儘管大部分酒水遭到封殺，但是薑汁啤酒卻幸存下來，並受到大眾的歡迎。眼光獨到的哈曼立刻趕印度、尼日利亞等生薑大國，大肆收購生薑從而壟斷市場。結果，哈曼賺到了一大桶金。

後來，羅斯福總統在競選中表現出獲勝的希望，而這位候選人主張解除禁酒令。哈曼意識到，禁令一旦被解除，公眾將會產生強大的用酒需求，而當時的美國已經沒有釀酒廠了，於是哈曼投入巨資壟斷了製造酒桶用的木板，並建立大規模的現代化酒桶工廠。果然，禁酒令被解除了，美國人對酒的需求量呈現雪崩式的增長。善於鑽營、足智多謀的哈

曼又獲得了巨大的財富

《道德經》第二十七章曰：「故善人者不善人之師，不善人者善人之資，不貴其師、不愛其資，雖智大迷，是謂要」。意指：善人是不善之人的「老師」，不善之人也是善人的「借鑑」，若（如果）不尊重他的「老師」，不愛惜他的「借鑑」，雖自以為明智，其實是糊塗。」因為善人、不善之人各有其社會功能。故善人有做為不善之人師表的功能。因此，不善之人可以向善人學習；不善之人也有做為善人借鏡的功能，因而，善人可以從不善之人那裡得到警惕。因為善人可以做為不善之人的借鏡，所以當對不善之人加以珍視。一個聖人（或智君）雖然可以分辨出善人與不善之人來，但他如果不知珍視善人與不善之人彼此的社會功能，而等閒視之，雖其有知人之智，仍屬癡迷。

此章提供給經營者的啓示為：經營者要以平常心來識人，天生我才必有用，每個人都有優、缺點，優點當學習，缺點也可引以為戒。在經營策略上要善於吸收他人的才智為己用，也要善於隱藏自己的鋒芒，在恰當的時候才展現自己的才智，高明、成熟的經營者必然掌握一種外圓內方、綿裡藏針的管理與處事技巧。

「不貴其師、不愛其資，雖智大迷」的思想，這個貴和愛就是知善知美的知，尚賢、貴難得之貨的尚和貴，也就是我們心中的執著。要自然的關係，自然的對看、反照，但不要執著。重點在於要無心、無知，不要去「迷執」，不要迷執於為師的優越，也不要迷執於自己的資值就比老師差（學生）。此是在告誡經營者如果不能吸收他人的智慧，又不愛惜自己的才智，這樣的話就會迷失在奇智淫巧之中，經營者要做個大智慧者，明確自己的角色，以智慧經營成就組織發展的輝煌。

另外，不愛其資的資指的是「智」的意思，「智」在企業經營中是對經營者的一項根本要求，決策者必須大智大勇，是個聰明人。對此，我國商祖白圭也有深刻的論述，他提出經營者必須具備四種素質：「智、勇、仁、強」；其中「智」就是「智慧」，做個「聰明人」。在商業競爭中，逆向操作、不與人趨等經營策略都是智慧的反映，是謀劃的結果。例如，日本西鐵城以飛機空投手錶來做廣告，美國經營者雷諾茲把圓珠筆改名「原子筆」以迎合原子彈熱潮，都是決策者以「智」制勝的典範。

【管理運用】

向強者學習，我們才能成為強者。標桿思維啟示我們，向強者學習，向成功者學習，可以大大降低我們學習的成本，使創新的過程少走彎路。以強者的經驗為標桿，並將這種經驗模仿遷移到自己企業的經營管理中，就會大大提升企業的效益。見賢思齊，才能繼往開來。毫無疑問，對於任何企業而言，都需要向別人學習，都需要「借用主義」，借鑒別人的經驗，學習別人的長處，從而改善自我績效，實現自我超越。

有智慧經營者在經營方略上要善於吸收他人的才智為己用，要善於隱藏自己的鋒芒，在恰當的時候才展現自己的才智，高明、成熟的經營者必然掌握一種外圓內方、綿裡藏針的管理與處事技巧。如果不吸收他人的智慧，又不愛惜自己的才智，這樣的話就會迷失在奇智淫巧之中，提醒企業經營者要做個大智慧者，明確自己的角色，以智慧經營成就組織發展的輝煌。

司馬遷在《史記》中說過：「天下熙熙皆為利來，天下攘攘皆為利往。」除了利，世人的心中最看重的就是名了。多少人辛苦奔波，名和利就是最基本的人生支點。其實這很像我們今天的生活。我們在行走，我們在奔波，我們終日忙忙碌碌，但是我們忘記了為什麼而出發。很多時候，我們會置身於這樣的茫然中。所以，人需要看清自己的目的，看清自己的方向，看清眼前的權衡。

蘑菇式育人　開發潛能　破繭而出

蘑菇管理定律一詞源於二十世紀七十年代一批年輕電腦程式師的創意。由於當時許多人不理解他們的工作，持懷疑和輕視的態度，所以他們就經常自嘲「像蘑菇一樣的生活」。

「蘑菇管理」指的則是組織或個人對待新進者的一種管理心態。因為初學者常常被置於陰暗的角落，不受重視的部門，只是做一些打雜跑腿的工作，有時還會被澆上一頭大糞，受到無端的批評、指責、代人受過，組織或個人任其自生自滅，初學者得不到必要的指導和提攜，這種情況與蘑菇的生長情景極為相似。

蘑菇的生長特性是需要養料和水分的，但同時也要注意避免陽光的直接照射，一般需在暗角落裡培育，過分的曝光會導致夭折。古時，蘑菇的養料一般為人、獸的排泄物，雖不潔但為必需品。從兩者的關係來看，地點、養料兩方面的條件給予了蘑菇的生存空間，但仍是自生自滅，新進人員亦是如此。

蘑菇管理定律告訴我們，要有計畫培育新進人員，不能放任其自生自滅而損失有潛力的人才。

《易經》的乾卦提到：初九「潛龍勿用」。意即，龍潛在水中，暫時不能發揮作用。亦解為蛟龍隱藏蟄伏，不為世所知。比喻賢才遭埋沒，不受重用。龍乃善變之物，可潛水，行地，飛天，取龍為象，目的是假象寓意，以明變化。

少數為官之人，在大展鴻圖之勢，卻也曾「潛龍勿用」，必須處處隱忍，不能輕舉妄動。而管理者的主要任務之一，就是將這些「潛龍」培育成「飛龍」。

然而，對於新加入的人員，企業應適時開導，讓他們了解「潛」字，要學會默默地等待機會。因為你認為是龍，你很有能力，這只是你個人的看法而已，別人可能認為你是「蟲」。這時過於張揚很危險，因為別人在觀察你、在琢磨你、在評估你的實力。而你不瞭解情況，不瞭解別人，這時盲目行動、盲目決策非常危險。

「不經一番寒澈骨，焉得梅花撲鼻香」，新人需要在「蘑菇」的環境中鍛鍊自己，就要先在心態上擺正。對於年輕人來說，這段時間雖然蘑菇，但就像蠶繭，是羽化前必須經歷的一步。所以，如何高效率地走過生命中這一段，從中盡可能汲取經驗，成熟起來，並樹立值得信賴的個人形象，是每個剛入職場的新鮮人必須面對的課題。

《道德經》第二十七章提及：「聖人常善救人，故無棄人；常善救物，故無棄物。」意即聖人經常挽救人，所以沒有被遺棄的人；經常善於物盡其用，所以沒有被廢棄的物品。以企業管理而言，高明管理者會恆常不變的培育提攜新進員工，永遠不會捨棄有緣進入企業的人。管理者不要有意而為，要符合自然大道地治理企業、治理員工。要「常善救人」，「常善救物」，怎樣救人、救物？就是要人盡其才，物盡其用，充分地發揮人和物的潛能作用，這樣就不會有被遺棄的、沒用的人和物了。

一個管理者如何能夠做到這一點？怎樣用好人？關鍵在於知人。怎樣知人？關鍵在於開發出本身的潛能，本明的智慧。開啟了這種智慧，自然會洞悉每一個人的秉性、特長，然後將他放在最適合的位置上，讓他發揮出最大的才能。這才叫「無棄人」「無棄物」。

【管理運用】

君子的言行，全任道的自然，無所造作，才能有所成功，不留下任何痕跡而飄然行走在樹叢、江河；妙語連珠、滔滔不絕而滴水不漏，無懈可擊；不用任何工具就能快捷地算出任何一道計算題；只要他一關門你就是想盡一切辦法也打不開門，門上卻沒有任何門鎖、門閂；不用繩索就能把你捆緊，怎麼也解不開。老子在這裡是反對機巧，提倡自然無為、借力使力。也就是提醒經營者：要以人為本，重用人才，融洽合作，寬鬆環境，利益共享，就是企業管理中的自然無為、借力使力、善行無轍跡。

現代企業經營戰略，已由物本位的經營管理昇華到人本位的經營管理，由人本位的經營管理昇華到心本位的經營管理。心本位的經營管理就是由外在被動的物本位管理轉化為內在自覺的心本位管理。就是用心體驗，為什麼用心？因為用心才是根，樹沒有根就會枯死。心就是淨土，心就是不來不去；因為我們沒有發現它，所以就有來有去；因為沒有覺照它，所以它就失蹤了，不屬於你。

第八章　靜與動的平衡

老子《道德經》第二十六章說：「輕則失根，躁則失君。」意思是，輕率者盲動會失去根本，急躁不安全失去控制。靜能生智，靜能制動，靜是經營者的法寶。經營者的行動能力有別於員工的行動能力。員工的行動能力是沒有任何藉口，經營者的行動能力是三思而後行。羅素認為，英國人可以從中國人那裡學到一些「靜思的智慧」，一些胸襟開闊的容忍和靜思式的安心。然而，隨著市場經濟的發展，現代人都變得繁忙起來，越來越遭遇到焦慮；「欲」的引誘、「利」的迷陣、「名」的誤導、「權」的渦流，已成了自設的人生歧路，自佈的叢荊，自戕的禍源。

如果管理者整天為身外之物所煩擾，為名位所奔忙，心又怎麼能靜得下來與淨得下來呢？所管理的企業肯定也是浮躁不安、急功近利的人。所以，管理者要丟掉身外亂性的貪婪和物慾，以入世的態度做事，以出世的態度看待得失，儒道結合，這樣才能兼積極、輕鬆兩種人生態度於一身。才能讓身心永遠處於的自然安寧，愜意、舒適、安逸的天堂之中。

本篇以「靜與動」的平衡為主題，除了探討「靜與動」外更延伸到「信與不信」、「退與進」、「重與輕」、「甚、奢、泰」、「厚與薄」、「實與華」、「難與易」、「貴與賤」、「高與低」……。等對立統一辯證的關係，藉由《道德經》相關章節來說明如何應用「平衡管理」之道來解決矛盾的對立。

如《道德經》第二十三章曰：「希言自然……信不足焉，有不信焉。」意謂：寡言少語是合乎自然規律的。統治者若不值得信任，臣民自然就不信任他「道」是強調無為，

「希言自然」含義是不施加政令。管理者應重視：信不足焉——言而無信是大忌。老子勸誡世人不要言而無信。一個言而無信的人，是沒有人會相信他的。常人且如此，那麼職場之中就更是如此了，小至關係到一個人的威信和前

《道德經》第二十四章「企者不立，跨者不行；自見者不明，自是者不彰；自伐者無功，自矜者不長。其在道也，曰：餘食贅行。物或惡之，故有道者不處。」意指：踮起腳想站得高一點，是站不穩的；急切地大跨步前行，反而走不快；自我表現是不明智的，自以為是是不清醒的；自我誇耀的人，是不會成功的；驕傲自大是不會長進的。從「道」的觀點來衡量，以上這些急躁炫耀的行為，可以說都是剩飯贅瘤，惹人厭惡，所以有「道」的人是不這樣做的。在此，老子以退為進的辯證思想，認為事物不能過分，過分了都要向相反的方向轉化，因此強調要做到「不爭和退讓」，以「無為」達到「無不為」。「自矜者不長」，要世人不驕不躁。凡是欲成大事者，都應力戒驕傲與浮躁。驕傲使人不思進步，浮躁使人難以腳踏實地，只有不驕不躁也要謙虛謹慎才能穩步向前。

《道德經》第二十六章曰：「重為輕根，靜為躁君」意謂：穩重可以主宰輕浮，因為它是根。寧靜可以主宰急躁，因為它是君。所以聖人的行為都是以重為本。一國之君怎麼可能以輕浮急躁的態度去治理國家呢？輕浮就要失去了根本，急躁就要失去了控制。在此老子舉出：輕與重、動與靜，兩對矛盾的現象。而且進一步認為，矛盾中一方是根本的。在重輕關係中，重是根本，輕是其次，只注重輕而忽略重，則會失去根本；在動與靜的關係中，靜是根本，動是其次，只重視動則會失去根本。

《道德經》第二十九章曰：「聖人去甚、去奢、去泰。」老子告訴管理者，應去奢去泰——把握好做人的分寸，要想取得成功，就必須改掉極端的、奢侈的、過分的，也就是要把握好做人的分寸。做人的分寸是很重要的，職場中尤其如此，懂得分寸並且謹守分寸的人，行事總是那麼恰當妥貼，而不懂分寸的人則尤如脫了韁的野馬一樣橫衝直撞，最終害己。

《道德經》第三十八章提到：「大丈夫處其厚，不居其薄；處其實，不居其華。故去彼取此。」意思是：致力於道的人，本著淳厚的本質，不用浮華的禮節；緊守大道的厚實，不用虛偽的智巧。所以要去掉浮華的禮而用厚實的道德。以企業管理而言，高效能的管理者者也是應持守質樸醇厚之「道」，而絕不強調虛華無用之「禮」；他的為人處事總是以忠厚樸實，而摒棄那些浮華淺薄之事。

《道德經》第六十章曰：「治大國，若烹小鮮。」對企業而言，就是管理者要重視關鍵的事件，對於例行性的工作就由各層級依照所建立的制度自己負責，少加干涉。故制度必須順「道」，順道就能生長！給管理者的啓示：掌握關鍵，完善制度。

【管理運用】

經營事業本質上是在幫助顧客解決問題，就是在積德。從根本上來講，做生意就是做人。因為有「德」之經營者，不論對待員工、股東或是顧客都會堅守質樸的大道，不虛偽敲詐，捨去禮的浮華，取用道德厚實來提升自我的品德，積善助人，做人成功，企業自然也就蓬勃發展了。

「治大國若烹小鮮。」是老子用具體、借喻的語言，形成反差的效果來議論治大國這樣的大事。治大國可以具體成，借喻成，反差成如烹小鮮一般烹治之。它昭示人們治理其他事，比如治社會、治事業、治家業，更可以如烹小鮮那樣，其中當然也包括企業。

管理總是透過一定的規章、制度、法律、賞罰去行事。凡屬規律性的事，只要「政」不能過份「察察」，「道法自然」，治大國烹小鮮時「烹」的火候不能過猛，恰如其份，則企業管理焉有不善之理。

用人原則以「德」。《道德經》第六十八章說：「善用人者，為之下。是謂不爭之德，是謂用人之力。」善於用人的人，對下謙和，這是一種不與他人相爭的德，是善於利用別人之力。當然用人之前要先知人。第三十三章說：「知人者智，自知者明。」老子的用人標準是「道」。第二章說：「外無為之事，行不言之教。」正是老子的人才觀。身為一位好的企業管理者者更須「善救人」。《道德經》第二十七章說：「聖人常善救人，故無棄人；常善救物，故無棄物。」

「善救人」、「善救物」正是指好的管理者者用人，要善於發現對方的長處優點，這樣世上就沒有遭遺棄的廢人，用物也同樣。《道德經》第三十九章提及：「故貴以賤為本，高以下為基」以企業經營而言，就是「部下是管理者的基礎」。老子對認為：凡是高的東西，都是以低下的東西為根基的，沒有低下做為根基，就不可能有高的存在。

第三十二章提到：「始制有名，名亦既有，夫亦將知止，知止可以不殆。」意指：管理者需要建立一套創新的管理與激勵制度，適材適用，讓員工清楚前方的道路，明白自己需要做哪些改變才能實現目標；同時還必須激勵所有員工團結在一起，使他們朝著同一個方向努力。同時，管理者言辭對員工要謙下，必須把自己的利益放在他們的後面。因為他不與員工相爭，所以企業內就沒有人會和他相爭。

信不足焉 言而無信是大忌

古往今來的歷史名人，都把誠信看作立世的根本，早在春秋時期，曾子就已經開始用自己的言傳身教去讓自己的孩子感悟「誠信者得立」的道理了。一天早晨，曾子的妻子起床後，要出門去趕集。剛出了家門沒多遠，兒子就哭喊著從身後衝了上來，吵著鬧著要跟著去。孩子不大，集市離家又遠，帶著他很不方便。因此曾妻對兒子說：「你回去在家等著，我買了東西一會兒就回來。你不是愛吃醬汁燒的蹄子、豬腸燉的湯嗎？我回來以後殺了豬就給你做。」這話倒也靈驗，兒子一聽，立即安靜下來，乖乖地回家去了。曾妻從集市回來時，還沒跨進家門就聽見院子裡捉豬的聲音。她進門一看，原來是曾子正準備殺豬給兒子做好吃的東西。

她急忙上前攔住丈夫，說道：「家裡只養了這幾頭豬，都是逢年過節時才殺的。你怎麼拿我哄孩子的話當真呢？」曾子說：「在小孩面前是不能撒謊的。他們年幼無知，經常從父母那裡學習知識、聽取教誨。如果我們現在說一些欺騙他的話，等於是教他今後去欺騙別人。雖然做母親的一時能哄得過孩子，但是過後他知道受了騙，就不會再相信媽媽的話。這樣一來，你就很難再教育好自己的孩子了。」曾妻覺得丈夫的話很有道理，於是心悅誠服地幫助曾子殺豬去毛、剔骨切肉。沒過多久，曾妻就為兒子做好了一頓豐盛的晚餐。曾子用言行告訴人們，做人要言而有信，即便是對小孩子的允諾，也應去兌現它。只有這樣，才能起到教育孩子的作用。

《道德經》第二十三章曰：「希言自然。故飄風不終朝，驟雨不終日。孰為此者？天地。天地尚不能久，而況於人乎？故從事於道者，同於道；德者，同於德；失者，同於失。同於道者，道亦樂得之；同於德者，德亦樂得之；同於失者，失亦樂得之。信不足焉，有不信焉。」

意謂：寡言少語是合乎自然規律的。所以，狂風刮不了一早晨，暴雨下不了一整天。是誰使它這樣的？是天地。天地的狂暴都不能持久，何況人呢？所以，能依照道的規律辦事的人，就和「道」相合；依歸於德的人，就與「德」合；表現失道、失德的，行為就是暴戾恣肆。與道一致的人，道也願意得到他；與德一致的人，德也願意得到他；與失「道」、失「德」一致的人，「失」也樂於得到他。統治者若不值得信任，臣民自然就不信任他。

「道」是強調清靜無為之政，「希言自然」含義是不施加政令。管理者應重視：信不足焉——言而無信是大忌。因為統治者若不值得信任，臣民自然就不信任他。老子勸誡世人不要言而無信。一個言而無信的人，是沒有人會相信他的。常人且如此，那麼職場之中就更是如此了，小至關係到一個人的威信和前途，大則影響到企業的威望和興衰。講誠信的人有時候可能會面臨著吃虧的選擇，但此時，即便是吃虧也不能算是失敗，也不能說是最大的損失。因為，一切損失都不可怕，可怕的是失去別人對自己的信任。有誠信者得民心，得民心者得天下。

誠信是立身之本，誠信能夠彰顯一個人良好的品質，可以把恥辱變成光榮，把困窘變成通達，任何時候人人都要保持誠信。管理者除了本身要做到外，更應將其推港成為企業文化的核心之一。

【管理運用】

天不言，四季和諧地運行；地不語，厚載萬物，物產層出不窮。天地的德性是不言而動。所以，「希言」是自然之道，誇誇其談、光說不做、多說少做就是違背自然規律的行為。有智慧的人不多講話，高談闊論的人沒有智慧。

柏拉圖說：「智者說話，因為他們有話要說；愚人說話，因為他們想說。」老子也勸我們：「知者不言，言者不知。」確實很有道理。我們一定要謹記在心，與人談判、接洽生意時，智者寧可少說一句有益的話，也不多說一句失誤的話。因為滔滔不絕講個沒完，結果必然言多必失，禍從口出。

另外，少說多做，希言自然，遺言身為既不能輕諾也不能寡信。亂開空頭支票，用一文雅一點的話來說，就叫「輕諾寡信」，即很輕易地便答應別人這樣那樣，實際上卻無法做到。從理論上來說「輕諾」是必然「寡信」的。身為經營者，手中當然握有一定的權力。但誰的權力也不是至高無上的。經營者本身也受著種種制約，很多事情都不是一個人能說了算的。

可見「希言與多言」、「輕諾與寡信」都是對立統一的辯證關係，必須以「道」來平衡之間的對立。管理者要能判斷該說與不該說以及承諾的場合、對象與時機，才能贏得下屬的信任，上級的信任以及客户的誠信。

躁進自炫不足　取要不驕不躁

漢末，黃巾事起，天下大亂，曹操坐據朝廷，孫權擁兵東吳，漢宗室豫州牧劉備聽徐庶和司馬徽說諸葛亮很有學識，又有才能，就和關羽、張飛帶著禮物到南陽（今河南省南陽市）去請諸葛亮出山輔佐他。恰巧諸葛亮這天出去了，劉備只得失望地回去。不久，劉備又和關羽、張飛冒著大風雪第二次去請。不料諸葛亮又出外閒游去了。張飛本不願意再來，見諸葛亮不在家，就催著要回去。劉備只好留下一封信，表達自己對諸葛亮的敬佩和請他出來幫助自己挽救國家危險局面的意思。過了一段時間，劉備吃了三天素之後，準備再去請諸葛亮。關羽說諸葛亮也許是徒有虛名，未必有真才實學，不用去了。張飛卻主張由他一個人去叫，如他不來，就用繩子把他捆來。劉備把張飛責備了一頓，又和他倆第三次請諸葛亮。當他們到諸葛亮家前，已經是中午，諸葛亮正在睡覺。劉備不敢驚動他，一直站到諸葛亮醒來，才彼此坐下談話。

諸葛亮見到劉備有志替國家做事，而且誠懇地請他幫助，就出來全力幫助劉備建立蜀漢皇朝。《三國演義》把劉備三次親自請諸葛亮的這件事情，叫做「三顧茅廬」。諸葛亮在著名的《出師表》中，也有「先帝不以臣卑鄙，猥自枉屈，三顧臣於草廬之中」之句。於是後世人見有人為請他所敬仰的人出來幫助自己做事，而一連幾次親自到那人的家裡去的時候，就引用這句話來形容請人的渴望和誠懇的心情。也就是不恥下問，虛心求才的意思。

《道德經》第二十四章「企者不立，跨者不行；自見者不明，自是者不彰；自伐者無功，自矜者不長。其在道也，曰：餘食贅行。物或惡之，故有道者不處。」意指：踮起腳想站得高一點，是站不穩的；急切地大跨步前行，反而走不快；自我表現是不明智的，自以為是是不清醒的；自我誇耀的人，是不會成功的；驕傲自大是不會長進的。從「道」的觀點來衡量，以上這些急躁炫耀的行為，可以說都是剩飯贅瘤，惹人厭惡，所以有「道」的人是不這樣做的。

老子以退為進的辯證思想，認為事物不能過分，過分了都要向相反的方向轉化，因此強調要做到「不爭和退讓」，以「無為」達到「無不為」。在這裡，高明的管理者可以理解為：「做人要不驕不躁」。老子說「自矜者不長」，要世人不驕不躁。凡是欲成大事者，都應力戒驕傲與浮躁。驕傲使人不思進步，浮躁使人難以腳踏實地，只有不驕不躁也要謙虛謹慎才能穩步向前。

管理者須知，事物都是由小到大的，當人們處於較低的地位時，一般都比較謹慎，事實上也沒有理由自高自大。但當事物由小的積累而逐漸接近大，人們的地位發生了變化時，就最容易自高自大了，這正是把事情引向失敗的根源。這就是所謂「民之從事，常於幾成而敗之」的道理。老子告誡人們始終不為大，即使事實上大的時候，也要謙虛謹慎，這樣，便可立於不敗之地。這就是所謂「慎終如始，則無敗事」。始於無為、終於無為，便可無不為。

一個人在成功以後，越應該保持謙虛謹慎的作風，否則，多年來的努力必會付諸東流。大凡能力出眾、又受賞識的大臣，與君主之間都有一個合作無間的「蜜月期」，但時日一久，為臣者往往恃功而傲、恃寵而驕，於是擅權越軌等行為越來越多，一旦引起君主的猜忌，一切努力都會化為泡影。真正的智者從不因成績而沾沾自喜，他們時刻保持謙虛的態度，謹言慎行。

「謙虛使人進步，驕傲使人落後」，生活中，不管自己身處怎樣的優勢中，都應該保持平和的心態，做到不驕不躁。謙虛者總能得到別人的幫助，而驕傲者最終只會被拋棄。由此可見，驕傲自滿者都不會有好下場，而謙虛謹慎遇事又不驕不躁者，都能取得較大的成就。因此，慎終如始，人方能立於不敗之地，做人應該不驕不躁！此實值管理者引以為鑑。

【管理運用】

人生在世最可怕的不是疾病、不是失戀、不是貧窮，而是丟失了內心的安定。而內心的安定與平靜正是我們人生的基礎。煩由心生，無欲則清。事從念生，無欲則剛。慾望有時就像一副沈重的枷鎖，綁縛住我們的思想與靈魂。這種壓抑會讓我們心中生出許多負累，讓我們一味地去追逐名利，沒有喘息的空間。你的生活自然會充滿了苦悶與焦慮，沒有一丁點兒的快樂可言。

本篇包含有「企者不立」、「跨者不行」、「自見者不明」、「自是者不彰」、「自伐者無功」、「自矜者不長」等辯證法的觀點。這些表現及其結果往往是對立的、相互矛盾的。這其中貫穿著以「退為進」和所謂「委曲求全」的處世哲學。在此，老子認為事物不能過分，過分了都要向相反的方向轉化，因此強調要做到「不爭和退讓」，以「無為」達到「無不為」。

聚焦資源於核心客戶

一九九八年，EBay公司CEO梅格·惠特曼，她主持了一次為期兩天的會議，討論收縮銷售戰線，並再次檢查用戶數據。惠特曼和她的團隊發現，eBay公司二十%的用戶，佔據了公司總銷售量的八十%。這個消息提醒大家，針對這二十%客戶的決策對於eBay公司的發展和收益非常關鍵。

當追蹤這二十%核心用戶的身份時，發現這些人都是嚴肅的收藏家。因此，惠特曼和她的團隊決定不再像其他網站那樣，通過在大眾媒體上做廣告去吸引客戶，而轉向在收藏家更為關注的《玩偶收藏家》、《瑪麗·貝絲的無檐小便帽世界》等收藏專業媒體和收藏家交易展上加大宣傳力度，這一決策成為eBay成功的關鍵。將注意力集中在這些核心用戶上，促成了eBay公司大銷售商計劃的誕生。

《道德經》第二十六章曰：「重為輕根，靜為躁君，是以君子終日行不離輜重；雖有榮觀，燕處超然。奈何以萬乘之主，而身輕天下？輕則失臣，躁則失君。」意謂：穩重可以主宰輕浮，因為它是根。寧靜可以主宰急躁，因為它是君。所以聖人的行為都是以重為本。雖然有那麼多華麗的物質享受，卻能泰然處事，不受它的影響，順其自然。一個一國之君怎麼可能以輕浮急躁的態度去治理國家呢？

輕浮就要失去了根本，急躁就要失去了控制。

在此老子舉出兩對矛盾的現象：輕與重、動與靜，而且進一步認為，矛盾中一方是根本的。在重輕關係中，重是根本，輕是其次，只注重輕而忽略重，則會失去根本；在動與靜的關係中，靜是根本，動是其次，只重視動則會失去根本。如此看來，好像矛盾雙方必須平衡。但事實上，老子在輕與重、動與靜的矛盾中並非僅指有形的輕與重、動與靜，而是指無形「價值」的靜、重。

例如，以企業而言，資源是有限的，若將資源分配各部門則看似公平、平衡，但卻無法集中資源創造優勢。以顧客而言，若將顧客一視同仁，公平對待，看似公平，但以對於企業貢獻程度而言，對付出較多的顧客顯然是不公平的。此可提供給管理者一重要啓示：將注意力集中在核心客戶上。必須如上述eBay公司CEO梅格·惠特曼將資源集中來滿足核心的顧客，使他們成為企業的忠誠顧客。

過去很多公司認為自己所有的客戶都同樣重要。隨著八十／二十法則的傳播，以及數據蒐集和電腦處理能力的增強，對數據進行「分解」變得越來越普遍。選擇為什麼樣的客戶服務，成為公司策略的重要部分。現在的數據處理能力，讓「客戶選擇」日益有效。掌握了核心客戶的數據，公司就可以分配更多資源，讓他們感覺更好。

比如，肯德基公司瞭解到自己的核心客戶通常是那些在車上就餐的人，由於他們不大喜歡在開車的同時還要處理剩下的骨頭，公司就專門為這些人推出了一種雞肉三明治。肯德基公司客戶服務部高級主管納丁·布魯爾對《華爾街日報》的記者說：「我們的核心客戶現在可能正在肯德基公司以外的其他地方，吃掉了一頓雞肉三明治。」

事實上，老子認為統治者，如果奢侈輕淫，縱慾自殘，即用輕率的舉動來治理天下，終將滅亡。統治者，應當靜、重，而不應輕、躁，如此，才可以有效地治理自己的國家。企業高階管理者亦復如此，應當了解資源與客戶的本質（靜），將有限資源集中於服務核心客戶（重），如此，才能有效治理企業蓬勃發展。

【管理運用】

早期在農耕文明時代，人們日出而作、日落而息，是牧歌式的生活節奏；在科技文明時代，人們的工作時間、生產流程都嚴格按標準定義，是鐘擺式的工作節奏；到如今，則又添加進了更多的競爭分子，形成了變奏。但不管是哪一個節奏，你都不能任由它來擺布你的生活，而是要奪回樂曲的指揮權，從小事開始去除自己的急躁情緒。中國古代就有「文武之道，一張一弛」的俗語，其實說的也是一樣的道理。張弛之間，才能做到平衡，做到恰到好處。所以，無論你想做什麼，盡量做到恰到好處，以達到事半功倍的效果，反之則過猶不及。

為人要崇尚穩重、沈靜而非輕浮、狂躁，前者才是自然之道，後者違背了自然之道，應給予摒棄。事物存在是互相依存的，而不是孤立的，在客觀現象和思想現象中，矛盾是普遍存在的，存在於一切過程之中。觀禮者應當「靜」、「重」，而不是輕浮躁動，才能鞏固自身的統治。

輕則失根　行事穩重

漢武帝時的大臣公孫弘，一生坎坷，六十多歲時才被朝廷賞識，到朝中做官。公孫弘生性耿直、喜歡直諫，一上任就十分盡心盡力，對朝政弊端提出了許多批評和建議。他自以為武帝會看重他，卻不料武帝對他的諫言毫無反應。公孫弘很感失望，一時十分沮喪。

公孫弘的朋友見他心灰意冷，勸他道：「你初來乍到，連皇上的心意都摸不透，又怎能說動皇上呢？你急於立功，處處顯示自己，這雖是小事，但卻足以讓你惹禍啊，為什麼不謹慎從事呢？」公孫弘反駁說：「我年紀大了，現在不抓緊求取功名，就沒有機會了。我也是為朝廷著想，只要我的立場是對的，我也顧不得其它了。」

一次，公孫弘受命出使匈奴，為了讓漢武帝高興，他竟自作聰明地把許多不利的事瞞住不報。同行的人勸他不要這樣，公孫弘卻振振有詞地說：「倘若因為一些小事惹皇上不高興，就是做臣子的失職了。我並不想欺瞞皇上，皇上是不會在意這些的。」後來事情敗露，漢武帝十分生氣，認為公孫弘為人不實。公孫弘這時才害怕起來，只好辭官以避禍。

幾年後，被地方官推薦，再次入朝為官。他最大的變化，就是事事小心慎重起來，不再輕易諫言了。漢武帝對公孫弘的變化感到十分滿意，他表揚公孫弘說：「你以前不識大體，小事上也任性而為，你的學問雖大，於治國卻無大的用處。你現在知錯能改，不清高狂傲，我是十分欣慰的。」

公孫弘學識廣博，卻仍每日苦讀不止。他解釋說：「我辦了不少錯事，可見我還是不懂聖賢之書啊。人生的學問太深了，我不是知道得很多，而是明白得太少了。」公孫弘官職日升，他為人處事更加老練了。一次，公孫弘和百官約定一起向漢武帝進諫。當百官說完之後，公孫弘卻一句勸諫的話都不說，而是處處維護漢武帝。事後大臣汲黯罵他背信棄義、沒有忠信，公孫弘只默默地聽著，並不反駁。公孫弘逐漸得到了漢武帝的寵信，最終當上了丞相。

《道德經》第二十六章曰：「重為輕根，靜為躁君。是以聖人終日行，不離其輜重。雖有榮觀，燕處超然。奈何萬乘之主，而以身輕天下？輕則失根，躁則失君。」意為：穩重是輕浮的根基，寧靜是躁動的主宰。因此聖人整天行走，不離開這沉穩慎重的準則。雖然有華麗的生活，卻超然物外、不沈溺在裡面。為什麼有些身為大國的君主，卻以輕率躁動的行為來治理天下呢？輕率就會失去根基，躁動就必然喪失君王的風範和主宰。

老子舉出重與輕、靜與躁兩對矛盾，並在矛盾對立雙方之中肯定前者而否定後者。他認為輕與重的對立，重為矛盾的主要方面；躁與靜的對立，靜是矛盾的主要方面，這是老子告誡人們要「戒輕戒躁戒驕戒躁」。

《道德經》中的「輕則失根，躁則失君」原意為：輕率就會失去根基，躁動就必然喪失君王的風範和主宰。在企業營運活動中，管理者可以引用、理解為：「行事要沈穩慎重」。老子說的沒錯，凡是不能沈穩慎重行事的人，早晚要吃大虧。輕則失人心，重則遭遇慘敗。沈穩慎重行事，不僅能顧全大局，還可以使自己得到保護，有智慧的管理者就能悟透這其中的道理，因此做事不驕不躁、沈穩幹練。陰險小人為了達到目的，往往會採取惹人發怒的卑鄙手段，他們這樣做，就是為了讓對方失去理智，進而犯下大錯。人們若不防範他們的這一毒招，代價就昂貴了。

身處環境環境詭譎多變，競爭劇烈的非常時期，管理者就該打破常規，不讓自己身陷危境。只有懂得冷靜地分析時局、權衡利弊，才能贏得最好的結果。公孫弘的故事說明了一個道理，那就是能謙虛、謹慎處事者方能成才。不管一個人有多大的本事，如果他恃才自傲的話，就永遠都不會得到別人的信任和認可。

縱觀歷史，能看清時局而採取合理的手段，躲避災禍的成功者不在少數，他們或是韜光養晦、或是沈著冷靜、或是慎重多慮，從被貶的經歷中得到教訓——做人，要沈穩；做事，要慎重。有時候，即便自己的做法是對的，但如果不注意行事方式的話，也很可能得不到別人的認可。人生路上，每個人都會遇到挫折，尤其是身為管理者，每日守在經營者身邊，難免哪天就會惹禍上身。此時，千萬要保持冷靜和沈穩，否則，自己亂了分寸，後果將不堪設想。

【管理運用】

當今生活在職場快節奏中的都市人，他們為了不遲到，步履匆匆；為了趕時間，他們在快餐店裡狼吞虎嚥；為了不錯過客户和經營者的召喚，他們讓手機二十四小時開著；為了提升自己，「充電」學習進速成班；為了工作，他們把兒女情懷拋在一邊……他們每天都在跟時針分針甚至秒針賽跑，腦海裡只有「快一點兒，再快一點兒」的概念。

但「當我們正在為生活疲於奔命的時候，生活已經離我們而去」。無休無止的快節奏生活給現代人帶來豐厚物質回報的同時，也給他們帶來了心靈的焦灼、精神的疲憊和健康的每況愈下。

浮躁就是心浮氣躁，是各種心理疾病的根源，是成功、幸福和快樂的絆腳石，是我們人生最大的敵人。人們之所以浮躁，是「因為缺乏幸福感，缺乏快樂，太過於計劃得失。其實說白了，浮躁就是失衡的心態在作祟。」當壓力太大、過於繁忙、缺乏信仰、急於成功、過分追求完美等問題出現並不能得到滿意地解決解決時便會滋生浮躁。或者說，浮躁的產生是因為心理狀態與現實之間發生了一種衝突和矛盾。浮躁往往會伴隨著我們一生，我們一生都在自覺或不自覺地同浮躁作鬥爭。只有戰勝浮躁，我們才能夠真正主宰自己。

其實，消除浮躁的根本在於找到幸福和快樂。本來我們每個人都是幸福和快樂的，只是我們從不在意。如果你去尋找，你就會發現，幸福和快樂就在我們身邊。關於這一點，每個人都能輕易地做到，關鍵在於我們對待事物的態度。

去奢去泰　把握做人分寸

唐玄宗時，不學無術的楊國忠借著楊貴妃的關係當上了宰相。楊國忠有權有勢，便大肆撈錢。他雖是宰相，但卻兼任幾十個官職，個個都是刮油的肥差。有人提醒楊國忠說：「你身為一國之相，只在意錢財，卻無心學習治國之術，這可不是長久之計啊。」楊國忠說：「我有娘娘撐腰，還怕別人能壓倒我嗎？」面對良言，楊國忠一句都聽不進去，做事反而更加恣意妄為。他見安祿山被玄宗寵信，十分嫉妒，竟當面向安祿山索重金。安祿山也是個很驕橫的人，拒絕了楊國忠的要求。楊國忠一怒之下，向玄宗誣告安祿山謀反，說他現在私招兵馬、積聚糧草，這就是他要造反的證明啊。玄宗於是開始懷疑安祿山，幾次緊急傳召安祿山入朝，以此來試探安祿山，安祿山每次都應召即來，玄宗才解除了戒心。楊國忠見誣陷不成，準備採取進一步行動，逼反安祿山。後來，安祿山真的被逼迫造反，天下大亂，人們追查原因，所有人都歸罪楊國忠了。」

做事千萬要有分寸，特別是高位管理者，不能因為手握重權就為所欲為、無惡不作，如果把別人逼到不能再忍的地步，最後吃虧的肯定是自己。高官厚祿是人人欲求的，但人都是貪婪的，很多人在得到功名利祿以後，仍不懂得滿足，反而利用已有的權柄變本加厲的謀取錢財和篡奪職位。這樣的人，就像是走上了一條不歸路，當他後悔的時候，已經無路可退了。

《道德經》第二十九章曰：「將欲取天下而為之，吾見其不得已。天下神器，不可為也。為者敗之，執者失之。故物或行或隨，或噓或吹，或強或羸，或培或隳。是以聖人去甚、去奢、去泰。」

意謂：想要得到天下，駕馭天下，我知道那是辦不到的。天下就像神器一樣（這裡的天下可以理解為「道」），既不可駕馭它，又不可得到它，駕馭它一定會失敗的，得到他必然招惹跟多麻煩最終還是會失去它。

所以聖人無為而治，就不會失敗，不去把持它，所以也不會失去。人和事物總是逆順反復，有的走在前面（像管理者人），有的跟在後面（受人指揮的）；有的氣勢火紅，有的處境寒涼；有的勢力強大，有的軟弱無力；有的增益、有的毀壞。因此聖人治理天下，順其自然按照自然的規律做事，去掉一些極端，過分的設施，去奢華而歸樸。

老子認為治天下的最好辦法是「無為」，治天下若要「有為」，就不能成功。所以，老子主張理想的政治社會是順應物性，聽任自然，因勢利導，達到「無為而治」的原則。

老子告訴管理者，應去奢去泰——把握好做人的分寸，要想取得成功，就必須改掉極端的、奢侈的、過分的，也就是要把握好做人的分寸。做人的分寸是很重要的，職場中尤其如此，懂得分寸並且謹守分寸的人，行事總是那麼恰當妥貼，而不懂分寸的人則尤如脫了繮的野馬一樣橫衝直撞，最終害己。縱觀歷史，官場或商場都是一樣，那些身居高位反而處處做事小心謹慎、事事注意把握分寸的人，都有一個不錯的結局。而這種對金錢、地位不去爭、不去搶的策略，反而會使自己的金錢更多、地位更牢。

商場上，很多人在取得成功後，都不能正確的面對自己的處境，而往往會被暫時的成功沖昏了頭腦。做事一不冷靜就會失去應有的理智和分寸，使自己陷入危險的境地。富貴其實不難保全，只是人們不能持久地心平氣和的做事。一個人無論通過什麼途徑贏得了功名，都是一件很不容易的事情，要加倍珍惜。而世人對成功者的要求也是很苛刻的，嫉妒的心理也是隨處存在，因此，管理者要時時刻刻想到功名利祿給自己帶來的負面影響，做到行事謙虛謹慎，處事要把握分寸。

【管理運用】

世人秉性不一，有前行有後隨，有輕嘘有急吹，有的剛強，有的羸弱；有的安居，有的危殆。因此，要成功就要學習除去那些極端的、奢侈的、過度的措施做法。

有賢德的管理者都能遠離那些極端的把企業據為己有的想法，也能遠離妄自尊大的行為，遠離奢侈的生活。老子以有行必有隨、有增益必有失去的事物規律說明，任何人想取天下為私有，都是不能得逞的。所以告誡管理者能遠離極端的想法，遠離自大的行為，遠離奢侈的生活。其實，生活在現今物慾橫流，誘惑無邊的芸芸眾生亦應如此。

管理者應守質樸之道

春秋五霸之一的楚莊王，就是一個能主動隔絕慾望對象的典型例子。有一次，令尹子佩請楚莊王赴宴，他爽快地答應了。子佩在京台將宴會準備就緒，就是不見楚莊王駕臨。第二天子佩拜見楚莊王，詢問不來赴宴的原因。楚莊王對他說：「我聽說你在京台擺下盛宴。京台這地方，向南可以看見料山，腳下正對著方皇之水，左面是長江，右邊是淮河，到了那裡，人會快活得忘記了死的痛苦。像我這樣德性淺薄的人，難以承受如此的快樂。我怕自己會沉迷於此，流連忘返，耽誤治理國家的大事，所以改變初衷，決定不來赴宴了。」

楚莊王不去京台赴宴，是為了克制自己享樂的慾望。由於楚莊王能注意與慾望對象保持一定距離，所以他才能在登基後，「三年不鳴，一鳴驚人；三年不飛，一飛沖天」，成為一個治國有方的君王。

現在有很多管理者，因貪圖錢財而受賄，結果被送進監獄；也有的管理者，因迷戀女色誤信枕邊風而斷送前程。古往今來，凡成大事者，必有強烈的慾望，有慾望並不可怕，關鍵是不要被慾望牽著鼻子走。如果你不能主宰自己的慾望，那麼，你最好遠離那些令你迷惑的對象。經營企業是一件天長日久的事，必然要有一種持久、穩定、明確的指導思想。如果只想混個吃吃喝喝，可以趁早關門，開個小百貨店，一樣養家糊口。

《道德經》第三十八章提到：「大丈夫處其厚，不居其薄；處其實，不居其華。故去彼取此。」意思是：致力於道的人，本著淳厚的本質，不用浮華的禮節；緊守大道的厚實，不用虛偽的智巧。所以要去掉浮華的禮而用厚實的道德。換言之，為人處事要心存厚道，對待他人不能在禮數上虧欠任何人，日常生活中應該儘量簡單樸實，不應鋪張浪費，愛慕虛榮。以企業管理而言，高效能的管理者者也是應持守質樸醇厚之「道」，而絕不強調虛華無用之「禮」；他的為人處事總是以忠厚樸實，而摒棄那些浮華淺薄之事。

道是自然的渾樸原理的本身，不被感知的，而德則是道的實際表現，渾樸本來就是自然的本質，但是人類總是「化而欲作」，「化而欲作」於是就有了「失德、不知常、安作」的情境出現。例如，企業常常認為我們的產品品質這麼好，功能這麼多，怎麼賣不出去？因為人們常以為擁有一件好的東西，就會自以為是地以為只要緊緊抓著這東西，就可享受安逸的生活而忽略了生活上其他事物。就如企業也常會自以為是的感覺自己的產品很好，而忽略了這是否消費者所需求的？也常以為某項產品推出很成功後，就以為可以安逸的永遠享受新產品的利潤，而忽略了消費者偏好的變化及競爭者的改變，這就是西方理論所提「行銷短視症」，身為企業的管理者者不可不引以為鑑。

《道德經》第五十八章也提及：「禍兮福之所倚，福兮禍之所伏。」是說：災禍、危機的本身，內含著幸福、轉機，災禍是福氣的親近伴侶，福氣潛藏在災禍裡面；而幸福和機會是災禍的藏身之所，災禍潛伏在幸福、機會之中。這就是老子所提「反者道之動」的原理。管理者者須瞭解；一個危機的渡過，不要以為就可安然無事，事實上可能也蘊涵了一個新的危機，一個更高層的境界的失去，代表我們有機會再作更高提昇。所以管理者者如持守質樸醇厚之「道」，而絕不強調虛華之「禮」；為人處事總是忠厚樸實，而摒棄那些浮華淺薄之事，則員工必將樂意跟隨，進而願意充分發揮個人的專長於企業的發展。

實際上「處厚、處實及不居薄、不居華」之說，只是個形式語言，管理者者必須更深入去體察，何者為厚、為實？何者為薄、為華？這才是重點。「故去彼取此。」就是要能去除那些一窩蜂的只重視世俗的虛華、流行的追求而堅持守住那純樸的原質。以企業經營言之，管理者者不要只是跟著潮流注重產品競爭的創新研發，而是要真正瞭解目標顧客的需求（純樸的原質）也就是依「道」而顯現的德，也就是為顧客利益著想、合理的、憑良心的產品或服務。除了要滿足其需求，也要隨著顧客需求的變化而改變，才能不斷滿足其需求。這樣企業自然能不斷成長，鴻圖大展。

【管理運用】

生活中人們應該追求外表單純，內心樸素，減少私心，降低慾望。老子認為貪欲是引起社會物慾橫流、局勢動蕩不安、人心利慾熏天的根源，因此主張人們恢復樸素的本性，減少私心和慾望，以便使生命不致遭到慾望的傾陷而屢屢處於絕境。這種思想訓勉當今的管理者堅持誠信自律不無裨益。正所謂「敦厚之人，始可托大事」，誠信不僅是為人處世的必備品質，而且是企業經營的基石。

人難免都有一些所謂的劣根性，在經營過程中難免變得勢利，但切記不要過度勢利化，要知道欺詐在帶來短期效益的同時，會讓你蒙受更多的長遠損失。企業賣的是信譽，而不僅是產品。消費者給予企業無任何企圖的讚揚，有口皆碑，這就是美譽。這種美譽是無價的，是最可貴的、最可靠的市場資源。

修品德　善做人

明代山西蒲州晉人王海峰深深了解，經商人如有利益，雖然是千仞高山之險，也有人攀登；雖然是有萬丈深淵之危，也沒有不去涉足的！他與其他人的不同的是。他能看到潛在的商機、潛在的巨大利潤。這日，天剛剛下過雪。在一段狹長的傍山道路上，有輛滿載大缸的馬車深陷在雪泥之中，進退不得。趕車人和貨主想盡了辦法，還是未能把車子從泥濘之中拉出來。幾個時辰過去了，天氣漸漸暗了下來。由於這輛車堵在路上。後面來的車無法通過，轉眼間就排成了長長的車龍。這時，王海峰的車馬也到了此處，不得不加入長長的車龍中排隊，便叫一個隨從到前面看因何堵塞不前。

隨從打探回來後，如實稟告王海峰。他聽完隨從的話後，沈思片刻。問貨主：「你這一車大缸值多少錢？」貨主說：「六十兩銀子。」他聽後，立即吩咐僕人取六十兩銀子來付給大缸的貨主。然後，立刻命人割斷繩索，將車上的大缸扔到崖下。這樣一來，馬車得以繼續前進，跟在後面的近百輛車也在人歡馬嘯中前進了。

王海峰的豪舉和決斷，在客商中廣為流傳。雖然王海峰損失了六十兩銀子，但他卻因此而樹立起了良好的個人形象，提高了他的美譽度，並提高了他在同業者中的地位，為他日後打開市場提供了有利的條件。這些無形資產的價值遠非六十兩銀子能買到的。當然了，具有雄才大略的王海峰，在當機立斷的同時，或許他並沒有意識到這行為所產生的外部效應，這是大智慧經營者心態的自然表現。

《道德經》第三十八章曰：「上德不德，是以有德；下德不失德，是以無德。上德無為而無以為；下德無為而有以為。上仁為之而無以為；上義為之而有以為。上禮為之而莫之應，則攘臂而扔之。故失道而後德，失德而後仁，失仁而後義，失義而後禮。夫禮者，忠信之薄，而亂之首。前識者，道之華，而愚之始。是以大丈夫處其厚，不居其薄；處其實，不居其華。故去彼取此」

有上等德的人，不自以為有「德」，所以是有德。下等德的人是有心施「德」，所以他無德。有著上等「德」的人「無為」出於無意，所以無所不為。下等「德」的人，「無為」出於有意，所以無所做為。上「仁」的人有所做為，而是出於無意。上「義」的人有所做為，而是出於有意。上「禮」的人，出於有意。若是得不到回報。則攘臂使人從之。所以失去了「道」而後是「德」。失去了「德」而後是「仁」。失去了「仁」而後是「義」。失去了「義」而後是「禮」。當社會需要用「禮」時，虛擬敲詐也就隨之產生，禍亂也就隨之而來了。自以為很聰明的人，是以智取巧，真是愚昧的根源呀。所以大丈夫應該守質樸的大道，不虛偽敲詐，捨去禮的浮華，取用道德厚實。

給經營者的啟示：經營事業本質上是在幫助顧客解決問題，就是在積德。反之，追求唯利是圖，可能就會傷害到顧客而不知因而種下惡因。積德行善是好事情，但是要順其自然不要有意而為，不因善小而不為，不因惡小而為之。而要將企業能基業長青，從根本上來講，做生意就是做人。因為有「德」之經營者，不論對待員工、股東或是顧客都會堅守質樸的大道，不虛偽敲詐，捨去禮的浮華，取用道德厚實來提升自我的品德，積善助人，做人成功，自然跟隨的賢人也會增加而共同為企業的發展而努力，企業自然也就蓬勃發展了。

【管理運用】

具有高尚德性的人，不會去追求表面上的「德」。因為大道是無聲無名的，而大德也同樣是無聲無名的，一切都是自然而為，沒有絲毫的做作。就如真正有錢的人，錢對於他們來講不過是數字的積累，所以他們不用採取任何方式來顯示自己的富有，別人也自然知道他們有錢，如比爾·蓋茨、許文龍等人。反之，不具備這種高尚德性的人，就會不斷地去刻意修飾來告訴人們，他是有德之人，但往往是適得其反。就像一個醜女無論如何化妝，也仍然是個醜女，不會變得美麗。就算科技發達，可以各種手術來把一個醜女變漂亮，但是她的基因不會改變，她原先留存在人們頭腦中的記憶不會改變，她自然還是醜女。

因此，我們該怎麼做人，我們該置身何處？簡言之，做人應該像天空一樣，雖然有不少烏雲在它上面飄過，但雨過天晴，烏雲散盡，它仍然還是湛藍如洗，一塵不染；做人又應該像白玉，不管埋在什麼地方都不改變自己潔白的本性。在現實生活中我們不能真實表現自我。勢利小人很少有人公開表示輕蔑，大多數情況下還得面帶微笑地和他應付敷衍；許多事情實在是討厭極了，但誰也不會拂袖而去，還得耐著性子把它做完；自己平時的沮喪失望情緒，很少在臉上表露出來，在人前人後總要裝出一副自信抖擻的樣子；自己在事業上取得了成功，更不敢在臉上露出興奮得意的神氣，否則必然招來「炫耀」的指責；即使是在自己的丈夫(或妻子)、情人面前，也免不了要說違心的話、表違心的態、做違心的事。在這個世界上很難見到真實的面孔了，人們露出來的都是偽裝後的虛假的「臉」。

完善制度　掌握關鍵

有七個人住在一起，每天共喝一桶粥，顯然粥每天都不夠。一開始，他們抓鬮決定誰來分粥，每天輪一個。於是乎每週下來，他們只有一天是飽的，就是自己分粥的那一天。後來他們開始推選出一個道德高尚的人出來分粥。強權就會產生腐敗，大家開始挖空心思去討好他，賄賂他，搞得整個小團體烏煙障氣。然後大家開始組成三人的分粥委員會及四人的評選委員會，互相攻擊扯皮下來，粥吃到嘴裡全是涼的。最後想出來一個方法：輪流分粥，但分粥的人要等其它人都挑完後拿剩下的最後一碗。為了不讓自己吃到最少的，每人都儘量分得平均，就算不平，也只能認了。大家快快樂樂，和和氣氣，日子越過越好。

《道德經》第六十章曰：「治大國，若烹小鮮。」意謂：治理大國家。就好像在烹煎小魚一樣。不能常常去翻動它。否則就會將一條魚煎得破碎不堪。治理國家也是一樣。不要常常去變動政策。否則人民也會因政策的變來變去。而難以適應。感到煩悶。所以這都是為政的人。因為失去誠信。使人民對遵守法律。也失去信心的結果。

所謂治大國若烹小鮮，在企業而言，就是管理者要重視關鍵的事件，對於例行性的工作就由各層級依照所建立的制度自己負責，少加干涉。故制度必須順「道」，順道就能生長！自然大道的恩慈是：使那些會傷你的也不傷你了；自然大道的懲罰是：使那原來不會傷你的，竟然回過頭來傷你！有了泥土才能生長，大道所強調的只是這麼一點點！不要用「掃黑」的方式，會愈掃愈黑，應當用「照亮」的方式！給管理者的啓示：掌握關鍵，完善制度。

管理的真諦在「理」不在「管」。管理者的主要職責就是建立一個象「輪流分粥，分者後取」那樣合理的遊戲規則，讓每個員工按照遊戲規則自我管理。遊戲規則要兼顧公司利益和個人利益，並且要讓個人利益與公司整體利益統一起來。責任、權利和利益是管理平臺的三根支柱，缺一不可。缺乏責任，公司就會產生腐敗，進而衰退；缺乏權利，管理者的執行就變成廢紙；缺乏利益，員工就會積極性下降，消極怠工。只有管理者把「責、權、利」的平臺搭建好，員工才能「八仙過海，各顯其能」管理者自然不會干預打擾了。

老子就是要告誡管理者，所治理的企業愈大，在上位者更應謹守「虛靜」的原則，才能達到近者悅服，遠者懷之的境地。其實，「無為而治」的管理是否能實行，無關乎企業的大小，乃在於統治者的管理方式。因為不論是大企業抑或是小公司，管理者都必須時時保有「謙讓」之心，處於「眾人之所惡」的「下流」，才能「天長地久」。管理者如果能以道的無為。清正誠信。去治理企業，自然能夠達到和氣致祥的目的。老子所提出的無為而治的理想，本質上即不是關乎制度、組織的管理理念，而是一套確保員工以自我實現為最高依歸的無形制度。

【管理運用】

老子也提到，天下忌諱多了，人們的思想就變得蒼白而貧乏；經營者歪門斜道多了，千奇百怪的事就會層出不窮；條條框框多了，不守規矩的人反而會不斷湧現，結果法不責眾，就難以管理了。

管理企業的經營者也要懂得這個道理。對事方面，管理手法不能瑣瑣碎碎，不可時時處處設卡置規，而應該用清靜無為之道進行管理，像烹小魚那樣，讓企業結構處於一種相對穩定的狀態之下，少些無謂的折騰，多些有序的建設，企業才會固若金湯，而不致於成為一個爛攤子。

管理企業忌諱高層經營者自以為是，不顧企業管理規律，經常按自己的主觀意願，興致所在，朝令夕改，隨意變更，搞得勞民傷財，也毀了自己的事業。對人，不可動輒就用刑罰處理你的員工，用制度卡人，用嚴峻、苛刻的手腕對付人，對待員工一定要寬容、關愛，要知道：整人是整不出凝聚力和忠誠來的。

激發員工熱情 提升團隊素質

有一回，日本歌舞伎大師勘彌扮演古代一位徒步旅行的百姓，他要上場之前故意解開自己的鞋帶，試圖表現這個百姓長途旅行的疲態。正巧那天有位記者到後臺採訪，看見了這一幕。等演完戲後，記者問勘彌：「你為什麼不當時指正學生呢，他們並沒有鬆散自己的鞋帶呀。」勘彌回答說：「要教導學生演戲的技能，機會多的是，在今天的場合，最重要的是要讓他們保持熱情。」

提高員工素質和能力是管理要務，而學習有利於提高團隊執行力，增強團隊凝聚力。手把手的現場指導可以及時糾正員工的錯誤，是提高員工素質的重要形式之一。但是指導必須注重技巧，就像勘彌大師那樣要保護員工的熱情。

管理者必須避免教訓式指導，應當語重心長的激勵員工提高自身業務素質。除了現場指導外，還可以綜合運用培訓、交流會、內部刊物、業務競賽等多種形式，激發員工不斷提高自身素質和業務水準，形成一個積極向上的學習型團隊。

《道德經》第六十章提及：「治大國若烹小鮮。」是老子用具體、借喻的語言，形成反差的效果來議論治大國這樣的大事。治大國可以具體成，借喻成，反差成如烹小鮮一般烹治之。

它昭示人們治理其他事，比如治社會、治事業、治家業，更可以如烹小鮮那樣，其中當然也包括企業。

管理總是透過一定的規章、制度、法律、賞罰去行事。凡屬規律性的事，只要「政」不能過份「察察」，「道法自然」，治大國烹小鮮時「烹」的火候不能過猛，恰如其份，則企業管理焉有不善之理。

用人原則以「德」。《道德經》第六十八章說：「善用人者，為之下。是謂不爭之德，是謂用人之力。」善於用人的人，對下謙和，這是一種不與他人相爭的德，是善於利用別人之力。「善用人者，為之下。」說的是用人的原則問題，也是管理者應持的修養品德問題。

當然用人之前要先知人。《道德經》第三十三章說：「知人者智，自知者明。」老子的用人標準是「道」。第二章說：「外無為之事，行不言之教。」正是老子的人才觀。

身為一位好的企業管理者者更須「善救人」。《道德經》第二十七章說：「聖人常善救人，故無棄人；常善救物，故無棄物。」

「善救人」、「善救物」正是指，好的管理者者用人，要善於發現對方的長處優點，這樣世上就沒有遭遺棄的廢人，用物也同樣。老子這個思想，用在企業管理上彌足珍貴。

《道德經》第六十三章說：「圖難於其易，為大於其細；天下難事，必作於易；天下大事，必作於細。」企業管理亦然，處理困難的事情要從處理容易的事入手；實現遠大的企業目標，要從細微的工作起步。

第六十四章又說：「合抱之木，生於毫末；九層之台，起於累土；千里之行，始於足下。」凡是管理，均須從基礎做起。合抱之木，生於毫末，毫末纖纖，育成棟樑之材。

企業需要一支高素質的隊伍，一支有理想、有文化、守紀律的員工隊伍。因此員工教育，不論職前、在職教育是企業管理的一項基礎工作。

在這裡，老子的思想給予企業教育訓練員工極大的啟示，更是提供管理者如何凝聚共識提升管理者效能的最佳引導。

【管理運用】

經營管理者如果沒有柔弱謙下的品質，而是一位強勢霸道，不善待員工，那就很難達到真正的管理效果，也就無怪乎員工不求有功、但求無過，敷衍塞責了。須知，凡人皆有滿足生理、安全、歸屬感的基本需求，也有被尊重、被重視的需要，以及在工作中實現自身價值的企盼。老子說：「善用人者為之下，是謂不爭之德，是以用人之力，是謂配天古之極。」是說善於用人的領導者會很謙遜，能恰當地抑制自己，顯揚他人。如果唯我獨尊、剛愎自用、態度傲慢、放縱無禮，就會給自己設置障礙，增添麻煩，甚至會毀壞自己的事業。

老子說，有智慧的領導者位置處於眾人之上，但人們感不到他的重壓。「重」猶「累」也，領導者也不成為人們的煩累；走在眾人的前列，人們並未感到他對眾人的行進構成妨害。「樂推而不厭」，這樣的領導者才為眾人所尊重和擁戴，人們永遠樂意追隨他。領導之道，其實就是「人」之道。一個出色的領導者，雖然各有各的特點，但無疑都是在做好自己、把握好自己的基礎上，在努力提高自己的素質與修養的同時，再去影響別人的。

貴以賤為本　部下是管理基礎

戰國時期，魏文侯要出兵攻打中山國，在挑選帶兵的將領時。有人推薦一位名叫樂羊的人，說他韜略過人、武藝非凡，可以擔任帶兵大將。但也有人說，樂羊的兒子樂舒正在中山國擔任要職，讓樂羊帶兵去打，他可能會投鼠忌器，不會去硬攻的。但是一時之間又找不到更合適的人選，於是魏文侯派人對樂羊進行了調查，得知他對兒子樂舒在中山侍奉昏君之事十分生氣，曾拒絕兒子奉中山君之命的邀請，還勸兒子不要再留在中山任職，但樂舒不肯，因此父子倆分道揚鑣了。魏文侯知道後，決定重用樂羊，任命他為大將軍，帶兵去攻打中山。樂羊果然不負厚望。但是樂羊打了勝仗，圍住中山國的國都後，數月之久不去攻打，這樣一來，那批懷疑樂羊的人便有了把柄，不斷向魏文侯上疏，說樂羊是顧惜兒子的性命，因而不肯攻城，應該撤換樂羊。魏文侯獨排非議，認定樂羊自有計劃和安排。後來時機成熟了，樂羊帶兵全面攻城，一舉大獲全勝，攻克中山國。在當時的情形中，魏文侯看得非常清楚，只有樂羊才有能力帶兵戰勝中山國，所以，在明知樂羊之子在中山國任職的基礎上，還是重用了樂羊，並且給予他足夠的重視和信任，結果大獲全勝，樂羊終於成就了魏文侯的心願。

《道德經》第三十九章提及：「故貴以賤為本，高以下為基。是以侯王自謂孤、寡、不穀。此非以賤為本邪？非乎？故至數輿無輿。不欲琭琭如玉，珞珞如石。」意謂：所以貴是以賤為根本的，高是以低下為基礎的，因為這個道理，侯王才自己謙為：「孤」、「寡」、「不穀」。這難道不是把低賤當做根本嗎？所以，擁有許多車子，要如同沒有車子；不要高貴得像美玉，堅更得如石頭。

其中的「故貴以賤為本，高以下為基」意為：貴是以賤為根本的，高是以低下為基礎的。以企業經營而言，就是「部下是管理者的基礎」。老子對認為：凡是高的東西，都是以低下的東西為根基的，沒有低下做為根基，就不可能有高的存在。人類亦如此。職場上，凡是管理者都是以下級為根基的，沒有「下」就沒有「上」。管理者可以管束下級，下級也能夠決定管理者的實力。一個兵強將勇的管理者，必然有著很強的戰鬥力，而這種優勢正是下級給他的，所以說，「高以下為基」。因此，凡是管理者都應該體會到這一點，正確擺正下級的位置，從而善待下級、培養下級，以便使下級更好地輔助自己，這是使自己實力強大的前提條件。

「下級是管理者的基礎」，在做事的時候，選對人、用對人、會用人是很重要的，一個得力的下級是管理者成事的關鍵因素。所以說，管理者千萬不能忽視了下級的巨大作用，並且給予下級足夠信任和重視也是非常重要的。

就如上述的例子，統治者能否以正確的態度對待臣下，是臣下能否忠心為統治者賣力的必要前提。如果統治者給予臣下以足夠的信任和支持，那麼，臣下才能夠忠心耿耿地為他賣命。否則，身為統治者對臣下沒有根據地亂猜疑，那麼，即使是再忠心再有能力的臣下，也不免會背叛、逃離，最終成為統治者的巨大損失。

身為統治者就該用人不疑，疑人不用，否則即使擁有再難得的賢才，也不會得到任何益處的。正所謂「水可載舟，水亦可覆舟」，英明的統治者的身邊會有一大群忠心耿耿的臣子，進而國家興旺而王位穩固。而昏亂的統治者則不懂得如何攏住臣子的心，胡亂猜疑，致使忠臣被逼反，最終國家混亂甚至由此走向滅亡。企業的高階管理者應以此為戒！貴以賤為本部下是管理者的基礎！

【管理運用】

人和動物的根本區別就在於人的社會性，不論何時何地，人要在社會上立足、生存、發展，都要結成群體和衷共濟。誰都不可能獨來獨往，從這個意義上廣而言之，不厚道無異自絕於人群，而道，則既厚於人，同時也厚於己。厚道得人心，人們常常稱許那些善於大處著眼不計前嫌的人，這種風度是為人處事的根本。對上級、下屬、同事，厚道意味著諒解、體貼、信任、愛護。厚道待人，不但贏得友情和尊重，而且往往是加倍的。

剛剛踏入社會的人，就象一張白紙，面對複雜的社會，就有適應社會的問題。因為處世的經驗還很少，通常能保有忠厚的作風。而在人世間摸爬滾打多年之後，經歷過成功失敗，經驗積累多了，城府也隨之加深。遇事時，不要只求圓滑，應特別注重抱樸守拙的忠厚作風。太講究練達和圓通，就會失去本性，變成一個老奸巨滑，不受人歡迎的人。如此反而不如保持一切都不加修飾的純樸面目。

知止不殆　創新加值

一代明君唐太宗雖貴為天子，卻依然時刻保持謙虛謹慎，正由於此，他廣攬人心，深受人民的尊敬和愛戴。貞觀二年，唐太宗對侍臣說：「人們說當了皇帝就自認為尊貴高尚，沒有什麼可畏懼的，我卻認為做皇帝的，更應當保持謙遜恭謹，需經常感到畏懼。」

從前舜告誡禹說：「你只要不自以為是，那麼天下的人就沒有人能和你爭賢能；你只要不自我誇耀，那麼天下人就沒有人能與你爭功勞。」

另外《周易》中說：「做人的準則應當是厭惡驕傲自滿而崇尚謙遜恭謹。」」「大凡做皇帝的，如果自認為尊貴高尚，不保持謙遜恭謹的作風，那麼自身若做了錯誤的事情，誰還肯冒犯威嚴上疏勸諫？我每說一句話、辦一件事，必定在上畏懼蒼天，下畏懼群臣。蒼天高高在上聽察著人世間的善惡，怎麼能不畏懼？我的一言一行都被眾公卿大臣有識之士看在眼裡，又怎麼能不畏懼？從這樣的角度去思慮，就能經常謙遜恭敬、小心謹慎，儘管如此，我還時常擔心所做所為不符上天的意旨和百姓的心願。」

魏徵對此評價道：「古人說：『沒有一件事是沒有開頭的，但堅持到最終的卻很少。』如果皇上堅持這種謙懼的作風，一天比一天謹慎，那麼國家就會永遠鞏固，而不會滅亡了。堯、舜時代之所以太平，實際上就是遵循了這個原則。」

唐太宗貴為人君但仍不敢高傲自大，他始終懷著永不滿足的心境去完善自己，儘量使自己不被別人說三道四、指手畫腳，他的這種不自大、不自滿的作風，讓其他君主相形見絀。

在全球競爭白熱化下，創新已成為所有企業最重要的課題。然而，管理者往往過度強調創新，而忽視了執行。事實上，只有當企業能夠有效地將一系列創新理念付諸實行，這些創新理念才有可能成為卓越價值的商品。哈佛商學院工商管理教授大衛·加文認為，有效的執行就是在既定的時間和預算內，按照品質要求，儘可能控制變數直到完成計畫。

即使面臨無法預測的情形也要兌現承諾，因為沒有一個計畫能夠考慮到所有突發情況。優秀的執行者總是能夠想辦法完成任務，他們隨機應變、不斷調整、向前推進。就如施樂公司雖然是圖形化使用者介面的首創者，但它沒能將創新有效執行使其商業化，而錯失了發展良機。有效能的執行力並不是從天而降的，需要經過策劃和培養才能獲得。

《道德經》第三十二章提到：「始制有名，名亦既有，夫亦將知止，知止可以不殆。」意指：治理天下就要建立一種管理體制，制定各種制度、確定各種名分，任命各級幹部辦事。名分既然有了，就要有所制約，適可而止，這樣就沒有什麼危險了。高階管理者需要建立一套創新的管理與激勵制度，適材適用，讓員工清楚前方的道路，明白自己需要做哪些改變才能實現目標；同時還必須激勵所有員工團結在一起，使他們朝著同一個方向努力。

然而，當前企業在熱中於制定策略卻忽視了執行，因為策略規劃充滿了刺激，相比之下執行工作就顯得枯燥乏味。但是如果對執行重視不夠，那麼再好的策略也是空談。那要如何管理者部屬才能提升執行力？

《道德經》則在第三十四章提醒管理者：「萬物恃之以生而不辭，功成而不有。衣養萬物而不為主，可名於小；萬物歸焉而不為主，可名為大。以其終不自為大，故能成其大。」意即：萬物依賴道生長而不推辭，完成了功業，辦妥了事業，而不帶著貪念佔有名譽。它養育萬物而不自以為主，可以形容它是在放低自己。萬物歸附而不主宰，可以形容它在無限發展。為什麼呢？正因為他發展變大不是為了自己的目的，所以才能成就它自身的發展。此意謂，管理者要管理者員工，言辭對員工要謙下，必須把自己的利益放在他們的後面。因為他不與員工相爭，所以企業內就沒有人會和他相爭。

《道德經》第六十八章又提到：善於用人的人，對人表示謙下。叫不帶著貪念的品德，叫做運用別人的能力，才能符合自然的準則。企業高階管理者需要認識到，不存貪念，盡力照顧員工，自己將會更為充足；他盡力給予別人，自己反而更豐富。因為創新策略的制定和執行同樣都是有創造性的活動，只是屬於創造力的不同類型。

卓越的管理者必須以「知止可以不殆。」的觀念，在建立一套創新管理體制，制定各種制度、確定各種名分，任命各級幹部辦事。名分既然有了，就要有所制約，適可而止」。同時還必須激勵所有員工團結在一起，培育員工成為優秀的執行者，使他們都能夠遇到任何問題想辦法完成任務，能隨機應變、不斷調整、向前推進，企業自然鴻圖大展。

【管理運用】

本篇表達了老子的「無為」的管理思想，認為管理者若能依照「道」的法則治理企業，順應自然，那樣，員工們將會自動地服從於他。在此「無名」指完全作到了不自見、不自是、不自伐、不自矜，所以稱之為「樸」。老子用「樸」來形容「道」的原始「無名」的狀態，這種原始質樸的「道」，向下落實使萬物興作，於是各種名稱就產生了。立制度、定名分、設官職，不可過分，要適可而止，這樣就不會紛擾多事。「名」是人類社會引起爭端的重要根源。

名字這種東西是純粹的人類行為，名字之出現對人類認識無疑具有積極意義。也正因為「道」沒有被具體命名，所以才沒有被概念化、沒有被歪曲，亦沒有像其他萬物一樣由於被人類所認識而最終失去了自己的獨立地位和本來面目，因此「道」才能保留下了樸素的本質和帶有原始性質的品質。「道」是永遠也不會、也無須擁有自己的名字的，它們處於一種素樸無華和默默無聞的地位上永遠為萬物進行著無私的貢獻，它們自己既然從來也沒有任何私心雜念，當然也不會為名聲而苦惱。

名是萬物之初始，這就是「始制有名」，對於人類來說，萬物有了名字便有了一種比較確切的標誌，為萬物命名，代表了人類認識萬物的開端。但為萬物命名並不是沒有止境的活動，對於那些沒有多少理解還不能加以辨識的事物，就不應該胡亂命名，而對於已經命名的事物也不應迭生歧義，所以，老子警告說：「名亦既有，夫亦將知止，知止所以不殆。」就是說，既然有了概念和名相，那就不要太分別、太執著於我們的認識。要知道我們的認識是有局限性的，所以要適可而止。

第九章　奇與正的平衡

《道德經》四十章提到：「反者道之動」，就是指「相反相成，物極必反」的關係。天下萬物生於有，有生於無。意思就是無中生有。「無」，乃無價之寶，因為「無」中生「有」，因為「無」可以孕育出無數個意想不到的「有」。而無限個「有」，又構成了「無」—無限地追求。這是「有」與「無」的辯證。

我們發現許多管理者在看待員工時，常會以「有用與無用」、「有能與無能」、「有責任心與無責任心」、「忠誠與不忠誠」、「老實與不老實」等等相對的觀點來區別。甚至有些管理者，將是否合己意，作為判別人才的標準。然而，這些相對的觀點，都是主觀傾向的。在客觀世界裡，矛盾是事物的一體兩面，只認識到某一面，會對事物無法全方位的認識。對人才的認識，也就無法全面地認識人才。在日常生活上，也是如此，只有全方位的去觀察人、事、物才能比較客觀也才不會作出不當的判斷。本章以《道德經》第五十七章、第二章、第三十七章、第十七章、第四十九章為例來說明「平衡管理」在這些對立統一矛盾辯證中的應用。

例如，第五十七章提到：「以正治國，以奇用兵，以無事取天下」。以企業而言，意思就是經營者要用正道來治理企業，用出奇不意的計謀來面對競爭，用無為的策略來發展企業。《道德經》第二章提到：「聖人處無爲之事。行不言之教。萬物作而不辭，生而不有，為而弗恃，功成而不居。」意謂：聖人做符合客觀規律事情，違反規律的事情不做，故聖人作無形跡之事，傳無聲言之教誨。讓萬物自行運作而不干涉，任其生長而不培育，任其自為而不把持，任其成熟而不割據。

第三十七章曰：「道常無為而無不為。侯王若能守，萬物將自化；化而欲作，吾將鎮之以無名之樸；無名之樸，亦將不欲；不欲以靜，天下將自正」。意謂：大道順應自然乃無為，順應自然無為而無所不為。侯王將相若能守之，順其自然無為，萬物將都能按照自己的規律去運化。運化乃慾望所致，因此要用無名樸質去調整。使其慾望涿漸減少達到無欲。如果萬物都能沒有貪婪的慾望，天下就能太平，就能處於永恆的狀態，從而達到自定。

在《道德經》第四十九章又提到「聖人無常心，以百姓為心。」說明了聖人沒有定見，他是以百姓的意見為意見。百姓認為怎樣做，聖人就怎樣做，看起來好像沒有主見，但卻往往能把事情處理的恰到好處。最後在第十七章又提到：「信不足也，有不信焉。悠兮，其貴言。功成事遂，百姓皆謂『我自然』」指如果管理者者本身的誠信不足，百姓自然不會信任。（最好的）管理者者總是那樣的悠然自然，清靜無為，不肯輕率發號施令。天下治理得井然有序，而百姓都認為「我們本來就是這個樣子」。這也就是說「不言」與「有言」、「有為」、「無為」都是「有」與「無」延伸的辯證關係。

【管理運用】

最圓滿的東西好似有所欠缺，可是它的作用不會衰竭；最充實的東西好像有些空虛，可是它的作用不會窮盡；最正直的東西好像是彎曲的，最靈巧的像是笨拙的。這就是老子「反者，道之動。」的觀點，也就是反向行動法則，教人從相反或相對的方面尋求解決問題之道，不擅長從事物的對立面中尋找打開難題的鑰匙，是不懂自然之道的表現。

若企業生病，用人體來比喻，如果血壓變高，體重增加了，大腦就開始遲鈍，談話只能談過去的事情了。結果對新事物沒有好奇心了，只能重復做過去的事。企業也是一樣，變老是不可抗拒的事，必須不斷地更新。所以，企業要變革，在變革中打破舊有的企業習氣，將新鮮的血液注入其中，企業才不會生病。

老子在提出「以正治國」的同時，強調「以奇用兵」。所謂「以奇用兵」就是決策中的權變。如果說組織的規章制度是相對穩定的「常」，而「以奇用兵」就是「變」，就是變陣，就是非常或反常手段。因為凡是都會有如，上下、先後的對立統一辯證關係。有上則有下，有下則有上；有先則有後，有後則有先。把這個道理運用到管理上，員工與經營者便沒有矛盾了。雖然處於員工之上，卻不感到重壓；雖然居於員工之先，卻不感到妨害；員工都樂於擁戴他而不是厭棄他。這句名言的要旨在於：謙下不與人爭之德。

管理者要謙下退讓，才能贏得有效管理，可見無為、不爭的管理主張是多麼重要。人生樂極生悲，否極泰來。生活如同照像取景一樣，當我們處於困境時，如果我們變換一下角度，可能就會找到更佳的畫面。

善用逆反心理　管理下屬行為

羅密歐與朱麗葉相愛的故事可謂人人耳熟能詳，羅密歐與朱麗葉雖然相愛了，但由於兩家世仇，他們的愛情遭到了雙方家長的極力阻撓。然而，這種阻撓並沒有使他們分開，反而使他們愛得更深，直到殉情。這種現象在心理學上叫「羅密歐與朱麗葉效應」。所謂羅密歐與朱麗葉效應，其實就是我們常說的激將法的應用，即別人越不讓你幹什麼，你越要幹。激將法的應用，正是利用人的自尊心積極的一面，從相反的角度激起對方「不服氣」的情緒，使對方爆發出一種奮發進取的「內驅力」，充分發揮出自己的能力，從而收到不同尋常的效果。

《道德經》第四十章曰：「反者，道之動；弱者，道之用。天下萬物生於有，有生於無。」這是老子相反相成的辯證思維。「道」，不僅是創生萬物的本原，而且還是事物運動變化的內在動力。任何事物大小、高低、方圓、曲直、強弱、進退、予取、貴賤、優劣、是非、美醜、善惡、禍福等等，這些相互對立的概念，其實都是相反相成的。一方面，沒有大就沒有小，沒有小就沒有大；沒有高就沒有低，沒有低就沒有高；沒有方就沒有圓，沒有圓就沒有方；另一方面，大中有小，小中有大；高中有低，低中有高；方中有圓，圓中有方。天下的萬事萬物都是「有」所生化出來的，而「有」卻是從「無」生化出來的。

其中「反者，道之動」說到的「反者」相對「正者」「弱者」相對「強者」，有了反者才有正者，這叫做陰陽。「道」這裡用《易經》的話來說就是「一陰一陽之謂道」。弱者，強者也是陰陽。有了陰陽，道才能動，才有作用。在此，可給管理者給一個重要的啓示：用逆反心理，管理下屬行為一般人都很看重面子，一個人有沒有面子，有多大的面子，取決於他社會地位的高低和其影響力的大小。因此，人們對自己的面子都很看重、很愛惜，實際上是愛惜自己的地位。如果你說他不行，他偏要證明給你看，絕對不甘心被你說死。

管理企業就如同帶兵打仗，在給下屬安排工作時，也可以利用下屬的逆反心理和愛面子心理，巧妙地激起下屬「偏要做」、「偏要贏」的心理，有利於下屬用心思地做好工作。比如，在向下屬交代工作時，可以淡淡地說：「這個項目有些難度，我覺得你一個人可能完成不了，如果不行的話我找個人和你一起做。」你這番話肯定會激起下屬「偏要做好」的心理，他會努力用實際行動證明給你看。

當然，激將法並不是對誰都有效的，對於自信心不足、自尊心不強的人來說，千萬別用激將法，因為你激將他時說他不行，他並不覺得這是丟人的事情，而且他會認為自己真的不行，這樣他就不會產生「偏要贏」的心理，也就不可能爆發出更強大的潛能去做好你交代的工作。所以，激將法要用在自信心較強、自尊心較強的人身上。

凡事都有陰、陽兩面的互動，人往往都有逆反心理，你越不讓他幹什麼，他偏要幹什麼，尤其是在氣氛激烈的情況下，對於那些好勝心強、脾氣暴躁的下屬來說，利用其逆反心理，就能很好地操控他們，讓他們乖乖地聽你的「安排」去執行。因此，在環境多變，競爭劇烈的環境中，管理者應善用於激發部屬的潛力來達成企業的目標。

【管理運用】

「反者，道之動」，是說事物運動變化的規律是循環往復的，如果我們善於觀察就會發現，周圍的事物都處於永不停息的運動變化之中。例如，蟬皮掛在枝頭，蟬躲到密葉深處。隨著夏天的飛逝，它的生命走到了盡頭，第二年的夏天蟬聲又起，如此循環往復，永不衰竭。

「弱者，道之用」，則是說道在發揮的時候，用的是柔弱的方法，它一切順應事物的發展變化，任由萬物自然而然地發生和生長，而決不強加自己的意志，不去干涉，給萬物足夠的發展生長空間，而不據為己有，不使萬物感到自己的壓迫力量。如果經營者能夠用這種柔弱的手段來治理企業，順應民心民意，自然會得到部屬的擁護和愛戴。

由此可見，大道的德行就是循環往復和柔弱順應，宇宙萬物由道而生，自然應該合乎大道的德行，才能得以正常生長和運行，一旦違背道的德性就無法得以運行，就會被淘汰出局。

反者道之動　用人的原則

曾子說：「用師者王，用友者霸，用徒者亡」。「用師者王」就是指管理者者非常謙虛，尊奉真正賢能之人為老師，從而「王天下」成大功。例如周武王用姜太公尊之為國師，其後文王逝世，武王繼位，又用姜太公並尊為尚父。湯用伊尹，齊桓公用管仲尊之為仲父，燕昭王用郭槐，都是用師。

「用友者霸」就是管理者者對下屬像兄弟朋友一樣。例如劉邦用蕭何、韓信、張良，苻堅用王猛，劉備用諸葛亮等等，都是用友。「用徒者亡」則是指專用言聽計從、唯唯諾諾、順人喜好的人，那是必然會失敗的。這是曾子體察歷史經驗而後據以說明歷史興衰成敗的用人大原則，這是古代施行王道，招攬人才的辦法。

「用徒」讓自己感到快樂，「用友」讓自己受到約束，「用師」卻讓自己受到壓抑。所以，今天喜歡「用徒」的管理者者遠遠多於「用師」者。對於一個優秀的管理者者而言，最容易上當受騙的是言聽計從、順人喜好、唯唯諾諾的人，這樣的人身邊越多，事業失敗的機率也越大；而那種脾氣不好、有真才實學的人，對於優秀管理者者而言，身邊這樣的人越多，事業成功的機率越大。只有擁抱智慧，才能見證「用師者王，用友者霸，用徒者亡」之真諦。

《老子四十章》所提：「反者道之動」，就是指「相反相成，物極必反」的關係。在生活中，到處都存在著「相反相成，物極必反」的現象。在美國的阿拉斯加州，原來狼很多，鹿也很多，狼是吃鹿的，為了保護鹿，當地人就把狼殺光了，結果鹿也不行了，為什麼呢？因為沒有了狼，鹿群裡那些老弱病殘把草吃光了，強壯的鹿沒草吃了，餓得不行。有了狼以後，狼把那些老弱病殘的鹿吃了，強壯的鹿才有草吃。於是只好把狼重新放回去，鹿才又繁殖起來。

管理就像一把寶劍，用來助人還是害人就在管理者的一念之間。如果處理不當，物極必反！管理者要給員工留一定的空間。只要是公司整體策略允許的範圍內，管理者要考慮員工的需求，關懷員工；不能觸犯的，堅決杜絕，因為那是規矩。

然而，「用師者王，用友者霸，用徒者亡」看起來好像很有理。《易經》說，「一陰一陽之謂道」。世界上的任何事物都是由陰陽二個方面所組成。陰和陽是永遠不能孤立存在的，兩者不斷相互作用。有陽就有陰，有虛就有實，有看得見的就有看不見的。所以，即使用了師，用了友，也常有失敗的例子。如果用師而迷信老師，就無法創新，假使多位老師意見不一，就更麻煩了，不知道該學哪位老師，故而產生迷惑；用友而欺騙朋友，甚至在功成名就後過河拆橋，試問如此用友又怎麼能夠長久？至於用徒，如果是在尊重、開放的心態下去用，徒亦可為師、為友，又不至於有恃才欺上之患，何樂不為？故說可以長久。

世間萬理，猶如太極，陰陽消長，無時不刻不在變化，管理者必須常學、敢問、勤思、明辯才是適應任何變化的學習方法，當然，如若能在此基礎上，加上篤行，再加上點點「運氣」，成就一番事業不算什麼難事。

【管理運用】

事物發展總是向自己的對立面轉化。因此，管理者就必須具備一種逆向思維，從相反的方向去思考、觀察問題，前門不通走後門，就能發現事物發生的動因。當決策面對困境，如果擺脫不了固有程序或流程的干擾，不如將這個程序或流程倒轉過來，從後向前地思考問題。

逆向思維要求人們看問題不只是從一個角度、一個方向出發，而要從不同的角度探討事物存在和發展的多種可能性。運用逆向思維，有利於改變人們直線式的認知模式，能迅速激發人們的思維熱情，從而大大提高思維能力。作為經營者和管理者，運用逆向思維，能改變你的行為方式和管理模式，對於提高管理效能大有裨益。

逆向思維的方式絕非簡單的「倒行逆施」，而是一種以退求進、變負為正的高明決策藝術。它的高明之處就在於並不局限於在一條直線上作逆向選擇，而是在多層次、多視角下進行反觀，從而對管理者提出更高的實踐要求。逆向思維的決策藝術要求管理者決策時，以銳利的目光、敏捷的思維去看問題、捕捉商機，對事物進行逆向的創造性思考，從現實趨勢中開拓出嶄新的思路。

借用外力　借勢操作

猶太人福裏布爾經營的大陸穀物總公司，能夠從一間小食品店發展成爲一家全世界最大的穀物交易跨國企業，主要是因其善於借助先進的通訊科技和大批懂技術、懂經營的高級人才，他不惜成本不斷採用世界最先進的通訊設備，願意付出極高的報酬聘請有真才實學的經營管理人才到公司工作。這樣，他的公司信息靈通操作技巧精通，競爭能力總是勝人一籌。巧於「借力」，精於「借勢」，是成功的一大訣竅。很多猶太人卻以其不凡的智慧和機智，加上勤勉、忍耐的性格，最終成了富翁。

《道德經》第四十章曰：天下萬物生於有，有生於無。意思就是無中生有。「無」，乃無價之寶，因為「無」中生「有」，因為「無」可以孕育出無數個意想不到的「有」。而無限個「有」，又構成了「無」—無限地追求。這是「有」與「無」的辯證。法國經濟管理學家塔威爾說：「今天最有生氣的工業部門取決於生產十年或二十年前不存在的產品。」也就是十年或二十年前「無」。借用外力借勢操作是猶太人成功的很重要的因素，也是無中生有的證明。猶太人不論在商界、政界還是在科技界，都是善借別人之「勢」，巧借別人之「智」的高手。

一無所有並不是不幸。相反，它是一種財富。正因爲一無所有，所以才會放心地去追逐；正因爲一無所有，才會更加義無反顧無後顧之憂；正因爲一無所有，才會有更堅定的信念。一無所有的人最具有革命性，他失去的是身上的鎖鏈，得到的卻是整個世界。

任何事物的發展都是從無到有、從小到大逐步發展起來。許多現在看來風光得意的大富翁，之前很可能就是某個街市上的窮小子。富翁們擁有的巨額財富，在一般人看來，似乎是股市大師的傑作。其實，他們的發迹，靠的既不是大筆遺產，也不是買彩票得的意外橫財，更沒有天上掉下來的金元寶。許多人總是看到明星或富豪風光的一面，卻往往忽略了他們奮鬥的艱辛。目前台灣的億萬富翁們，大部分都是從無到有，白手起家，通過點點滴滴的積累，才有了今天的財富。

如台灣的化工大王王永慶，原來也只是個學徒和小店員。經過無數的拼搏和艱辛的努力，創建了全台第一的大公司。幾乎沒有幾個資本家不是從普通勞動者幹起的。又如美國的鋼鐵大王卡耐基，就是從每週掙取一、兩美金工資的窮工人奮鬥起家的；他賣掉鋼鐵公司的全部股份，獲得四億多美元後，卻肯捐獻三、五億。石油大王洛克菲勒，也是從一個週薪三、五美元的小職員起家的。愛迪生從一個鐵路學徒工幹起，堅持不懈地努力，一生發明數以千計，並艱苦奮鬥創辦通用電器公司，終於脫穎而出，成為一位大資本家。

美國百貨大王羅蘭．梅西、IBM創始人托馬斯父子、汽車大王福特、食品大王鮑洛奇、娛樂大王迪斯尼、希臘船王奧納西斯、報業大王麥克斯韋爾、摩托大王本田宗一郎、經營之神松下幸之助、現代總裁邱周永、香港首富李嘉誠、世界級船王包玉剛、工商巨子霍英東、鄭氏集團鄭裕彤、領帶大王曾憲梓等等，都是無中生有的最佳例證。巧於「借力」，精於「借勢」，善用「無中生有」的老子商道是管理者成功的最大訣竅。

【管理運用】

老子認為自然界中事物的運動和變化莫不依循著相反對立與循環往復的規律，其中的一個總規律就是「反」：事物向相反的方向運動發展；任何事物都在相反對立的狀態下形成的；任何事物都有它的對立面，也因它的對立面而顯現。他還認為「相反相成」的作用是推動事物變化發展的力量。「道」體是恆動的，事物總是再始更新地運動發展著的。

「道」生長萬物卻不佔有，滋養萬物卻不自恃。「道」無形象，不佔有不自恃，所以說它是天下最柔的東西，沒有什麼東西能夠戰勝它。由此可知，大道的德性就是循環往復、柔弱順應，而人只有順從自然之道，把握循環往復、柔弱順應的德性，才能無災無害，一切順利。由此可以明白一個道理，那就是世上的一切事物，都是向著對立面轉化的。就是說，從一開始，它就走向它的反面。有生就有死，有死就有生。生象徵著有，死代表著無，而這個有是從無開始的。

以正治企　自我管理

唐太宗李世民不僅奉老子李耳為祖師，而且將老子的管理學付諸治國實踐。他對待臣民不施奸詐智謀，顯示出一位偉大政治家的風範。當唐太宗發覺有一些臣僚在他面前一味吹捧迎合討好時，他心情很沈重鬱悶，對身邊的臣子說：「這些官員不肯講真話，真叫朕傷神，此風不可長啊！假話盛行，國家要遭殃。朕該如何辦呢？」有臣子建議設下圈套，誘使那些官員講出真話來。唐太宗聽了很不高興，訓斥身邊臣子道：「朕不願用奸詐之謀來對待我的臣民，那樣做就是教唆他們以陰謀行事。那些官員不肯講真話，乃是由於朕的誠心不足以感召他們，乃是由於他們對朕懷著恐懼之心的緣故啊！」唐朝開國不久出現「貞觀之治」的太平盛世，與唐太宗不用奸詐權術而以坦白真誠的態度治理國家有很大關係。

《道德經》第五十七章提到：「以正治國，以奇用兵，以無事取天下」。以企業而言，意思就是經營者要用正道來治理企業，用出奇不意的計謀來面對競爭，用無為的策略來發展企業。在此的「無為」並非甚麼事都不做，而是有智慧的管理者，會針對目標顧客的需求，與員工共同思考達到顧客非常滿意的各種活動，進而制定各種規範制度來指導與激勵員工，訂好制度就放手讓員工發揮其專長，儘量避免過多的干預，而只在員工需要協助的時候再出手相助。

成功的經營者從不靠權威居高臨下迫使他人服從。他是靠知識，靠智慧，靠個人魅力，靠素質來讓人服從和敬佩。古人也提：「君不正，臣投外國；父不正，子奔他鄉。」一個優秀的經營者以自己的模範行動凝聚著員工；反之，就會人心渙散，甚至眾叛親離。因此，要實現「無為而治」，企業經營者要管好個人的道德修養和對員工的道德教化，用正派的作為形成良好的環境，讓人們在榜樣的感召下統一步調，實現「不管之管」而達到無為而治。

懂得大道的人，決不教人巧詐，而是教人淳樸、天真。員工難以管理的根由就在於他們工於巧詐心計。因此，用奸詐詭譎的方法管理企業，是企業的災難，反之，則是企業的福氣。懂得這個法則，就有了遠見卓識，就能勝過一般的經營者一籌，事業就會發展很順利。平常，員工是沈默的，但其眼睛是雪亮的，暫時的沈默是因為敢怒不敢言，一旦火山爆發，一切將不可收拾。經營者施展詐術，員工必然起而效尤，用其人之道還治其人之身，將被員工搞得焦頭爛額。

自我管理法被西方管理學界譽為二十一世紀企業管理的大趨勢。自我管理法的哲學思想溯源，就是來自老子「無為而治」的思想。自我管理強調人的自導行為，即理性激發人力的自動化，為實現既定目標而自覺自動的行動；是自導式管理，即使管理者不在也會自己做、自己管；自我管理不是不要管理，不是不負責任的放任，而是教育、啟發、誘導人的自勉、自控、自愛、自重、自導的精神，體悟到自主權與效益成正比，只有實現組織目標才能實現自我。管得少，做得多，這不正是「無為而無不為」思想精髓？

然而，前提是，如果經營者私心重重，員工就會更重追求名利；經營者自身奸詐詭濡，員工必然青出於藍而勝於藍，更加虛偽而圓滑，管理起來更加困難。因此，經營者應正心誠意，靜心寡欲，見素抱樸，不玩權術，不尚計謀，員工才會以誠相報，管理就會順順當當。

【管理運用】

成功的經營者從不靠權威居高臨下迫使他人服從。相反，他靠知識，靠經營者藝術，靠個人魅力，靠素質來讓人服從和敬佩。一個優秀的經營者以自己的模範行動凝聚著員工；反之，就會軍心渙散，甚至眾叛親離。就如哪一個地方官風不正，哪個地方的士氣一定不會高。因此，要實現「無為而治」，企業經營者要搞好個人的道德修養和對員工的道德教化，用正派的作為形成良好的環境，讓人們在榜樣的感召下統一步調，實現「不管之管」而達到無為而治。

有智慧的經營者會選拔合格的人才來輔助自己完成其他事情。沒有哪一個人是「十項全能」，也許經營者在某些方面還不如員工，但是可以利用他的管理藝術「使眾智」「使眾能」「使眾為」，讓他人忠誠地幫助自己，從而達到「十項全能」。這樣，自己既不需要整天殫精竭慮，事情辦得又比自己親自去辦強得多，從而達到「無為而治」的高超境界。

自我管理法是當今世界管理的新潮，是對中國古代道家哲學思想精髓的回歸。我們必須深思、苦學、篤行、創新，古為今用，洋為中用。自我管理法的精髓是老子的「無為而治」思想。

有用無用　變化莫測

美國的一座「SNA」超級市場。某天，一位顧客發現一台名牌鋼琴標價僅為二千五百美元，喜出望外，立即掏錢要買。銷售小姐一看即傻了眼，原來標價單上少寫了一個尾數「零」，趕緊請示經營者。其實這事情很簡單，向顧客說明是自己商店的筆誤，誠懇地向顧客道歉致意，顧客會諒解的。但是經營者思忖片刻便決定賣。不僅賣，而且奉陪到底——

親自駕車，讓鋼琴披著彩帶，一路風光開到顧客家，又請技師調好音。不久，這種新鮮事就傳開了，「SNA」聲譽鵲起。經營者將錯就錯，外愚而內慧。

《道德經》第二十九章曰：「凡物，或行或隨；或噤或吹；或彊或剉；或培或墮。」意指：世間無論人或物，都有各自的秉性，其間的差異性和特殊性是客觀存在的，不要以自己的主觀意志強加於人，或以自己的長處來自吹自擂。

在企業銷售產品時，會與很多「無用」的人打交道。這些人只是對你的產品感興趣，或者是若無其事地瞭解一下，或者耽擱了你半天時間，又揚長而去，連一句感謝的話也沒有。推銷員難免要感到失望，甚至很氣惱，禁不住責怪，乃至謾罵。這是商場中每天都在發生的現象。

研究指出：一個客戶對產品的好惡往往影響其家人和朋友們對企業產品的態度。客戶通常將其認為有價值的銷售信息傳播給其他五至七個人。在接受信息的該群體中，大約四十%的人會從受推薦的公司購買東西。聰明的管理者或業務員善於將「無用」轉化為「有用」，為企業創造巨大的利潤，讓他的企業充滿發展的潛力。然而，有智的管理者應盡一不了解「無用」或「有用」是相輔相成的，會因時、地、人、物而有差異。例如，一部汽車對會開車的人「有用」，但對不會開車的人則「無用」。對交通不便的地方「有用」，但對交通網便利者而言卻變成「無用」。

而且，「無用」或「有用」也可進一步解釋成「智」或「愚」。商場上也有許多「大智若愚」或「大愚若智」的事情。從前有兩個賣甕的，一個外號叫「憨老大」，另一個外號叫「小精心」。他倆同在一個窯上取貨，又都到鄉下叫賣，每個甕賣八個銅錢。「小精心」算賬很精，每個八個銅錢，買十個則是八十個銅錢。「憨老大」不同，誰買三個甕，就少收一個銅錢。「小精心」喊破嗓子，賣得又慢又少；而「憨老大」賣得又快又多。不知底細的好心人對「憨老大」說：「老弟，一個甕八個錢，三個甕要收二十四個銅錢，你咋算錯了？」「憨老大」笑眯眯地回答：「三八二十三，人人說我憨，憨的賣完了，精的沿街擔。」看來「憨老大」表面糊塗，實則精明，薄利多銷，這就是精明之所在。這個故事講的是憨與精的辯證法。

俗話說，大智者若愚，聰明過頭了反被聰明所誤。有些人拼命想賺錢，斤斤計較，甚至缺斤短兩，顧客卻不願意和他打交道，有心栽花花不開；有些人表現出一種寬厚的態度，讓利給顧客，顧客當然喜歡與他打交道，無心插柳柳成陰。因此由此例可知，「無用」或「有用」也可進一步解釋成「吃虧」與「佔便宜」

管理者須知，每一個客戶都是一個潛在的資源。關鍵是看你能不能把潛在的資源，轉變成現實的財富。同時也可將員工的潛力轉變成有助企業成長的助力。企業管理的高手應是能「化腐朽為神奇」的人，是能化「無用」為「有用」的人。

【管理運用】

企業家應牢記去極端、奢侈、過度的措施的原則。「柔順」即溫柔和順，沒有臃腫負累——這是企業快速發展的必要條件和前提。現代社會以健壯為美，而不是以肥胖為美。所以企業需要消腫，需要輕裝上陣。管理者必須具有表達清楚準確的自信，確信組織中的每一個人都能理解事業的目標。然而，做到組織簡化絕非易事，人們往往害怕簡化，他們往往會擔心，一旦他們處事簡化，會被認為是頭腦簡單。事實上，唯有頭腦清醒、意志堅定的人才是最簡化的。

我們都知道，世界上發生過很多為了奪取「有」的戰爭。比如爭奪土地、爭奪財富。土地和財富固然有用，然而人們有沒有想到過，這種「有」是從何處來的？沒錯，是從「無」中來的。「無」相當於老子說的「玄牝」，也相當與佛家講的「虛空」。所以這些「有」終將歸於虛空，那麼為了它而起爭執，弄得兩敗俱傷，值得嗎？

知不知　上不自負才高明

公元前二零三年，韓信攻下齊國歷下後，又一舉佔領了齊都臨淄。齊王田廣慌忙逃到楚國，向楚王項羽求救，楚王根本就看不起韓信，對齊王說：「你別把韓信說得神乎其神，那位鑽褲襠將軍竟把你嚇成了這個樣子，真是活見鬼！」之後他沒加思索就隨意地委派了大將龍且，讓他率兵兩萬前去與齊國聯合抵抗韓信。恰巧，龍且是一個有勇無謀的人，一向自負非常，因而用兵往往只求狠衝猛打，根本不講究謀略。十一月，齊楚聯軍與韓信的漢軍對陣，好戰慣鬥的龍且幾次要向漢軍發起猛攻，都被齊王苦口婆心地勸阻住了。

一謀士對龍且分析了當前形勢，提出了良好的敗兵計策，可是龍且始終固執地認為韓信沒有什麼了不起，絕對不是自己的對手，戰勝對方根本就不需要花費心思。他一心想盡快同韓信交戰，好立即取得勝利，向楚王邀功領賞。

這天，韓信突然指揮大軍渡河進軍龍且軍，可是，部隊渡過一半時，又突然有秩序地撤回了。「龍將軍，漢軍不戰自敗，但是退得並不慌亂，可能其中有詐。」齊王對龍且說。

哈哈，我早就知道韓信這個人是膽小鬼，齊王啊，你可不要一朝被蛇咬，十年怕井繩！」龍且以為是韓信害怕跟自己作戰，才不戰而退，便一意孤行地指揮部隊「乘勝追擊」了。當龍且的軍隊渡河近一半時，濰水上游忽然發起了洪水，激流滾滾，傾瀉而下，一下子把龍且的部隊給衝散了。洶湧而至的水流使得楚軍大亂，對岸的漢軍也趁機回身反擊。在激流之中，疲於奔命的龍且軍立刻成了漢軍的活靶子！而尚在岸上的楚兵也潰不成軍，四散逃亡，漢軍在韓信的指揮下過河乘勝追擊，殺死了龍且，活捉了齊王。

原來，韓信設置了一個誘敵之計，他在前一夜讓士兵做了一萬多個布袋子，裡面裝滿了西沙，堆在濰水上游，形成了一個人工堤壩，他再用佯裝敗退的戰略，把敵軍引入河中，然後，讓士兵突然把上游的堤壩打開，如此一來，巧妙地借助於洪水之勢，輕而易舉地就打敗了敵軍。自負的人，在很多時候都顯得頭腦簡單、智商不高，亦得不到好的結局，所以說，真正高明的人，是絕對不會自負的。

《道德經》第七十一章中的「知不知，上；不知知，病。夫唯病病，是以不病」意為：知道卻像不知道一樣，是很高明的。不知道卻裝作知道，這是弊病。只有將這種弊病當作弊病，才能沒有弊病。有「道」的聖人沒有這種毛病，因為他重視弊病，所以才不犯這種毛病。

有為的管理者應將其理解為：「不過分自負才是高明的。」老子說，不懂裝懂、不知道裝作知道，這就會引發弊病。人們為什麼會不懂裝懂呢？無非是因為怕承認不懂，被人說自己笨，有失面子，而不懂裝懂往往是沒有好結果的。即使是懂，也不能過分自負、過分自信，一旦太過自負，同樣會引發禍事，危害自己。

就如上述故事的楚國了大將龍且，太過自負的人往往目中無人，自視清高，總以為自己了不起，習慣於對他人指手划腳，卻不肯承認自己的不足。這樣一來，肯定會促使他人敬而遠之，近而越來越孤立，一旦稍有言行不慎，就會給小人以可乘之機，極易遭人誣害。

為官處世是要講究技巧的，而只知道自以為是，將會有百害而無一益。一個人可以自信，但是太過自以為是，就是一件壞事了。自負就會導致輕敵，輕敵則易被敵人打敗。古往今來，凡是自負者，大都最終失敗。現代企業的管理者是否也應有如此思維？

【管理運用】

有人說，站在山頂和站在山腳的人看對方同樣渺小。「會當凌絕頂，一覽眾山小。」「山外有山，天外有天。」這樣的意境恐怕不是身在山腳下的人們所能體會到的吧！許多時候，我們會不自覺地感到自己的強大，這種信心是不可或缺的。但不可發展為自負，否則就成了狂妄。正如空中的星星，對於塵埃來說它大如宇宙，但對於宇宙來說它小如芥豆。因此，認清自己很重要。

人性叢林，芸芸眾生。你可能以為自己很是成功，頗為了不起。但走出去一看，才發現外面的世界更大，外面的天空更加高遠，周圍的人群中更有奇人高手。面對這些高人與強手，於是有些人不知如何應對。怎麼辦呢？其實，老子才提出：「知不知，上；不知知，病。」所以，不要把自己看得十分了不起，對人要謙虛。

無私成就大事業

《道德經》第七章提到：「天長地久。天地之所以能長且久者，以其不自生，故能長生。是以聖人後其身而身先，外其身而身存。非以其無私邪？故能成其私。」意思是：天地之所以能長久存在，是因為它們不是為了自己的生存才運行，所以能夠長久生存。因此，聖人把自己置之於後，反而能在眾人之中領先；把自己置之度外，反而能安然存在。這不正是因為他無私嗎？所以能成就他的自身。

清朝商人胡雪巖的發跡史就是一個好例子。胡雪巖是江浙杭州的小商人，他不但善經營，也通曉人情，懂得「捨與得」的道理，常給周圍的人一些小恩惠。

王有齡是杭州一介小官，想往上爬，又苦於沒有錢作敲門磚。胡與他也稍有往來。隨著交往加深，兩人發現他們有共同的目的，王有齡便對胡說：「雪巖兄，我並非無門路，只是手頭無錢，十謁朱門九不開。」胡雪巖說：「我願傾家蕩產，助你一臂之力。」胡雪巖竭盡所能籌積了幾千兩銀子，全部送給王有齡。王攜銀兩進京師求官果然如願。

幾年後，王有齡身著巡撫的官服登門拜訪胡雪巖，問胡有何要求，胡說：「祝賀你福星高照，我並無困難。」胡雖這麼說，畢竟王是要飲水思源的，便讓軍需官到胡的店中購物，這樣一來，胡的生意就愈來愈好、愈做愈大了。

胡雪巖目光長遠，他不計較暫時的得失，肯先吃虧收買人情，這為日後的發達埋下了「錢種」。由此可見，有時候，吃虧是一種長久的「投資」，只有不惜本錢，才能換來豐厚的回報。正是憑著這種肯先吃虧的精神，胡雪巖不但財源滾滾，還被左宗棠舉薦為二品官，成為大清朝唯一的「紅頂商人」。

老子主要的觀點是「無為」，最終「無所不為」。企業存在的目的就是要能永續經營，以集體智慧的團隊合作日愈受重視。老子指出管理者如何在團隊中帶動各成員發揮作用的方法，就是「不自生，故能長生」。為什麼呢？因為如果管理者只想顯示個人的光芒，就會事必躬親或是事事干涉員工的作為，就會造成「上面怎麼說，下面怎麼做，上面說錯了，下面也照做」的被動式管理尷尬局面，而形成所謂「君勞臣逸」的局面，這顯然與團隊合作的理念是背道而馳的。

要改變這種尷尬局面，首先要改變管理者的思維模式，管理者是處理問題的人，要在「心態上」將自己擺到眾人的後面、置身於問題之外，才能解決問題。

高明的管理者，會將權力適當地分配給團隊成員，並將績效看做是他們的功績，使下屬充分發揮自身潛能，如此反而會將管理者推向前，共同享受成果。

分權是無私欲，群策群力是無私心。團隊力量的形成，取決於管理者打破不平衡的管理關係，個人的力量愈小，團隊的力量才會愈大。管理者幫助別人成就功績的時候，自我的績效就會自然成就。

【管理運用】

為別人著想，替自己打算，花點小錢，故意吃點小虧不算什麼，而是有著深謀遠慮的精明之舉。吃小虧佔大便宜，古今亦然。有些時候，幫助別人就是幫助我們自己。當然，只有發自內心且不帶功利主義的人，才會隨時都有會幫助別人，而不是「有選擇性」地幫助。某次無私且自然的幫助，說不定就是幫助我們自己的一個機會！

世界是奇怪的，世界也是美好的，因為有了給予，才有了回報。古人說，投之以桃，報之以李。在生活中，我們何嘗不是這樣感受著世界的多彩多姿呢？陽光無私地給我們以溫暖，所以我們禮讚它的偉大；大地真誠地給我們以養分，所以我們高歌它的奉獻……給予是無私的，幫助是美好的。因為給予，我們才有回報；因為幫助，我們才有進步！

謙居人後 置身度外

一九五一年，吳舜文夫婦在台灣新竹成立了台元紡織公司。當時的台灣工業正處於起步階段，台元的棉紗、棉布的供應解決了民眾生活的緊急需求。吳舜文的經營原則很獨特，她說：「一個現代化的企業必須走向制度化，我個人做事的原則是絕對要求公平，答應別人的事就一定要做到。」一九六一年，台灣紡織業出現衰退現象，許多企業陷入困境，因而停發了工人的年終獎金。但吳舜文認為，企業虧損是業主的事，工人不應該受累。於是她決定，工人年終獎照發，制度不變。這些措施使職工找到了歸宿感，使職工將工廠視為「自己的企業」。當有的紡織廠把高薪徵求熟練女工的廣告貼到「台元」廠時，這裡的工人卻不屑一顧。正是因為吳舜文對現代化企業管理的獨特見解，贏得了許多對手的尊重。福特公司總經理稱讚吳舜文是「值得敬佩的競爭對手」。

《道德經》第七章曰：「天長地久。天地所以能長且久者，以其不自生，故能長生。是以聖人後其身，而身先；外其身，而身存。非以其無私邪？故能成其私。」意指：天地是永久存在的。天地所以永久存在，是因為它生養萬物而不自私以養自己，所以能夠長久。因此，聖人遇到利益，把自身擺在後面，而結果自身卻能佔先；遇到危難，把自身置於度外，而結果自身卻能安存。因為他無私，所以能成其私。

老子讚美天地，同時以天道推及人道，希望人道效法天道。所謂人道，既以天道為依歸，也就是天道在具體問題上的具體運用。老子強調，人道就是，能謙居人後，能置身度外，不是對什麼事都插手，而是從旁把事情看清了再幫一把，反而能夠站得住腳。這種思想，有人認為是為人處世的智慧，以無爭爭，以無私私，以無為為。此可提供管理者一個啓示：管理者要想管理好一個企業，不僅要無私，充分信任下屬，照顧下屬，要獲得下屬的信任。

俗話說「帶人不如帶心」，管理者要獲得下屬的心，應當以誠信為本。首先管理者要做到言出必行，沒有把握的事兒不要輕易許諾，而對許諾的事兒則要盡力而為，絕不能裝裝樣子，做表面文章。對已經制定的規章制度，管理者不可搖擺不定，朝令夕改。管理者的一言一行都被下屬看在眼裡，記在心上。你的真心誠意、你的言出必行、你的信譽為本，必然換來下屬的忠心追隨。毋庸置疑，管理者的做人、處事態度是確保企業穩健發展不可或缺的「穩定器」。它雖不是醫治企業病症的靈丹妙藥，但的確是能感動部屬進而抑制企業病症萌發和擴散的一劑良方。

尤其，在詭譎多變，競爭全球化的今天，企業勢必遭遇許多不確定因素的影響，因而有智慧的管理者應該制訂一連串的危機應變措施，以便防止危機出現時對企業形成不利的影響。而這些應變措施，則有賴企業全體員工的專業知識與熱心付出。員工願意誠心付出的前提則在管理者對待部屬的無私、無爭進而產生信任，建立危機共識，甚至形成企業的文化。

當企業真正遇到危機之時，全體員工才能依據原訂計劃、有步驟的將企業營運盡快復原，重新正常運作。甚至，危機來時，超出原計劃的構想，員工也能以「自己的企業」的心態，主動視情況調整方案，確保企業的運行正常。因此，謙居人後，置身度外，建立信任是現代管理者必須具有的態度。

【管理運用】

天地大公無私，反而成其大私。老子用樸素辯證法的觀點，說明利他（「退其身」、「外其身」）和利己（「身先」、「身存」）是統一的，利他往往能轉化為利己。聖人通達這個相輔相成的原理，在遇到名利功勞之類就總是往後退，讓給別人。由於這種不爭之德，反而受到大家的愛戴而能成為首領。

人一旦有私心，就會為自己找定位，爭權利。私心讓人覺醒，並認識自我。但是大千世界物質無限，「以有涯隨無涯，殆矣。」有的人永不滿足，所以永遠得不到。有的人容易滿足，所以能夠得到。得到什麼？得到自己想要的東西。

然而，與其說人想要得到某種東西，不如說人想要得到某種眼、耳、鼻、舌、身及意識感覺。有感覺就津津有味，沒感覺就味如嚼蠟。要想成就大我就必須把自己交出去，與山河大地融為一體。這時有什麼私心呢？沒有私心雜念人就很快樂，見人愛人，見狗愛狗，見天見地都是故人。

不自生故能長生　無私成就自私

「紅頂」商人胡雪巖本是江浙杭州的小商人，他不但善經營，也會做人，頗通曉人情，懂得「惠出實及」的道理，常給周圍的人一些小恩惠。但小打小鬧不能使他滿意，他一直想成就大事業。

王有齡是杭州一介小官，想往上爬，又苦於沒有錢作敲門磚。胡與他也稍有往來。隨著交往加深，兩人發現他們有共同的目的，王有齡便對胡說：「雪巖兄，我並非無門路，只是手頭無錢，十謁朱門九不開。」胡雪巖說：「我願傾家蕩產，助你一臂之力。」王有齡說：「我富貴了，決不會忘記胡兄。」胡雪巖竭盡所能籌積了幾千兩銀子，全部送給王有齡。王攜銀兩進京師求官果然如願。

幾年後，王有齡身著巡撫的官服登門拜訪胡雪巖，問胡有何要求，胡說：「祝賀你福星高照，我並無困難。」胡雖這麼說，畢竟王是要飲水思源的，他之所以有今天，胡的幫助是一大關鍵。

王利用職務之便，不斷令軍需官到胡的店中購物，這樣一來，胡的生意就越來越好、越做越大了。胡雪巖目光長遠，他不計較暫時的得失，肯先吃虧收買人情，這為以後他的發達埋下了「錢種」。

由此可見，有時候，吃虧是一種長久的「投資」，只有不惜「本錢」，才能換來豐厚的回報。正是憑著這種肯先吃虧的精神，胡雪巖不但最終財源滾滾，還贏得吉星高照，後來被左宗棠舉薦為二品官，成為大清朝唯一的「紅頂商人」。

《道德經》第七章，提及「天地長久。天地所以能長且久者，以其不自生，故能長生。是以聖人後其身而身先，外其身而身存。非以其無私？故能成其私。」

意為：天地之所以能夠長壽而悠久，是因其並不以自己的私心運行萬物，所以才能長久。所以，有道的聖人，把自己置放在人後，而人人反而將之推在前位擁戴他，把自己置於度外，反而能得以保存和周全。這不正是因為他忘我的無私嗎？反而成就了他的自我。

企業存在的目的就是不斷成長進而永續經營。以集體智慧為企業注入更長久生命活力的團隊合作開始受重視。但是，為何不是所有的團隊都有良好的績效？究其原因，往往出在管理者本身的思維模式上。

老子指出管理者如何在團隊中發揮自身作用，繼而帶動團隊各成員發揮作用的方法，就是「置身於人後，處身於事外」。為什麼呢？

因為如果管理者置身於人前，就是管理者喜歡什麼事都事必躬親或是事事干涉員工的作為，就會造成「上面怎麼說，下面怎麼幹，上面說錯了，下面也照做」的被動式管理的尷尬清況，也就是形成所謂「君勞臣逸」的局面，這顯然與團隊合作的理念是背道而馳的。

老子認為，要改變這種尷尬局面，首先要改變管理者的思維模式，即處於上位的管理者要在「心態上」將自己擺到眾人的後面。

管理者本來就是處理問題的人，反而要將自己置身於問題之外來看問題，這就是「後其身而身先，外其身而身存」。

一個好的管理者，應當將自己手中的權力適當地分配給團隊成員，並將績效看做是他們的功績，從而使他們都能在團隊中充分發揮自身潛能（後其身），如此一來，那些得以發揮能力的人反而會將管理者推向前來，共同享受成功（而身先）。

另外，在處理事物的時候，管理者也不可輕易地先表露自己的看法，應儘量置於事物之外看待事物，管理者如果常常率先表達自己的看法，下屬就會變得沒有看法或不敢有自己的看法，甚至一味地迎合也許是不完整甚至是錯誤的看法。

一個人的看法變成所有人的看法，這思維模式必然會造成管理上的「視覺盲點」，進而使很多更好的、正確的看法被埋沒。

只有管理者將自己置身事外，不表露自己的看法時（外其身），其他人才可能發表不同的意見，達到群策群力的團隊合作目的。

只有這樣管理者所看到、所聽到的才會是全面的，這就是將自己置身於事外反而使事物得以周全（而身存）的道理。

所以，因為管理者的無私——分權是無私欲，群策群力是無私心，反而成就了管理者自我。團隊力量的形成，取決於管理者打破不平衡的管理關係，就如老子所提「反者道之動」，因為物極必反，個人的力量愈小，團隊的力量才會愈大。管理者幫助別人成就事業的時候，自我的事業就會自然成就。

【管理運用】

本篇也是由「道」推論人道，反映了老子以退為進的對立統一辯證思想主張。天地是「道」所產生並依「道」的規律運行而生存，是客觀存在的自然，從而真正地體現道。老子認為：天地由於「無私」而才能長存永在，人間的「聖人」由於忘私退身而成就其偉大理想。我們都知道大禹為人民治水，八年在外三過其門而不入，人民擁戴他為天子。他就足以成為「聖人」。

對管理者來講，做善人就是從事社會責任的慈善事業。慈善事業既是經濟事業發展的晴雨表，也是調節貧富差別的平衡器。個人出於自願將可支配收入的一部分或大部分捐贈社會，是又一次收入分配。慈善事業雖不能為企業帶來直接的利益，但是有助於縮小兩極分化，有利於社會的和諧。這也是天道對「善人」的「反饋」。

慈善，也是一種「無私」，是出於人的良知和對生命的責任感，是為了幫助每個人有尊嚴地在人生道路上前進，這才是慈善的真正含義。慈善裡面沒有富人與窮人的區別，只有有愛心和肯幫助人的人與需要幫助的和知道感恩的人，只有無窮無盡的愛。慈善是愛的舞台，是匯聚愛的大海，是充滿愛的世界。

無私管理　創造高績效團隊合作

為官者的德行老百姓看的最清楚，為了不至於上行下效，為官者應嚴格要求自己，以勤儉節約、作風清廉的美德示人。為官清廉方面，晏子比王安石有過之而無不及。

晏子身為相國，可住的房子還是從先祖那裡繼承來的低矮潮濕的舊屋。齊景公很是過意不去，便要給他換一座高大明亮的宅邸。晏子不同意，並說：「我的先祖住在這裡，而我對國家沒有什麼功勞，住在這裡已經是很過分了，怎麼可以住更好的房子呢？」他堅決不換。

不久後，晏子出使晉國，齊景公利用這個機會，派人遷走了他的鄰居，在原地重新蓋了一座大宅第。晏子聽到了這一消息，讓車停在臨淄城外，派人請求景公把新宅拆除，請鄰居們再搬回來。經過多次請求，景公終於勉強同意了，晏子這才驅車進城。

有一次，景公見晏子的車子太舊了，就派人給他送去新車；又見他的馬太瘦了，又差人給他送去駿馬。可一連送了三次，都被晏子謝絕了。景公很不高興地把晏子召來，對他說：「您不接受車和馬，我以後也不再坐了。」晏子聽後忙說：「君王您讓我統領全國官吏，我要求他們節衣縮食、從儉處事，以便給全國人民作個榜樣。即使如此，我還惟恐他們有奢侈浪費和不正當的行為。現在您在上面乘坐四馬大車，我在下面也坐四馬大車，這樣一來，有些人就會學您和我的樣子，上行下效，會弄得全國奢侈成風，到時候我也就沒有辦法去禁止了。」

晏子的言論，一方面顯示了他高超的智慧，另一方面則體現了他高尚的品德，而這正是他的人格魅力所在，也是讓世人敬佩的原因。為官者的仕途不可能一帆風順。惟有那忠心耿耿、品德優良的人，才能最終博得管理者者的寵信和後人對他的讚揚。

企業管理不外乎就是在「管人」及「管事」。企業各種活動是「事」，而執行管理功能則是「人」，換言之，企業的「事」能否竟其功端看管理者能否讓「人」貫徹管理的各種功能。因此，我們可以說企業功能就是管理者的「做人處事」是否成功。

「做人」在西方就是指管理者統禦，西方管理思維強調，管理者要具卓越影響力，要指揮、監督員工，要訂定規章、制度使員工負責任與守紀律，糾正其怠慢及偏差傾向，主觀的把自己的意志加諸別人，使別人對他的意志，轉為服從、信仰、敬重與忠誠合作。

但問題是管理者個人能力過於「突出」會限制人才能力的表現，進而引起人才的不滿與怨恨，最終忿然選擇離開，這與企業求才若渴的願望背道而馳，管理者也會陷入事倍功半、吃力不討好的尷尬境地。這就是為何許多企業管理者都受過西方管理哲學的薰陶與教育，但企業成功的例子卻遠少於失敗的例子。

因此，《道德經》第七章曰：「天長地久。天地所以能長且久者，以其不自生，故能長生。是以聖人後其身，而身先；外其身，而身存。非以其無私邪？故能成其私。」意指：天地是永久存在的。天地所以永久存在，是因為它生養萬物而不自私以養自己，所以能夠長久。因此，聖人遇到利益，把自身擺在後面，而結果自身卻能佔先；遇到危難，把自身置於度外，而結果自身卻能安存。因為他無私，所以能成其私。

鼓勵員工參與目標訂定與決策、策略規劃、團隊合作並做到賞罰分明，使所有員工信服。管理者隨機處變，凝聚員工向心力，員工就會自動自發地發揮所長。

管理工作的核心在於「獲取人心」，而不能僅僅只指望對事不對人的冷酷規章制度。冷冰冰的法規缺乏人情味，在長期高壓的管理之下，很難指望員工在誠惶誠恐、忐忑不安的畏懼心境下，還能夠激發全部潛能和熱情並產生創造力。

老子提及，真正的完善，就如同水一樣。水善於恩澤萬物而不與萬物競爭，停留在大家所厭惡的地方，因此，水是最接近於道的。水常常處於低窪、陰晦的地方，而正是由於水處於這樣低下的、為常物所不願意處的位置，才使萬物皆受其恩澤，也正是因為水與世無爭，甘於處下的特性，使其不知不覺地成就了自我——萬物沒有一樣是能夠離開水的恩澤的。因而只有管理者願意處於低位，虛懷若谷，員工才會接近他，願意暢所欲言，員工才能夠各盡其能地來幫助他。

只有具清澈如水的心境，不執著於己見，更不執著於外物，看問題才能更透徹，也才能解決各種複雜問題。出於無私的博愛之心，對員工一視同仁，公平對待，培育能才；以善言代替責罵，以獎賞代替懲罰，更要言行一致。

管理，要像水一樣，絕不和環境做無謂的對立，亦絕不放過環境所給予的一切機會，水是與世無爭的，正是因為無所爭，故沒有人和他爭。員工樂意接近與跟隨他，管理者又怎麼會受員工的抱怨呢？

《道德經》第二十二章，更提及「不自見，故明；不自是，故彰；不自伐，故有功；不自矜，故長。夫唯不爭，故天下莫能與之爭。」意指，不自我吹噓，反能顯明；不主觀臆斷，反能是非彰明；不自己吹捧，反能得到功勞；不驕矜自負，所以才能出人頭地。正因為不帶著貪念、不爭，無私邪？故能成其私。所以員工願意追隨他，為他盡心盡力發揮所長共同努力達成公司目標。

【管理運用】

在企業經營中，管理者最大的職責自然是「管人」，但從人的內心分析，人們永遠喜歡管人，而不喜歡被管，這是每一個人的本性。然而，有一種情況卻是例外，那就是當人們從心底佩服某個人時，他就不會抵觸這個人對他的管理，而會主動服從。

那麼，管理者如何做到讓下屬心服口服？有些人習慣於向外尋找方式，制定種種制度和規則，以此來達到約束人的目的。聰明的管理者能夠從自身尋找辦法，正人先正己，「行不言之教」，讓員工心甘情願地服從。另外，作為管理者，工作上必須發揮模範帶頭作用。凡是要求別人做到的，自己首先保證做到。

第十章　多與少的平衡

本章探討「多與少」之間的對立統一關係如何應用老子《道德經》的「道」於平衡。老子在道德經提到以少制多的例子包含：

《道德經》第三章提到：「為無為，則無不治矣」。經營者可以通過「無為」來治世。只要真正掌握了「無為」的藝術，就可以做好經營者工作。可見，這裡的「無為」要從大局出發，不是只為一事。是以聖人處無為之事，行不言之教。法令越多，那麼盜賊也就越多。所以，偉大的經營者應當處無為之境地，應順應自然，行無為之教，因勢利導來治理民眾，太多的法律條文、管理規則並不見得能讓老百姓心服口服、安守本分。

《道德經》第二十二章提及：「夫唯不爭，故天下莫能與之爭」。經營者要明確自己的角色，不可與部下爭利益，搶風頭，這樣的經營者必然會得到員工的真心擁護。人們在處理人事物時，如能彎曲則將能保全，能委屈則將能伸張，地低窪則將轉為平滿，物破舊則將轉為重新。人對於財物時，少則可得而有之，多則將迷惑而盡失之。見素抱樸，少私寡欲，絕學無憂。經營者要做到表面上看似什麼也沒有做的樣子，好像自己不存在，但是他的話在組織裡能得到順利地貫徹施行，這樣的經營者才是最優秀的，因為他能夠讓人無法意識到他自身的存在。

《道德經》第二十七章也提到：善行無轍跡。經營者應當注意成事的方法，不露痕跡地推行自己的意志。這即是「以少制多」的根本所在。人們雖然都知道有「經營者這麼一個人」，卻完全沒有注意到他的活動，但是經營者卻可以積極地發揮經營者作用，取得顯著的成效，這才是最高超的經營者藝術。經營者必須認真體會這幾條原則的真諦，積極在公司裡推行以少制多，通過表面的無為達到真正的有為，以達到經營者的最高境界。

《道德經》第七章則提及：「天長地久。天地所以能長且久者，以其不自生也，故能長生。」企業要生生不息持續發展，經營者必須積極進取，以攻代守。被動的守是不可能守得住的。企業其實也是生物體，如欲「不息」，只得「生生」，要通過恰當合理的新陳代謝來延續生命。商機，通俗地說，就是市場上蘊藏著的具有豐厚回報的機會。把握住商機，不僅可以為企業的初創帶來良好的起步，而且還能為企業的生生不息、長期穩定的發展奠定堅實的基礎。

《道德經》第五十二章曰：「見小曰明，守柔曰強」。企業要以弱勝強以小吃大，就要學習「水」的特性。天下莫柔弱於水，而攻堅強者莫之能勝，以其無以易之。在越來越激烈的市場競爭中，每家公司都沒有永遠的強者。不管你實力多麼雄厚，不管你曾經取得多少驕人的成績，公司要永遠貴柔守雌，才能以小搏大，以弱勝強，可持續發展。重要的是戰勝自我，不畏怯、不害怕，只要有勝利的信心就有勝利的希望。大魚吃小魚是習以為常的規律，大企業吃掉小企業是市場上較普遍的現象。但是，什麼事情都不是絕對的，小魚吃大魚，小企業吃掉大企業的事出時有發生，且屢見不鮮。

《道德經》第六十三章曰：「圖難乎，其易也；為大乎，其細也；天下之難，作於易；天下之大，作於細」。經營者須知從小到大從易到難的辯證。數字雖枯燥，但最有說服力，也最科學，有助於公司做出果斷的決策。一件難事之所以顯得很難，是因為你沒有做好那些看來是容易的事情。那些容易做好的事情你沒有做好，很多容易的事積累起來就變得很難了。若是不從每一件小事做起，那麼，就會處處難得無從下手。

《道德經》第五十九章曰：「治人事天，莫若嗇」。老子：化少為多儉故能廣「嗇」，就是節省、節儉之義。老子曰：「儉故能廣。」這裡的「廣」是富裕的意思。只有節儉，才是經營者長保富裕之道；捨棄節儉之道而還要長保富有，是不可能的。老子所講的經營者的形象是「被褐懷玉」，意義是相當深遠的，經營者雖然懷中擁有寶玉一樣的稀世珍寶，但仍然穿著粗布衣服，似乎像平常人。他不是故意表現得像平常人，而是有一顆平常心，並不是時刻都想炫耀自己的富有。老子講「道」，無論是管理人，還是對待自然，節儉是再好不過的品德了。節儉既有利於己，又不傷害人，符合自然道理。這樣做就可以積蓄力量和美德，從而無往而不勝。老子的「嗇」的原則運用於企業管理，可以理解為成本觀，可以歸結為一個「省」字。

《道德經》第三十九章則提到：「昔之得一者：天得一，以清；地得一，以寧；神得一，以靈；谷得一，以盈；侯得一，以為天下正」。重點在強調：以稀為貴積累點滴。萬物由「零」引起，萬物由「一」積起。各行各業的經營者都莫輕視這個「零」和這個「一」。並非什麼都是多多益善，相反是物以稀為貴。「物以稀為貴」在經濟學裡表現的是市場上供小於求的狀態，其價格自然要高於價值，成為比較昂貴的商品；反之，市場上供過千求，價格就會普遍降低；當然，當市場上供需平衡時，其價格就和其價值相符，正常運轉。

《道德經》第四十六章提及：「罪莫大於可欲，禍莫大於不知足；咎莫憯於欲得。故知足之足，恆足矣」。在此，老子告誡我們：慾望有度恰到好處。因為，社會上的一切紛爭都起源於人的「不知足」。老子一針見血地指出，戰爭的根源乃是統治者的不知足、貪得無厭，從而認為這種貪欲和不滿足的心理是最大的禍患。社會生活的普遍法則向統治者提出警示，這對一般人也同樣有警示和教育意義。

人生最大的禍患就是不知足。人生最大的過失就在於貪得無厭。故知足知止，則常滿足。正因為貪欲不止，故而妄生是非，損人利己，積恨積怨，造成禍端。我國歷史上這樣的事例比比皆是，唐朝的長孫無忌過分貪戀權勢不得善終就是其中之一。貪得無厭的人必然會向身敗名裂的方向轉化，沒有一個有好下場。

《道德經》第六十七章提到：「不敢為天下先。」是老子的人生三寶之一。不敢為天下先，不是「得縮頭時且縮頭」的「烏龜哲學」，更不是反對時代進步、固步自封的「奴隸主貴族的沒落哲學」，而是「大智若愚」的人生哲理。著名歷史學家張豈之教授解釋為：不敢為天下先指不要事事認為我的看法比別人的看法要高明，不要認為一切我都看得很準。人人都有優點，有的時候你的優點比較突出，切不可因此就自以為了不起，那就危險了。因為確信自己真的有實力，所以才不會為了別人的某一個看法、某一句話而爭得面紅耳赤。相反，只有對自己缺乏信心的人，才會四處與人爭強好勝。

「以屈求伸」，並不意味著敗，反而是當力量薄弱、身處逆境時的得勝之道。古往今來，無論取得了多大成就的人，很少能總是高高在上，每個人都有他屈身的時候。

【管理運用】

老子《道德經》第三十五章曰：「執大象，天下往」。抓住關鍵以少制多。提醒經營者必須掌握「重要的少數與瑣碎的多數」、牽牛要牽牛鼻子這個重要的原理。在任何特定群體中，重要的因子通常只佔少數，而不重要的因子則佔多數，因此只要能控制具有重要性的少數因子即能控制全局。也就是「八十／二十」法則的應用。

「八十／二十原理」對經營者在時間管理上的一個重要啟示便是：避免將時間花在瑣碎的多數問題上，因為就算你花了八十%的時間，你也只能取得二十%的成效，你應該將時間花於重要的少數問題上，因為解決了這些重要的少數問題，你只花二十%的時間，即可取得八十%的成效。「八十／二十原理」在企業管理上的應用範圍極為廣泛。

老子的「執大象、天下往」跟他的「無為而治」是相關的。「無為」並非無所事事，什麼都不做，什麼都不說，什麼都放任自流，彷彿一盤散沙，這不是無為而治的真正目的。真正的無為而治，是寓有形於無形之中，寓有為於無為之中，看似無為，實則有為。

以少制多是一種棋高一著的超越，它是一種經營者員工，卻不使員工意識到被經營者的方法。這種方法要求經營者從大處落筆，把握大局，居高臨下地將員工導向一個適當的位置。公司經營者要學會既限制員工的自由意志，又讓員工絲毫感覺不出來，這樣就能形成上下級之間的和諧共處，讓大家在和睦的氣氛中達成努力工作、同舟共濟的共識，朝著既定的目標共同奮鬥。

管理者不爭　創造高績效團隊

美國網絡軟件公司Novell本來具有良好的發展勢頭，但是自從二十世紀九十年代早期開始，他們的經營和盈利卻每況愈下。在努爾達執掌Novell之初，攻勢產品的銷售額和利潤率都居高不下，其網絡技術也遠遠優於微軟。但是後來努爾達卻決定改變Novell的戰略方向，他希望Novell能打敗微軟，並且開始沈迷在這個競爭的念頭裡無法自拔。努爾達當時的設想極其宏偉：讓Novell提供從客戶端到網絡的全部軟件，成為另外一家微軟公司，提供全套的軟件解決方案。然而這個美好的構想卻成了一場災難，最終努爾達的方案宣告全面失敗，Novell從此由巔峰跌落低谷。

《道德經》第二十二章曰「不自見，故明；不自是，故彰；不自伐，故有功；不自矜，故長。夫唯不爭，故天下莫能與之爭。」意指，不自我吹噓，反能顯明；不主觀臆斷，反能是非彰明；不自己吹捧，反能得到功勞；不驕矜自負，所以才能出人頭地。正因為不帶著貪念、不爭，所以員工願意追隨他，為他盡心盡力發揮所長共同努力達成公司目標。

企業管理不外乎就是在「管人」及「管事」。企業各種活動是「事」，而執行管理功能則是「人」，換言之，企業的「事」能否竟其功端看管理者能否讓「人」貫徹管理的各種功能。因此，我們可以說企業功能就是管理者的「做人處事」是否成功。

「做人」在西方就是指管理者統禦，西方管理思維強調，管理者要具卓越影響力，要指揮、監督員工，要訂定規章、制度使員工負責任與守紀律，糾正其怠慢及偏差傾向，主觀的把自己的意志加諸別人，使別人對他的意志，轉為服從、信仰、敬重與忠誠合作。

但問題是管理者個人能力過於「突出」會限制人才能力的表現，進而引起人才的不滿與怨恨，最終忿然選擇離開，這與企業求才若渴的願望背道而馳，管理者也會陷入事倍功半、吃力不討好的尷尬境地。這就是為何許多企業管理者都受過西方管理哲學的薰陶與教育，但企業成功的例子卻遠少於失敗的例子。

《道德經》第八章也提及：「上善若水。水善利萬物而不爭，處眾人之所惡，故幾於道。」意思是：真正的完善，就如同水一樣。水善於恩澤萬物而不與萬物競爭，停留在大家所厭惡的地方，因此，水是最接近於道的。

老子認為，水常常處於低窪、陰晦的地方，而正是由於水處於這樣低下的、為常物所不願意處的位置，才使萬物皆受其恩澤，也正是因為水與世無爭，甘於處下的特性，使其不知不覺地成就了自我——萬物沒有一樣是能夠離開水的恩澤的。因而只有管理者願意處於低位，虛懷若谷，員工才會接近他，願意暢所欲言，員工才能夠各盡其能地來幫助他。

只有具清澈如水的心境，不執著於己見，更不執著於外物，看問題才能更透徹，也才能解決各種複雜問題。出於無私的博愛之心，對員工一視同仁，公平對待，培育能才；以善言代替責罵，以獎賞代替懲罰，更要言行一致。

鼓勵員工參與目標訂定與決策、策略規劃、團隊合作並做到賞罰分明，使所有員工信服。管理者隨機處變，凝聚員工向心力，員工就會自動自發地發揮所長。

管理工作的核心在於「獲取人心」，而不能僅僅只指望對事不對人的冷酷規章制度。冷冰冰的法規缺乏人情味，在長期高壓的管理之下，很難指望員工在誠惶誠恐、忐忑不安的畏懼心境下，還能夠激發全部潛能和熱情並產生創造力。

管理，要像水一樣，絕不和環境做無謂的對立，亦絕不放過環境所給予的一切機會，水是與世無爭的，正是因為無所爭，故沒有人和他爭。員工樂意接近與跟隨他，管理者又怎麼會受員工的抱怨呢？

【管理運用】

「天之道，不爭而善勝」。顯然，不爭最終是為了更好地去爭。爭，始於正確的方法，這就要止於對競爭的沈迷，不能看到別人得到了一時的名利就血管賁張，被忌妒、害怕、貪婪、憤怒等一系列複雜情緒沖昏了頭腦，喪失了理智。

從表面上看，「見賢思齊」的教育方式似乎非常好，但是任何事情都有兩面性，從長遠的效果看，它可能並不如最初設想的那麼美好。「爭」，需要對手，而「不爭」，是想他人沒想過的問題，做他人沒做過的事情。

曲則全能屈者才能伸

韓信是西漢初著名的軍事家。劉邦得天下，軍事上全依靠他。但他年輕時苦於生計無著，有時也到淮水邊上釣魚換錢，屢屢遭到周圍人的歧視和冷遇。一次，一個惡少當眾羞辱韓信說：「你雖然長得又高又大，喜歡帶刀配劍，其時你膽子小得很。有本事的話，你敢用劍你的配劍來刺我嗎？如果不敢，就從我的跨下鑽過去。於是，韓信當著許多圍觀的人，從那個屠夫的跨下鑽了過去，史書上稱「跨下之辱」。

韓信面臨著兩種選擇，要麼殺了那個無賴，要麼爬過去，懷著遠大的志向和理想，有長遠的目標，就不會為眼前的小事小非或小恩小怨魯莽的盲動，可見他是一個有著大忍之心的人，能控制自己的情緒和行為。後來韓信屢建奇功，被封為楚王後，韓信自己所說，沒有當年忍胯下之辱，哪有後來的淮陰侯？這就是能屈能伸的道理所在。

《道德經》第二十二章曰：「曲則全，枉則直；窪則盈，敝則新；少則得，多則惑。是以聖人抱一為天下式。不自見，故明；不自是，故彰；不自伐，故有功；不自矜，故長。夫唯不爭，故天下莫能與之爭。古之所謂「曲則全」者，豈虛言哉！誠全而歸之。」意為：委曲反而能保全，能彎曲反而能伸直；低窪反而能積滿，破舊反而能生新；少要反而會得到，貪多反而會迷惑。聖人因為掌握了這一原則，所以把它作為治理天下的模式。不去自我表現，所以是明智的；不自以為是，所以是清醒的；不自我誇耀，所以才能成功；不自高自大，所以能長進。正因為不跟人爭，所以天下沒有誰會和他爭。古人所說的

「委曲反能保全」，難道是空話嗎？其實在危難中能保全自己的人，全憑懂這個道理。

老子認為在「曲」裡面存在著「全」的道理，在「枉」裡面存在著「直」的道理，只有「窪」才會導致「盈」，只有「敝」才會導致「新」。老子指出，「不爭」才是求全之道。委曲反而能保全，能彎曲反而能伸直。故企業管理者應將其理解為：「能屈者才能伸」。有句成語叫「委曲求全」，昭示了「曲則全」這一真理。以屈求伸，並不意味著敗，反而是當力量薄弱、身處逆境時的得勝之道。古往今來，無論取得了多大成就的人，很少能總是高高在上，每個人都有他屈身的時候。

但有智之管理者的「屈」，不是一屈到底而是屈中帶剛，即使屈身於人，也能贏得別人的尊重。「屈」有時候是一種策略，也是針對時局的最好選擇。在先屈後伸的智慧上，就是小事不爭、能屈能伸。俗話說「小不忍則亂大謀」，這就要求人們在小的方面不要力爭、要忍耐，從而不影響大事。有時候作些退讓，屈從一點，只是為了等待機會。有朝一日，當「伸」的時機來臨時，便可一躍而起，取得成功。此時，再回過頭來看看以前的委屈，就算不得什麼了。

委曲求全有時，委屈自己而成全他人，也是成全自己的一個高明之舉。甚至有些事例說明，處於某些特殊時刻，委屈自己才能保全自身、忍一時之屈才能成全自己，「能屈者才能伸」！高明的管理者能將其善用於企業營運的活動上，無論是員工或顧客。

【管理運用】

老子告誡世人不要盲目一味追求「滿盈」，滿了就會溢出，就會倒掉，事物走到頂峰之時就是走下坡路的開始，當你認為十全十美的時候，就已經變得過時陳舊。因此，對待事物，要戒滿戒盈。只有人們認為不足，才能不斷努力追求「滿足」。一旦你已感到「滿足」時，你就不會再有進步了。這是一個樸素而深刻的道理。

生活中我們也常常要承受著來自各方面的壓力，不斷的積累著終將讓我們難以承受。這時候，我們需要象雪松那樣彎下身來。釋下重負，才能夠重新挺立，避免壓斷的結局。彎曲，並不是低頭或失敗，而是一種彈性的生存方式，是一種生活的藝術。能屈能伸大丈夫，「能屈」就是在受到意想不到的屈辱時能夠咽下心中的惡氣，相反激發起自己的奮鬥的力量，忍辱負重，守靜待時；「能伸」就是在柳暗花明之時，持力而為，繁榮人生。所以，遇到不平事，要採取達觀的態度，更不因發洩小的不平而影響自己追求的遠大目標。

不自伐故有功　不自矜故長

南宋嘉熙年間，江西一帶山民叛亂，身為吉州萬安縣令的黃炳，調集了大批人馬，嚴加守備。一天黎明前，探報來說，叛軍即將殺到。

黃炳立即派巡尉率兵迎敵。巡尉問道，「士兵還沒吃飯怎麼打仗？」黃炳卻胸有成竹地說：「你們儘管出發，早飯隨後送到。」黃炳並沒有開「空頭支票」，他立刻帶上一些差役，抬著竹籮木桶，沿著街市挨家挨戶叫道：「知縣老爺買飯來啦！」當時城內居民都在做早飯，聽說知縣親自帶人來買飯，便趕緊將剛燒好的飯端出來。黃炳命手下付足飯錢，將熱氣騰騰的米飯裝進木桶就走。這樣，士兵們既吃飽了肚子，又不耽誤進軍，打了一個大勝仗。這個縣令黃炳，沒有親自捋袖做飯，也沒有興師動眾勞民傷財，他只是借別人的人，燒自己的飯。縣令買飯之舉，算不上高明，看來平淡無奇，甚至有些荒唐，但卻取得了很好的效果。

《道德經》第二十二章曰「不自見，故明；不自是，故彰；不自伐，故有功；不自矜，故長。夫唯不爭，故天下莫能與之爭。」意指，不自我吹噓，反能顯明；不主觀臆斷，反能是非彰明；不自己吹捧，反能得到功勞；不驕矜自負，所以才能出人頭地。正因為不帶著貪念、不爭，所以員工願意追隨他，為他盡心盡力發揮所長共同努力達成公司目標。

企業管理不外乎就是在「管人」及「管事」。企業各種活動是「事」，而執行管理功能則是「人」，換言之，企業的「事」能否竟其功端看管理者能否讓「人」貫徹管理的各種功能。因此，我們可以說企業功能就是管理者的「做人處事」是否成功。

「做人」在西方管理思維就是指管理者統御，強調管理者要具卓越影響力，要指揮、監督員工，要訂定規章、制度使員工負責任與守紀律，糾正其怠慢及偏差行為，主觀的把自己的意志加諸別人，要求別人對他的意志，轉為服從、信仰、敬重與忠誠合作。

但問題是管理者個人能力過於「突出」會限制人才能力的表現，進而引起人才的不滿與怨恨，最終忿然選擇離開，這與企業求才若渴的願望背道而馳，管理者也會陷入事倍功半、吃力不討好的尷尬處境。這就是為何許多企業管理者都受過西方管理哲學的薰陶與教育，但企業成功的例子卻遠少於失敗的例子。

《道德經》第八章也提及：真正的完善，就如水一樣。水善於恩澤萬物而不與萬物競爭，停留在大家所厭惡的地方，因此，水是最接近於道的。

因為水常常處於低窪、陰晦的地方，而正是由於水處於低下的、一般人、物所不願意處的位置，才使萬物皆受其恩澤，也正因為與世無爭，甘於處下的特性，使其不知不覺地成就了自我——萬物沒有一樣是能夠離開水的恩澤的。因而只有管理者願意如水一樣處於低位，虛懷若谷，員工才會接近他，願意暢所欲言，員工才能夠各盡其能地來幫助他。

只有具清澈如水的心境，不執著於己見，更不執著於外物，看問題才能更透徹，也才能解決各種複雜問題。出於無私的博愛之心，對員工一視同仁，公平對待，培育能才；以善言代替責罵，以獎賞代替懲罰，更要言行一致。鼓勵員工參與目標訂定與決策、策略規劃、團隊合作並做到賞罰分明，使所有員工信服。管理者隨機處變，凝聚員工向心力，員工就會自動自發地發揮所長。

管理工作的核心在於「獲取人心」，而不能僅僅只指望對事不對人的冷酷規章制度。冷冰冰的法規缺乏人情味，在長期高壓的管理之下，很難指望員工在誠惶誠恐、忐忑不安的畏懼心境下，還能夠激發全部潛能和熱情並產生創造力。

管理，要像水一樣，絕不和環境做無謂的對立，亦絕不放過環境所給予的一切機會，水是與世無爭的，正是因為無所爭，故沒有人和他爭。員工樂意接近與跟隨他，管理者又怎麼會受員工的抱怨呢？

【管理運用】

善於言詞的人，講話只要稍微轉個彎就會圓滿，既可達到目的，又能彼此無事。若直來直往，有時是行不通的。不過轉彎當中，當然也須具有直道而行的原則，老是轉彎，便會滑倒而成為大滑頭了。所以，我們固有的民俗文學中，便有：「莫信直中，須防仁不仁」的格言。總之，曲直之間的「運用之妙，存乎一心」。

居功不誇　韜光養晦

三國時期，劉備曾在落難時，在萬不得已的情況下只好去投靠曹操。為了防止被曹操謀害，便裝成胸無大志的樣子整天在後園種菜，想以此迷惑曹操，放鬆其對自己的注意。一日，曹操約劉備入府飲酒，談到誰為當世之英雄。劉備點遍袁術、袁紹、劉表、孫策、劉璋、張魯、韓遂，均被曹操一一貶低。曹操指出英雄的標準為「胸懷大志，腹有良謀，有包藏宇宙之機，吞吐天地之志。」劉備便問道：「誰人當之？」曹操說：「今天下英雄，惟使君與操耳！」劉備聞言，吃了一驚，手中所執筷子，不覺落於地下。

好在當天大雨將至，雷聲大作，劉備從容俯拾筷子，並說「一震之威，乃至於此」，巧妙地將自己的惶亂掩飾了過去。曹操見劉備如此膽小，內心不僅暗自欣喜，也逐漸對劉備放鬆了戒備。劉備用掩飾鋒芒的策略，避免了被易猜疑的曹操加害的命運。他在羽翼未豐之時，對自己遠大的抱負深藏不露，這才有了日後和曹操鼎足而立的機會。可見，有些時候保持低調、不顯山露水也是一種必要。

《道德經》第二章提及：「天下皆知美之為美，斯惡已；天下皆知善之為善，斯不善矣。故有無相生，難易相成，長短相形，高下相盈，音聲相和，前後相隨。是以聖人居無為之事，行不言之教，萬物作焉而弗始，生而不有，為而弗恃，功成而弗居。夫唯弗居，是以不去。」

意指：天下的人都知道美好的東西是美好的，就能分辨出什麼是醜的了；都知道善良的東西是善良的，就知道什麼是惡的了。所以有和無互相生成，難和易互相形成，長和短互相顯現，高和下互相依存，音與聲互相和諧，前和後互相隨順。因此聖人用無為的態度對待世事，用不言的方式施行教化；任萬物自然興起而不加倡導，萬物生成而不據為己有，培育萬物而不要其報答，萬物興旺而不居功誇耀。因為不居功誇耀，功績也不會泯滅。

老子主要在說明一切事物都有對立面，並各自以對方存在為依據，同時還闡述了「無為」的思想。他通過日常的社會現象與自然現象，闡述了世間萬物的存在，相互作用的關係，論說了對立統一的規律，確認了對立統一是永恆的、普遍的法則。《道德經》中的

「為而弗恃，功成而弗居。夫唯弗居，是以不去。」意思是：培育萬物而不要其報答，萬物興旺而不居功誇耀。因為不居功誇耀，功績也不會泯滅。有智慧的管理者，應該懂得不貪功，當目標達成時會把功勞都讓給部屬，自己躲在眾人之後，但部屬反而會感念長官的厚愛，而將長官推到人前，自然功績還是有管理者的份。

此時，企業管理者應該將其理解為：「韜光養晦掩鋒芒」。老子是個大智者，但他從不表現自己，並勸告世人不要太愛表現自己。因為，顯山露水，出盡風頭，帶來的往往是無窮後患。真正有智慧的人，不會張揚自己的才能，不會吹噓自己的功績。木秀於林，風必催之。俗話又說「槍打出頭鳥」，要想立足於世，就要做到隱忍，就要隱藏鋒芒。

每個人都有自己的做人原則，有些人喜歡平淡從容，有些人則喜歡鋒芒畢露。在職場當中，踏踏實實的人較容易贏得他人的好感，而鋒芒畢露的人則難以得到好的下場。部屬如此，管理者更應如此，盡量不要鋒芒畢露、咄咄逼人。根據歷史的經驗顯示，鋒芒畢露會使一個人眾叛親離，走進死胡同，而懂得隱藏鋒芒，才能夠保存自身，能保身才能長存也才有機會發展。

【管理運用】

企業需要員工的持續貢獻，這就需要企業管理者在團隊建設和團隊領導中具有更高的智慧。高明的管理者，懂得「為而弗恃」，不居功，不自傲，而是把業績歸於他手下的團隊。這並不會導致自己的利益受損。示人以謙遜的姿態，可以讓員工更加積極地為企業努力。這就是「夫唯弗居，是以不去」的管理哲學。

員工是企業最重要的合作夥伴，已經成為越來越多的優秀企業及其管理者的共識。他們開始瞭解到，對待員工的態度可以直接影響到企業產出。如果沒有了員工的忠誠，企業可能在短期內能夠生存，但不可能發展壯大，更不必說基業常青了。因此，優秀的管理者會時刻對員工保持感恩之心，對員工尊重、信任，為員工營造良好的工作氛圍。

同時，對管理者來講，不居功的同時要做到主動承擔責任，這是感恩員工的更高境界。在中華文化下有個特殊的現象，就是「功勞常常給上級，過錯常常歸下屬」。這是兩千年封建社會等級制度影響下產生的不健康思想。對於有智慧的管理者來說，有時候承擔過錯反而是樹立權威的機會。在工作中，善於將過錯攬到自己頭上，而不是諉過於下屬，是贏得尊重、鞏固地位的最好方式。

強人管理　制約中小企發展

台灣中小企業充斥著「強人管理」的問題，制約著中小型企業的進一步快速發展。企業在內部管理中往往依靠企業家人格感召力和核心員工的貢獻精神與相互信任，是一種「人治」方式的管理（或稱「強人管理」）。

大部分中小型企業對於老員工在情感管理方面做得不錯，但嚴重地缺乏科學管理。企業小的時候，「人治」是有效率的，企業大了，仍然靠「人治」，則不可能完全掌控所有營運活動體系並使之有效運行，最終可能導致員工人心渙散，行為不軌，執行不力，效率低下，離職率居高不下等。

「強人」經營者往往不信任別人，疑心太重，凡事都是自己「衝鋒陷陣」，很難培養起真正的人才。

大部分缺乏人才的企業，除了應有的制度、體系及機制未能建立外，還跟其經營者個人的性格、胸懷、和用人風格等關係密切，這樣的企業，經營者身邊往往都是「小人當道」，常常會給經營者出些「餿主意」，經營者會自覺或不自覺地受到影響，致使其做出很多用人的錯誤決策。

《道德經》第二章提及「聖人處無為之事，行不言之教。」意指：體「道」的聖人，以「自然無為」的態度處事，以「不言之教」的方式進行管理。老子的「言」是指政令、法規，包括企業中的制度，規章，紀律等。老子的「不言」中的「不」，不是絕對的「無」，而是主張「少」。「不言」，就是政令、法規、制度要少而精，要相對穩定。《道德經》二十三章進一步說：「希言自然」。意指：「希言」即「少言」才符合自然，順應自然，體現自然無為的管理。

故「不言之教」是尊重客觀規律、順應規律、按規律辦事的管理方式，是吻合自然無為的管理思想。不只不要「強人管理」也不要重片面的法制管理，不要沉醉於繁雜法規、制度、重賞重罰之中，而是要充分發揮無為、道德教化在管理中。

對於一位企業管理者者來說，選擇「有為」與「無為」的時機，至關重要。企業高層管理者者在有些事情上只需要在開始時「有為」，不必參與全過程，如參加「設立目標」、「奠基儀式」等；有些事情則只需在中間環節上「有為」，如了解狀況、提供資源、協助改善等；有些事情只需在最後階段「有為」，如「竣工剪綵」、「慶功表彰會」，以鼓舞士氣。過程中則「無為」，放權讓專業去執行。

高層管理者者不該「有為」時有為，不僅會影響下屬的主動性與積極性，而且還會妨礙、干擾下屬的工作，使下屬養成依賴心理，缺乏獨立工作的能力。所以，一個高層管理者者只有真正站在金字塔尖上，考慮全局，掌握方向，出主意，用人才，而在具體事務上則持超脫態度，只有「有所不為」，才能在全局問題上「有所為」。

實質上，在全球競爭環境日趨嚴峻下，那種習慣於「衝鋒陷陣」，不靠「法治」單憑「人治」，即個人能力無限制的「肆意馳騁」，不注重培育企業具有持續發展的核心能力及人才培養的這種「強人管理」是最危險的，如果他一離開這個企業，企業就完了。故台灣中小企業必須快速脫離「強人管理」時代，進入制度與文化管理階段，這樣企業才會基業常青。

【管理運用】

在企業中，管理者的職責自然是管人，但從人的內心分析，人們永遠喜歡管人，而不喜歡被管，這是人的本性。然而，當人們從心底佩服某個人時，他就會主動服從對他的管理。聰明的管理者能夠從自身尋找辦法，正人先正己，「行不言之教」，工作上必須發揮模範帶頭作用。凡是要求別人做到的，自己首先保證做到，進而讓員工心甘情願地服從。

在指揮下屬工作的時候，「做著指揮」比「站著指揮」更能夠有效調動下屬的積極性。「做著指揮」是一種無聲的命令。這種命令甚至比有聲的、文字的命令更有效，更有威力。這不是靠管理者手中的權力，不是強制力，而是「不言之教」。

功成而不自居

一個越國人為了捕鼠，特地弄回一隻擅於捕老鼠的貓，這只貓擅於捕鼠，也喜歡吃雞，結果越國人家中的老鼠被捕光了，但雞也所剩無幾，他的兒子想把吃雞的貓弄走，作父親的卻說：「禍害我們家中的是老鼠不是雞，老鼠偷我們的食物咬壞我們的衣物，挖穿我們的牆壁損害我們的傢俱，不除掉它們我們必將挨餓受凍，所以必須除掉它們！沒有雞大不了不要吃罷了，離挨餓受凍還遠著哩！」

金無足赤，管理者對人才不可苛求完美，任何人都難免有些小毛病，只要無傷大雅，何必過分計較呢？最重要的是發現他最大的優點，能夠為企業帶來怎樣的利益。比如，美國有個著名的發明家洛特納，雖然酗酒成性，但是福特公司還是誠懇邀約其去福特公司工作，最後，此人為福特公司的發展立下了汗馬功勞。

現代化管理學主張對人實行功能分析：「能」，是指一個人能力的強弱，長處短處的綜合；「功」，是指這些能力是否可轉化為工作成果。結果表明：寧可使用有缺點的能人，也不用沒有缺點的平庸的「完人」。Burnnotyourhousetoriditofthemouse。不能為了嚇走耗子而燒了房子。

任何企業的發展，都需要各式各樣的人才。而各人成長經歷的不同、專業背景的不同，會有自己獨特的個性和處事方法。優秀的管理者，要善於將這些有著獨特專長與個性的個人，設法整合到自己的團隊。更是不僅要做到適才、適位，還要使合適的人能自發地去做合適的事。

《道德經》第二章：「天下皆知美之為美，斯惡已；皆知善之為善，斯不善已。故有無相生，難易相成，長短相形，高下相傾，音聲相和，前後相隨，恒也。是以聖人處無為之事，行不言之教。萬物作而不辭，生而不有，為而不恃，功成弗居。夫唯弗居，是以不去。」。意為：天下都知道美之所以美，就有了惡的念頭；都知道善的重要，就會有了偽善的產生。所以，有和無相對而產生，難和易相對而成立，長和短相對而表現，高下相對而順應，音聲相對而調和，前後相對而跟隨，這些道理是永恆的。所以，俱有大智慧的聖人，用「無為」的方法來處理世事，以「不言」的方式去教化天下。讓萬物自已順著天性發展而不去恣意干涉，雖生養了萬物而不佔有，成就了這些功業而不自居，也正是因為不自居功，所以聖人的功業永不磨滅。

許多管理者在看待員工時，常會以「有用與無用」、「有能與無能」、「有責任心與無責任心」、「忠誠與不忠誠」、「老實與不老實」等等相對的觀點來區別。甚至有些管理者，將是否合己意作為判別人才的標準。然而，這些相對的觀點，是主觀傾向的。在客觀世界裡，矛盾是事物的一體兩面，只認識到某一面，會對事物無法全方位的認識。對人才的認識，也就無法全面地認識人才。

管理者要放下自己的分別心，在思維中，不要對人才有先入為主的刻板印象，只有放下分別心，才能全面客觀地看待人才，進而使之揚長避短，充分發揮人才的優勢，規避其缺點，使其能將最優勢的能力來為企業效勞。

管理者要以「無為」的方式去管理員工。無為，不是說管理者什麼都不做為，因無為是相對於有為而言的。有為的境界，就如企業規章制度等可看的到的境界。而無為的境界，是指管理者以一種順應自然的作為方式，不隨意干涉員工的工作，也非憑藉自己的主觀臆斷去亂做。所以，真正卓越的管理者，是讓人感覺不出他的存在，而被管理的人、事、物依然井然有序。

管理者應當以不言說的方式去教化人才，讓人才自動自發地去按照自己的個性去充分發展，只要監控其過程並在需要時提供適時的指導與協助；同時當達成了目標也不自居其功，因為績效是所有人才共同創造的，正因為管理者不自居功，不自主張，去掉了自己的分別心，他所創造的成果，是「無為」的，是永不磨滅的。

因此，管理者應隨時用不同的眼光去看待人才的差異性，才會有不同的收穫。企業的發展需要各式各樣不同的人才，只有善於將各種個性、專長不一的人才整合到企業發展的需要中，才能有所成就。重要的是，只有功成而不自居，無分別心與不自作主張的管理者，他所創造的功業才永遠被大家所認同，企業卓越績效自然也因應而生。

【管理運用】

從宏觀上講，老子的「無為」理念可以教給人如何與自然和諧相處，如何與社會和諧相處；從微觀上講，「無為」可以讓人活得更快樂、更單純、更輕鬆和超脱，對我們現在的生活有很強的指導意義。首先，老子說的不為，並不是讓你真的什麼都不做，縮在家裡等著事情自己變好，也是要有所做為的，只是老子的無為人生觀，是要讓人們在遵循客觀規律的前提下，順應自身的本性和萬物的天性，不刻意去做違背道性的事情，不損害他人的利益與自由，使人與人之間沒有紛爭，用一種平等而無分別的態度去對待世間萬物。

老子的「無為而有為」對立統一辯證。認為不刻意地去追求成功，同時用平和的心態去看待失敗，「不歧、不逆、不悔、不枉，順其自然，從心所欲，不逾矩」，從而隨心所欲地過自己想要的生活。所以，無為人生態度，也是要求人們要有不同的生活方式，敢於不理會外界的紛紛擾擾，勇於回歸自己的內心世界，面對真實的自我，選擇自己真正需要的生活方式。

聖人之道　為而不爭

『漢代公孫弘年輕時家貧，後來貴為丞相，但生活依然十分儉樸，吃飯只有一個葷菜，睡覺只蓋普通棉被。就因為這樣，大臣汲黯向漢武帝參了一本，批評公孫弘位列三公，有相當可觀的俸祿，卻只蓋普通棉被，實質上是沽名釣譽，目的是為了騙取儉樸清廉的美名。

漢武帝便問公孫弘：「汲黯所說的都是事實嗎？」公孫弘回答道：「汲黯說得一點沒錯。滿朝大臣中，他與我交情最好，也最瞭解我。今天他當著眾人的面指責我，正是切中了我的要害。我位列三公而只蓋棉被，生活水準和普通百姓一樣，確實是故意裝得清廉以沽名釣譽。如果不是汲黯忠心耿耿，陛下怎麼會聽到對我的這種批評呢？」漢武帝聽了公孫弘的這一番話，反倒覺得他為人謙讓，就更加尊重他了。

公孫弘面對汲黯的指責和漢武帝的詢問，一句也不辯解，並全都承認，這是何等的一種智慧呀！汲黯指責他「沽名釣譽」，無論他如何辯解，旁觀者都已先入為主地認為他在「使詐」。公孫弘深知這個指責的份量，採取了十分高明的一招，不作任何辯解，承認自己沽名釣譽。這其實表明自己至少「現在沒有使詐」。由於「現在沒有使詐」被指責者及旁觀者都認可了，也就減輕了罪名的份量。公孫弘的高明之處，還在於對指責自己的人大加讚揚，認為他是「忠心耿耿」。這樣一來，便給皇帝及同僚們這樣的印象：公孫弘確實是「宰相肚裡能撐船」。既然眾人有了這樣的心態，那麼公孫弘就用不著去辯解沽名釣譽了，因為這只是個人對清名的一種癖好，無傷大雅。

以退為進，這是一種大智慧。特別是管理者人，如果運用得好，更能受益匪淺。作為一個團隊的領袖，受團隊內部成員的關注程度肯定會高於一般人。而有些人可能對情況不怎麼瞭解又喜歡亂下結論，甚至有時候會有一些莫須有的罪名加到頭上，這時候你去辯解反而會讓人覺得你心中有鬼，即便最後得到澄清也極可能給旁人不好的印象，更何況有時候無意之中真的會犯一些錯誤『。

老子在《道德經》第八十一章最後提及：「聖人之道，為而不爭」，巧言令色其實並不是真正的才能，忍辱不辯才是人生修養的最高境界。「善者不辯，辯者不善」原文是：信言不美，美言不信。善者不辯，辯者不善。知者不博，博者不知。意思是說：誠實的話不一定動聽，動聽的話不一定誠實。世間的好人不會花言巧語，能言善辯的人不一定是好人。聰明的人不一定博學，見多識廣的人不一定真正聰明。人生的修行重在於行，而不在於辯。真理沒有必要每天去爭辯，一天到晚爭論不休，也未必就能辯論出來真理。一切真理與正道，只有真正用心去實修，才能真正領悟。不辯自明，一種極高的智慧。

在管理中，管理者人的修行，做事應該腳踏實地，不能只說動聽漂亮的話而沒有實際行動。細思之，高品德而有能力的管理者人不需要與人辯論什麼，不會只用言論去證明自己是正確的。即使面對誹謗或人身攻擊，他也能用行動來證明自己的無辜和清白。忍辱不辯的人往往都是實事求是，有一顆與世無爭的心，反而更多賢人願意追隨他。相反，那些天天與別人辯論的人並不是真正有能力的人，儘管他們在與別人辯論時處處表現自己的能力，然而真正有能力的人不需要用花言巧語去贏得別人讚許，空談而沒有實際行動的行為將一事無成。

此外，對沒有的事情不置可否，事情終會有水落石出的一天，屆時反而可以得到更多人的尊敬。有什麼小錯就承認也沒什麼大不了，人家反而會覺得你人格高尚，勇於承認錯誤更易得到大家的諒解。

【管理運用】

「信與美、善與辯、知與博」，這實際上是真假、美醜、善惡的問題。老子試圖說明某些事物的表面現象和其實質往往並不一致。這之中包含有豐富的辯證法思想，是評判人類行為的道德標準。按照這三條原則，以「信言」、「善行」、「真知」來要求自己，作到真、善、美在自身的和諧。

一個正直公正忠誠的人，不僅能博得時人的尊重，還能以自己的人格魅力感化奸險小人，亦會名垂千古，成為後人的榜樣。世上的財富有兩種：一種是物質的，一種是精神的。高尚的人追求精神財富而且永不滿足，他們像蠟燭一樣，在燃燒著自己照亮著別人的同時，不斷收穫並積累著人間最可寶貴的東西。「為而不爭」就是老子的中心思想。

不辯自明　管理者的大智慧

漢代公孫弘年輕時家貧，後來雖貴為丞相，但生活依然十分儉樸，吃飯只有一個葷菜，睡覺只蓋普通棉被。有一天，大臣汲黯向漢武帝參了一本，批評公孫弘位列三公，有相當可觀的俸祿，卻只蓋普通棉被，實質上是使詐以沽名釣譽，目的是為了騙取儉樸清廉的美名。

漢武帝便問公孫弘：「汲黯所說的都是事實嗎」？公孫弘回答道：「汲黯說得一點沒

錯。滿朝大臣中，他與我交情最好，也最瞭解我。今天他當著眾人的面指責我，正是切中了我的要害。我位列三公而生活水準和普通百姓一樣，確實是故意裝得清廉以沽名釣譽。如果不是汲黯忠心耿耿，陛下怎麼會聽到對我的這種批評呢？」漢武帝聽了公孫弘的這一番話，反倒覺得他為人謙讓，就更加尊重他了。

公孫弘面對汲黯的指責和漢武帝的詢問，一句也不辯解，並全都承認，這是何等的一種智慧呀！汲黯指責他「使詐以沽名釣譽」，無論他如何辯解，旁觀者都已先入為主地認為他也許在繼續「使詐」。公孫弘深知這個指責的份量，採取了十分高明的一招，不作任何辯解，承認自己沽名釣譽。這其實表明自己至少「現在沒有使詐」。

由於「現在沒有使詐」被指責者及旁觀者都認可了，也就減輕了罪名的分量。

公孫弘的高明之處，還在於對指責自己的人大加讚揚，認為他是「忠心耿耿」。這樣一來，便給皇帝及同僚們感覺公孫弘確實是「宰相肚裡能撐船」的印象。既然眾人有了這樣的心態，那麼公孫弘就用不著去辯解沽名釣譽了，因為這不是什麼政治野心，對皇帝構不成威脅，對同僚構不成傷害，只是個人對清名的一種癖好，無傷大雅。

以退為進，是一種大智慧。在企業中也是如此，特別是管理者人，如果運用得好，更能受益。一個團隊的領袖，受團隊內部成員的關注程度肯定會高於一般人，而有些人為了能出人頭地，登上頂峰而爾虞我詐，就可能導致對情況亂下結論，甚至有時會加一些莫須有的罪名於頭上。這時，去辯解反而會讓人覺得心中有鬼，即便最後得到澄清也可能給人一種不好的印象，更何況有時候無意之中真的會犯一些錯誤。

老子在《道德經》中提及：「聖人之道，為而不爭」，即是，巧言令色其實並不是真正的才能，忍辱不辯才是人生修養的最高境界。又《道德經》第八十一章提到「善者不辯，辯者不善」，原文是：有道之人不會花言巧語，能言善辯的人不一定是好人。人生的修行在於行，而不在於辯。只有真正用心去實修，才能領悟。

因此，有智慧的企業管理者者，做任何事情都應該腳踏實地，不能只說動聽漂亮的話而沒有實際行動。即使面對誹謗或人身攻擊，也能用行動來證明自己的無辜和清白。

忍辱不辯，不需要用花言巧語去贏得別人讚許。修口就要先遠離高談闊論，不對他人評頭論足；真誠待人，與人為善，遇到磨難時忍辱不辯，才是正人君子之所為，也才能突破各種競爭達成最後目標。

【管理運用】

愛因斯坦曾經說過：人是為別人而生存的。這是最樸素、最高尚的人生觀，人是為別人而生存的，是一種責任感，人若是缺少了這種責任感，也就失掉了人性和良心。我們應該效法得道之人的行為準則和思想境界，做到以誠待人，不與人爭，處處以人為先，替別人著想，不與人爭一時之利，也就是把別人利益放在第一位，這樣我們自己也會少一些敵人，多一些朋友，就能真正感覺到生活的美好和快樂！

心無其心　綜觀全局

一個和尚出家多年，依然沒有開悟長進，他自認為不是出家人的料，便想下山返回塵世。和尚去向禪師辭行，言道：「師父，我天生愚鈍，我的腦袋像一塊頑固不化的石頭，不是悟道的料，我只好下山還俗了。」禪師並未言語，而是帶他來到寺裡一尊佛祖像前。

禪師問道：「你面前的是誰？」和尚回答道：「神聖的佛祖。」禪師悄悄地走到佛祖像跟前，他用手輕輕地撫摸著佛祖像問道：「這尊佛祖像是什麼做成的呢？」和尚回答道：「它是石頭做成的。」禪師說道：「連石頭都能做成神聖的佛祖，這可是天下的奇蹟了。」

和尚聽了禪師這番話，恍然大悟。他立即打消了下山還俗的念頭，立志安心修身養性悟道。日後和尚成了一代著名的大師。相信自己，挖掘自己，定能成就自己。

《道德經》第四十七章曰：「不出戶，知天下；不窺牖，見天道。其出彌遠，其知彌少。是以聖人不行而知，不見而明，不為而成。」意指：萬事萬物是有一定的法則的，法則並不在遙不可及的地方，就在人們心中。所以人們應該去除私慾，順天道。天人合一，便可不出戶，知天下，就像做生意一樣有興衰時期，這就是規律。

「不窺牖，見天道。」不需要打開窗戶向外看，即可知道大自然運行法則。做到內觀其心，心無其心，外觀其形，形無其形，遠觀其物，物無其物，唯見於空。走出去越遠，知道得越少。所以聖人可以「不出戶，知天下」，不見而知來龍去脈，不為而順勢而成。此提供管理者一個啓示：成功管理者應該做到心無其心，運籌帷幄，目光長遠，從全局考慮問題。

一個目光短淺的人一旦被細小的「樹葉」蒙蔽了眼睛，就會看不到全局。如果一個企業管理者受到短期行為的影響，也不會有更長遠的發展。所謂的企業短期行為，是指企業只注重近期和眼前利益，而忽視甚至犧牲長遠利益的行為。它主要包括經營戰略短期化、經營策略短期化、盈利分配短期化等。近年來，短期行為隨著全球經濟詭譎多變的發展，導致許多企業紛紛以追求短期利益為目標的心態，就像傳染病一樣蔓延開來。

有智的管理者應學習順從大自然法則，順「道」而行，做到不斷內省自己的內心，是否合乎「天道」的無私，不斷努力的去除對物質奢望，進而能抵抗外遇的各種誘惑，時常考慮顧客需求的變化並全力滿足及企業長期的發展，而處處為員工及顧客的利益著想。在運籌帷幄中，去私慾，順天道，見微知著，目光長遠，從全局考慮問題，才能在多變且競爭的環境中脫穎而出，邁向藍海使基業長青。

【管理運用】

人們基本上都是非常疼愛自己，而又特別喜歡自己的感覺去認識世界萬物。然而純憑感覺經驗是靠不住的。因為這樣做無法深入事物的內部，不能認識事物的全體，而且還會擾亂人的心靈。那麼，要認識事物就只有靠「心」去感覺，以內在的自省，下功夫自我修養，才能領悟「天道」，知曉天下萬物的變化發展規律。

事物有個性也有共性，共性的東西被稱為一般規律。智者懂得人類社會發展有著自己的運動軌跡，誰都無權操縱它，誰也操縱不了它，唯有順其自然，事業自然水到渠成。在無常的變化中人應持的態度是和自己的修養有關，一個修養深厚的人會時時保持一種超然的心態，如雨過天晴，保持一種穩定狀態一樣，這樣才能處變不驚，理智處事。

一切都是自然而為的，只是我們自己有了分別心，認為自然規律在控制我們，拼命想甩掉這個包袱，但是又甩不掉，就像我們不可能讓眼睛聽聲音，讓耳朵看東西一樣，是不可能改變的事實，為此我們就在自尋煩惱，自找痛苦。

去私慾　順天道　考慮全局

龍山的善國寺有兩個和尚：悟空和悟了。一開始他們每天都出去化緣，後來就只有悟空天天出去化緣了。原來，悟了發現龍山下的緣十分好化，隨便到山下走走，就能化到很多，悟了就把化來的錢買很多米、麵等生活必需品存放著，其餘的時候就在寺廟裡睡懶覺。悟空就勸悟了，不要虛度時光，要出去化緣。悟了反而說：「出家人豈可太貪？有吃的就行。我有這麼多的糧食，足可以讓我吃上半月，何必出去奔波勞累？」悟空念了聲阿彌陀佛，說：「師弟，你化了這麼多年緣，還沒有參悟到化緣的妙處和真諦啊？」

後來，悟了化的錢物越來越少了。這讓悟了很苦惱，原來化一次緣可以吃上半月，現在只可吃上幾天。但悟空依舊天天日出而出，日落而歸，空手而去，空手而回，但悟空天天都面帶微笑。悟了挖苦師兄，說：「師兄，你今天收穫如何？」

悟空說：「收穫多多。」悟了說：「收穫在那裡？」悟空說：「在人間裡，在人心裡。」悟了很難參悟師兄的話，決定明天一起跟悟空去化緣。

次日，悟了要跟悟空去化緣了，悟了又拿了那個化緣用的布袋。悟空說：「師弟，放下布袋吧。」悟了說：「為何？」悟空說：「你這布袋裡裝滿私慾貪婪，拿出去，是化不到最好的緣的。」悟了說：「那我們把化來的東西裝哪兒？」悟空說：「人心裡。人心無所不容。」

悟了跟悟空每到一處，就會有很多人認出悟空。他們就主動拿出東西給悟空。有的還說，幸虧悟空大師上次施捨，才使我們渡過難關。悟空大師的大恩大德，我們沒齒難忘啊！他們繼續往前走，他們化的緣也越來越多。悟了看到今天收穫不少，滿懷欣喜。恰在這時候，從遠處走來一個農夫，懷裡還抱著一個孩子，邊走邊哭。原來農夫的孩子得了重病，他拿不出錢來給孩子看病。悟空就走過去，把化來的財物全部給了農夫。他們繼續前行，除了溫飽外，他們一路化了就捨，捨了再化。悟空問悟了：「師弟，跟我出來你化到了什麼？」悟了苦笑。

悟空說：「師弟，你只知道緣來之福，而不懂得緣去之福。看天地間，自然萬物為何如此美麗，天地萬物都在循環啊。風水、日夜、四季，哪一樣不是在循環？光知道緣來之福的人，那只是片刻的歡愉，時間久了，就是一池死水。我們之間的區別就是，你把化來之物放在了充滿私慾貪婪的布袋裡，我則把化來之物放在人心裡循環，讓善良和愛在人間、在人們的心裡循環。」悟了聽到這裡，低下了頭。悟空念了聲，阿彌陀佛。

《道德經》第四十七章曰：「不出戶，知天下；不窺牖，見天道。」意指：萬事萬物是有一定的法則的，法則並不在遙不可及的地方。就在人們心中。所以人們應該去私慾，順天道。天人合一，便可不出戶，知天下，就像做生意一樣有興衰時期，這就是規律。「不窺牖，見天道。」不需要你打開窗戶向外看，即可知道大自然運行法則。做到內觀其心，心無其心，外觀其形，形無其形，遠觀其物，物無其物，唯見於空。所以聖人可以「不出戶，知天下」，不見而知來龍去脈，不為而順勢而成。此可提供管理者一種啓示：一個成功管理者應該運籌帷幄，見微知著，目光長遠，從全局考慮問題。

一個目光短淺的人被細小的「樹葉」蒙蔽了眼睛，就會看不到全局。而目光短淺就是心中存了許多私慾，裝不下其他東西。管理者若目光短淺，就會只著重短期利益的追求而不顧長期的發展。所謂的企業短期行為，是指企業只注重近期和眼前利益，而忽視甚至犧牲長遠利益的行為。它主要包括經營策略短期化、盈利分配短期化等。近年來，短期行為隨著經濟環境的變化，也像傳染病一樣在企業間蔓延開來。

有智的管理者應學習順從大自然法則，做到心無其心，形無其形，物無其物，唯見於空。要能運籌帷幄中，去私慾，順天道，見微知著，目光長遠，從全局考慮問題，才能在多變且競爭的環境中脫穎而出，進而基業長青。

【管理運用】

懂得生活本質的人，即使不走出家門，也可以知道外面物質世界的運行規律。懂得世界本質的人，即使不再把窗户打開，也可以知道自然界的運行規律。沒有內在精神感悟的人，即使走了很多的路，也不會對生活有太多的認識和理解。道性高尚的人，憑藉自身的生活實踐，不用遠行就能知道生存的道理。

不用顯示自身的功績，就能在外在的物質世界中得到名譽。不用特意的功利的去強調行使某事，便可以使謀事成功。人們應利用適當的時機辦事，依靠客觀條件立功，掌握萬物的特性並從中獲利，這就是老子所言的「無為而成」——不用作為而可以成功。

人生就是有所不為有所必為，而這必為的是需要你用一生的心血去完成。用心只做好自己該做的事，這是人生的真諦。只有做好自己該做的事，人活著才有價值，這樣的人生才是幸福的人生；只要做好了自己該做的事，人活著就有意義。

對於做事，做貢獻，不同的人雖然會有不同的理解，不同的時代會有不同的要求，但是有一點大家的認識卻是一致的：人在一生中，確實有忙不完的事——學習的，工作的，娛樂的；吃飯的，睡覺的，穿衣的；自己的，子女的，父母的，親朋的，鄰里的；家裡的，單位的，國家的；過去的，現在的，將來的……尤其是置身於現代社會，信息激增，知識爆炸，列車提速，生活節奏變得越來越快促使人們的慾望變得越來越多，常常是這件事還沒有乾好甚至還沒有開始做，眼睛早又盯向了別處，真有一種身不由己、應接不暇的疲憊和苦累。然而生活的苦累與否，事實上並不取決於事件的多和少、大和小，而完全在於我們對待工作的態度。工作沒有貴賤的區別，只有分工的不同。平凡的職位上照樣可以做出不平凡的貢獻。

第十一章　參考文獻

《老子大智慧》，任憲寶著，北京大呂文化傳媒有限公司，二〇一七／三月
《治大國若烹小鮮，道德經中的領導智慧》，吳學剛著，青島智道文化出版社二〇一七／七月
《淡定的人生最幸福 聽老子講道》，老子，北京日知圖書公司，二〇一五／七月
《老子的管理智慧》，陳世清著，國際廣播出版社，二〇一七／三月
《老子走近青年（第一卷）》，沈善增著，青蘋果數據中心公司，二〇一六／三月
《品道德經，學管理》，吳學剛，中版集團數字傳媒出版社，二〇一六／七月
《一次完全讀懂道德經的人生智慧》，任輝著，四川文軒商務，二〇一六／八月
《無為勝有為》，葉舟著，中國國際廣播出版社，二〇一七／六月
《老子，最合格的CEO》，趙亮亮著，易書科技有限公司，二〇一六／五月
《老子學院》，秦榆著，北京大呂文化傳媒有限公司，二〇一五／九月
《對稱經濟學》陳世清著，中國時代經濟出版社二〇一〇／三月
《利他與分享：馬雲推崇的商業理念》，李根著，宏泰恆信出版社，二〇一三／六月
《中國經濟 解釋與重建》陳世清著，中國時代經濟出版社二〇〇九／七月

《對稱管理》陳世清著，中國時代經濟出版社二〇〇七／七月

《易經的經商智慧》，郭生旭主編，何誠斌編著，中國言實出版社。二〇〇四／九月

《易經管理大智慧》，龐鈺龍著，中國文聯出版社。二〇〇四／一月一日

《〈周易〉智慧名言故事》，李秋麗編著，齊魯書社。二〇〇四／八月

《無為之道道家管理我教你柔道》，張金嶺著，四川大學出版社。二〇〇二／七月／一日

《道載商經》，李文庠、李睿著，河南人民出版社。二〇〇一年

《老子名言的智慧》，黃晨淳編著，缶籭書社。二〇〇四年

《〈老子〉〈莊子〉智慧名言故事》，林忠軍、劉明芝、楊亞利編著，齊魯書社。二〇〇四／五月／一日

《管理新腦》，李代維、阿葦、唐穎編著，廣東經濟出版社。一九九九／七月

《經營者必備的22種能力》，方軍編著，中國華僑出版社。二〇〇二／四月

國家圖書館出版品預行編目資料

創新經營：向老子學「平衡管理」/ 張威龍著. -- 初版. --
臺北市：博客思, 2019.02
面； 公分
ISBN 978-986-97000-1-6(平裝)
1.老子 2.研究考訂 3.企業管理
494 107018249

創新經營－向老子學「平衡管理」

作　　者：張威龍
美　　編：陳勁宏
封面設計：陳勁宏
出 版 者：博客思出版事業網
發　　行：博客思出版事業網
地　　址：台北市中正區重慶南路1段121號8樓之14
電　　話：(02)2331-1675或(02)2331-1691
傳　　真：(02)2382-6225
E—MAIL：books5w@gmail.com或books5w@yahoo.com.tw
網路書店：http://bookstv.com.tw/
http://store.pchome.com.tw/yesbooks/
博客來網路書店、博客思網路書店、三民書局、金石堂書店
總 經 銷：聯合發行股份有限公司
電　　話：(02) 2917-8022　　傳 真：(02) 2382-6225
劃撥戶名：蘭臺出版社　帳號：18995335
香港代理：香港聯合零售有限公司
地　　址：香港新界大蒲汀麗路36號中華商務印刷大樓
C&C Building, 36,Ting, Lai, Road, Tai,Po, New,Territories
電　　話：(852)2150-2100　　傳真：(852)2356-0735
經　　銷：廈門外圖集團有限公司
地　　址：廈門市湖里區悦華路8號4樓
電　　話：86-592-2230177　　傳 真：86-592-5365089
出版日期：2019年2月 初版
定　　價：新臺幣320元整（平裝）
ISBN：978-986-97000-1-6